Christine Watrinet

Indikatoren einer diversity-gerechten Unternehmenskultur

Indikatoren einer diversity-gerechten Unternehmenskultur

von
Christine Watrinet

universitätsverlag karlsruhe

Dissertation, Universität Karlsruhe (TH)
Fakultät für Wirtschaftswissenschaften, 2007

Impressum

Universitätsverlag Karlsruhe
c/o Universitätsbibliothek
Straße am Forum 2
D-76131 Karlsruhe
www.uvka.de

Universitätsverlag Karlsruhe 2008
Print on Demand

ISBN: 978-3-86644-157-6

Inhaltsverzeichnis

Abbildungsverzeichnis

Tabellenverzeichnis

1 Einleitung

1.1 Ausgangslage und Problemstellung für die Wissenschaft und Praxis

Unternehmen in Deutschland werden derzeit mit umfangreichen Veränderungen der wirtschaftlichen Rahmenbedingungen konfrontiert. Die durch den wissenschaftlich-technischen Forschritt und die zunehmende Globalisierung hervorgerufene Dynamik wird verstärkt durch einen gesellschaftlichen Wandel. Der langfristige Trend einer alternden sowie schrumpfenden Gesellschaft ist unübersehbar und irreversibel. Gleichzeitig ist eine Stagnation der altersspezifischen Qualifikationen zu beobachten. Insbesondere in den jüngeren Bevölkerungsgruppen (bis 24 Jahre) ist ein anhaltender Anstieg des Anteils, der über keinen Berufsabschluss verfügt, zu beobachten (Reinberg und Hummel 2004). Ein aus diesen Entwicklungen resultierender Fachkräftemangel zeichnet sich bereits in einigen Regionen und Branchen ab. Für den Hochtechnologiestandort Deutschland, der über keine natürlichen Ressourcen verfügt, ist das Humankapital für eine andauernde Innovationsfähigkeit von besonderer Bedeutung. Die langfristige Sicherung der Wettbewerbsfähigkeit ist nur möglich, wenn alle Ressourcen des Arbeitsmarktes erschlossen und von den Unternehmen genutzt werden. Konkret bedeutet das, die Verbesserung der Beschäftigungsperspektiven älterer Arbeitnehmer, die Vereinbarkeit von Beruf und Familie und die Nachqualifizierung von Arbeitnehmern, die über inadäquate Qualifikationsprofile verfügen, zu fördern. In diesem Zusammenhang benötigen die Unternehmen Konzepte, mit denen sie in der Lage sind, gut ausgebildete Beschäftigte an die Unternehmen zu binden und Weiterentwicklungspotenziale zu entdecken sowie entsprechend zu unterstützen. Darüber hinaus gilt es, die zunehmende Heterogenität, bedingt durch den wachsenden Anteil von Frauen, älteren und Mitarbeitern anderer ethnischer Herkunft sowie mit veränderten Wert- und Lebenseinstellungen, sowohl in die Unternehmensstrukturen als auch Leistungserstellungsprozesse zu integrieren (Rott 2006). Als Lösungsvorschlag für diese Aufgaben wird seit einigen Jahren das Diversity Management in Forschung und Praxis diskutiert (u. a. Krell 1996, Sepehri 2002). Dieses Managementtool amerikanischen Ursprungs propagiert die Wertschätzung und Nutzung der Vielfalt der Mitarbeiter als Wettbewerbsvorteil. Analog zu verfügbaren Technologien und Rohstoffen ist Diversity als Ressource zu verstehen, die den Führungskräften zur Erzielung von Effektivitätsvorteilen zur Verfügung steht (Fine 1995). Die Ressource Diversity soll nicht nur geschützt, sondern auch im

Hinblick auf die Wettbewerbsrelevanz gefördert werden (Barney 1991). Dies wird in der Praxis sehr oft vernachlässigt. „(Wir) zwingen Menschen immer wieder in das Dogma der Gleichmacherei, wodurch ihnen [...] das Einzige, was sie wertvoll macht, geraubt wird, nämlich ihre Individualität, ihre spezifischen Stärken und Fähigkeiten" (Malik 1999, S. 1999). Nach Malik (1999) sind das Nutzen der Effektivitätsvorteile einer vielfältigen Mitarbeiterzusammensetzung und die Reduzierung der eventuellen negativen Folgen der Vielfalt eine der größten Aufgaben des Managements: „Das größte Wissen, die besten Talente, alle Intelligenz und Fähigkeiten bleiben wertlos, wenn sie nicht genutzt werden" (Malik 1999, S. 400).

Derzeit verfügen die vorliegenden Konzepte für das Diversity Management noch nicht über die Reife, dieser Herausforderung gerecht zu werden. Es bestehen Defizite in der Theorie und Empirie zu dem komplexen Thema (Aretz und Hansen 2002, Vedder 2003, Becker 2006). Aktuelle Ansätze bewegen sich auf einer normativen Ebene, und Handlungsempfehlungen für die Umsetzung auf der strategischen sowie operativen Ebene sind nicht in praktikabler Form vorhanden. Bisher liegen vor allem ausgewählte, in einzelnen Unternehmensbereichen umgesetzte Maßnahmen als Beispiele guter Praxis vor.

Gemeinsames Merkmal nahezu aller vorliegenden Diversity Management Ansätze ist die Annahme einer multikulturellen Unternehmenskultur als Voraussetzung für die erfolgreiche Implementierung eines Diversity Managements. Vor diesem Hintergrund, speziell auf die Innovationsfähigkeit und –bereitschaft der Mitarbeiter fokussiert, erfährt die Unternehmenskulturdiskussion eine Renaissance. Empirische Arbeiten zu dieser Thematik liegen nur in geringer Zahl vor. Doch äußern beispielsweise Cramme und Lindstädt (2005) aufgrund ihrer Untersuchungen die berechtigte Vermutung eines Zusammenhangs zwischen der Innvovationsbereitschaft einerseits und der Unternehmenskultur sowie des Führungsverhaltens andererseits. In den bisherigen Konzepten des Diversity Managements wird die Gestaltung einer entsprechenden diversity-gerechten Unternehmenskultur zur Nutzung der Innovationspotenziale allerdings nicht integriert. Vernachlässigt wird in der bisherigen Forschung die sich ergebende Notwendigkeit einer ganzheitlichen Betrachtung und Analyse der vielfältigen Einflussbeziehungen zwischen dem Diversity Management, der Unternehmenskultur und den wechselseitigen, voneinander abhängigen Einflussfaktoren auf diese beiden Konstrukte.

Die konzeptionellen Defizite werden verstärkt durch die Schwierigkeit, die ökonomische Vorteilhaftigkeit eines Diversity Managements zu quantifizieren.

Um umfangreiche Managementtools in der Praxis einführen zu können, muss der Kosten-Nutzen-Aspekt transparent sein. Soziomoralische Appelle und interne Marketingstrategien allein sind für die Einführung eines Diversity Managements nicht ausreichend. Es muss Indikatoren geben, die den Erfolg der Kulturgestaltung und des Diversity Managements zeigen können. Aus den beschriebenen Defiziten der bisherigen Diversity-Forschung und den Herausforderungen für die Praxis ergeben sich die Ziele für diese Arbeit, die im folgenden Kapitel beschrieben werden.

1.2 Zielsetzung der Arbeit

Das Hauptziel der vorliegenden Arbeit ist die Generierung von Indikatoren, die eine Beurteilung der erfolgreichen Gestaltung einer diversity-gerechten Unternehmenskultur ermöglichen. Diese Indikatoren sollen die Wirkung einzelner Gestaltungsfaktoren für eine diversity-gerechte Unternehmenskultur auf der Ebene der Mitarbeiter abbilden. Um dieses Ziel erarbeiten zu können, ergeben sich folgende Teilziele:

1. Erarbeitung eines theoretischen Konzeptes, welches die wechselseitigen Einflussbeziehungen zwischen dem Diversity Management und der Unternehmenskultur abbildet.
2. Erarbeiten der grundsätzlichen Gestaltungsmöglichkeiten und –faktoren einer diversity-gerechten Unternehmenskultur.
3. Die empirische Überprüfung der Gestaltungsfaktoren und die Ableitung der unabhängigen Indikatoren.

Voraussetzung für diese Teilziele ist die Herleitung einer neuen Sichtweise und Arbeitsdefinition für das Diversity Management.

In der Abb. 1 wird das Grundgerüst für die Argumentation dargestellt. Wie in Kapitel 2.2 ausgeführt wird, ist die Gestaltung einer diversity-gerechten Unternehmenskultur ein wichtiges Ziel eines integrativen Konzeptes für das Diversity Management. Diese wird in der Abbildung auf der Zielebene dargestellt und steht mit dem Diversity Management in einer wechselseitigen Einflussbeziehung. Die Handlungsfelder, in denen Maßnahmen, die zu dieser Kultur beitragen können, zu ergreifen sind, werden auf der Gestaltungsebene abgebildet. Das Diversity Management umfasst die Gestaltungsfaktoren Führung, Leitbild, Kommunikation und Diversity Klima. Auf dieser Gestaltungsebene bestehen vielfältige Abhängigkeiten sowohl zwischen den einzelnen Gestaltungsfaktoren als auch zwischen diesen und dem Diversity Management. Auf der Indikatorenebene befinden sich das wahrgenommene Führungsverhalten, die wahrgenommene Leitbildumsetzung und –funktion sowie Kommunikation und das wahrgenommene Diversity Klima.

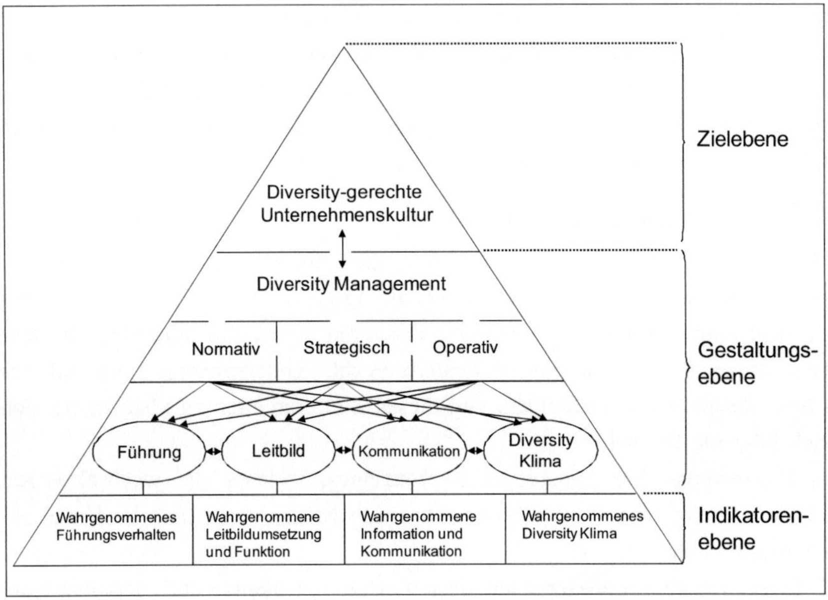

Abb. 1 Bezugsrahmen der Argumentation für die Entwicklung eines neuen integrativen Gesamtkonzeptes des Diversity Managements

Die Konstrukte der einzelnen Ebenen werden im theoretischen Teil der Arbeit sukzessive hergeleitet. Ein Nachweis ihrer Gültigkeit und der konkreten Abhängigkeiten wird im empirischen Teil erbracht. Der empirische Teil der Arbeit bezieht sich auf Datensätze zweier Unternehmen, die im Rahmen des Forschungsprojektes DIGERO[1] erhoben werden konnten. Er umfasst Dokumentenanalysen sowie qualitative und quantitative Untersuchungen. Im nächsten Kapitel wird der Aufbau der Arbeit erklärt.

[1] Diversity und Gender in Unternehmensleitbildern – Individualität und Vielfalt im Unternehmen als Erfolgsfaktoren nutzen. Gefördert vom Sozialministerium Baden-Württemberg. Durchgeführt vom Institut für Industrielle Produktion und Industriebetriebslehre, Abteilung Arbeitswissenschaft der Universität Karlsruhe. Laufzeit Dezember 2002 bis November 2004.

1.3 Aufbau der Arbeit

Der Aufbau der Arbeit wird in Abbildung 2 visualisiert.

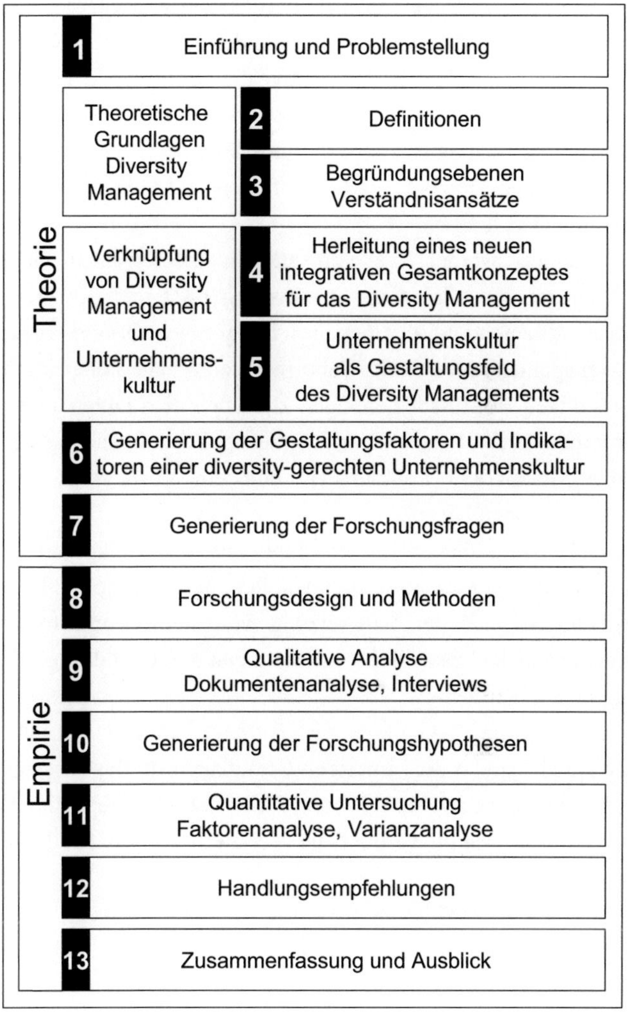

Abb. 2 Aufbau der Arbeit

Nach der Einleitung im ersten Kapitel werden in Kapitel zwei zunächst die bisherigen Sichtweisen des Diversity Managements und seiner begrifflichen Grundlagen vorgestellt.

Gemäß dem ersten Teilziel der Arbeit wird aufbauend auf diesen Ausführungen eine neue Definition für das Diversity Management entwickelt, wobei die besondere Rolle der Unternehmenskultur berücksichtigt wird.

Kapitel drei umfasst die Argumente und Gründe, die aus der gesellschaftlichen, betrieblichen sowie individuellen Perspektive die zunehmende Verbreitung des Diversity Managements erklären. Außerdem werden am Ende dieses dritten Kapitels die unterschiedlichen Verständnisansätze skizziert, die den Umgang mit der zunehmenden Diversity und dem Diversity Management im unternehmerischen Alltag beschreiben.

Im vierten Kapitel werden die vorgestellten theoretischen Gedanken des Diversity Managements diskutiert, zusammengefasst und die Defizite aufgezeigt. Darauf aufbauend wird ein neues integratives Gesamtkonzept für das Diversity Management entwickelt. Dabei wird eine neue Perspektive bezüglich der wechselseitigen Einflussbeziehungen zwischen dem Diversity Management und der Unternehmenskultur generiert. In diesem Zusammenhang wird auch das Problem der Messbarkeit konkretisiert und ein Lösungsvorschlag für die Überwindung desselben hergeleitet.

Die theoretischen Grundlagen der bis dahin nur als Schlagwort verwendeten Unternehmenskultur werden im fünften Kapitel herausgearbeitet. Ein besonderer Fokus liegt hierbei auf der Abgrenzung von mono- und multikulturellen Unternehmen sowie den speziellen Ausprägungen und Gestaltungsfaktoren einer diversity-gerechten Kultur.

In der Abb. 2 wird die Zweiteilung des theoretischen Teils deutlich. Zunächst werden in Kapitel 2 und 3 die bisherigen Grundlagen für das Diversity Management erschlossen, bevor in Kapitel 4 und 5 das neue Konzept für das Diversity Management und die damit verbundene Verknüpfung mit der Unternehmenskultur generiert werden.

Basierend auf diesen Ausführungen werden in Kapitel sechs, der Hauptzielsetzung der Arbeit entsprechend, die Gestaltungsfaktoren Führung, Leitbild, Kommunikation und Diversity Klima sowie die Indikatoren einer diversity-gerechten Unternehmenskultur detailliert beschrieben. Dabei werden die theoretischen Grundlagen jedes Faktors, seine Funktion sowie Ausgestaltung und die jeweilige Einbindung in das neu entwickelte integrative Gesamtkonzept des Diversity Managements aufgezeigt.

Der so entwickelte theoretische Bezugsrahmen wird in dem sich anschließenden empirischen Teil überprüft und dient als Basis für die Formulierung der Forschungsfragen in Kapitel 7. An deren Generierung schließt sich in Kapitel 8 die Beschreibung der Methoden und des Forschungsdesigns an. Die Überprüfung der Forschungsfragen erfolgt im Rahmen einer Leitbildanalyse und qualitativen Erhebung in Kapitel 9. Die Ergebnisse der qualitativen Untersuchung dienen in Kapitel 10 zur Formulierung der Forschungshypothesen, die als Grundlage für die quantitative Erhebung, die in Kapitel 11 beschrieben wird, herangezogen werden. In Kapitel 12 wird die Praxisrelevanz der Ergebnisse aufgezeigt, und im 13. Kapitel werden die neuen Erkenntnisse zusammengefasst sowie Ausblicke auf zukünftige Forschungsfelder gegeben.

2 Bisherige und neue Definitionen des Diversity Managements

Gegenwärtig liegt kein einheitliches Verständnis für die Begriffe Diversity und Diversity Management vor. Weder in den USA noch in Europa existiert ein fundiertes, empirisch abgesichertes, theoretisches Konzept für die Umsetzung von Diversity Management (Becker 2006, Macharzina und Wolf 2005, Vedder 2003 und 2005, Jung und Schäfer 2003, Davidson und Fielden 2003).
Sowohl für die zielführende wissenschaftliche als auch für die praktische Auseinandersetzung mit der Diversity in Unternehmen und dem Diversity Management ist eine klare begriffliche Eingrenzung jedoch notwendig. Die Komplexität der Erscheinungsformen von Diversity kann nur unter differenzierter Berücksichtigung des jeweiligen kulturellen Kontextes reduziert werden (Sepehri 2002, Davidson und Fielden 2006). Denn die Auswirkungen der Diversity hängen ab „vom kollektiven Umgang mit [...] Andersartigkeit und der kollektiven Bewertung einzelner [...] (Vielfaltskategorien)“ (Bissels et al. 2001, S. 405, Liebig 2000, Cox 1993). So ist es zunächst erforderlich, für in Deutschland ansässige Unternehmen zu definieren, welche individuellen Diversity-Merkmale relevant sind und Eingang in ein entsprechendes Diversity Management finden müssen.
In diesem Kapitel wird zunächst die Vielfalt der Kategorisierungen von Diversity vorgestellt. Danach werden verschiedene vorhandene Sichtweisen und Definitionsansätze für das Diversity Management sowie die Herkunft und Bedeutung des Konzeptes erläutert. Darauf aufbauend werden die für diese Arbeit neu entwickelte Definition und Konzeptionalisierung für das Diversity Management hergeleitet.

2.1 Begriff und Dimensionen der Diversity

Grundsätzlich kann Diversity mit Vielfalt, Vielfältigkeit oder Mannigfaltigkeit übersetzt werden (Aretz und Hansen 2002, Jung und Schäfer 2003, Vedder 2005, Becker 2006, Hartweg 2006). Im unternehmerischen Zusammenhang ist damit die Vielfalt der Mitarbeiter, die personelle Vielfalt im Unternehmen, der Kunden und Lieferanten, kurz der Akteure auf den Märkten gemeint. In Anlehnung an organisationsdemografische Beiträge zum Diversity Management wird Heterogenität anhand demografischer (Alter, Geschlecht, Ethnizität), organisationsspezifischer (Betriebszugehörigkeit, Stellung in Gruppen, Bereichszugehörigkeit), kognitiver und affektiver (Werte, Wissen, Einstellungen) sowie Merkmalen der formellen, individuellen Expertise und Qualifikation (Bildung und Position) beschrieben (Jackson und Ruderman 1996, Jans 2005, Becker 2006). Wie Untersuchungen von Elmerich und Watrinet (2006) zeigen, ist eine Ergänzung durch die Kategorie „soziale Merkmale", wie beispielsweise Familienstand, Kinderanzahl, Verantwortung für pflegebedürftige Personen sowie anderer Lebensumstände aus der Diversity-Perspektive sinnvoll und notwendig.

Der Begriff Diversity wird oft synonym zur Beschreibung der Unterschiede und Gemeinsamkeiten von Menschen als auch für das Konstrukt Diversity Management an sich genutzt (Krell 2003). Eine differenzierte Verwendung der Begriffe ist aber unabdingbar. Der Begriff Diversity bezieht sich auf einen momentan zu beobachtenden Zustand, der sich verändern kann und wird. Diversity Management umfasst dagegen einen Ansatz, welcher den Umgang mit den Unterschieden und Gemeinsamkeiten meint.

Maßgeblich geprägt wurden beide Begriffe in den USA. Dort wird Diversity meist mit den Affirmative Action Programmen aus den 60er und 70er Jahren des letzten Jahrhunderts in Verbindung gebracht. Diese Programme wurden eingeführt „as a response to deeply entrenched patterns of racial discrimination in institutions of employement and education and the resulting exclusion, segregation and disadvantage of blacks" (Agos und Burr 1996, S. 31, Ellis und Sonnenfeld 1994, Plummer 2003). Traditionelle Diversity-Definitionen beziehen sich dementsprechend auf die Abweichungen von einer Normvorstellung. Unterschiede werden definiert als das „Anders sein" bezüglich eines dominanten, homogenen Ideals, der Beschäftigtengruppe der weißen und männlichen Personen (Cox 1993, Emmerich und Krell 2001, Sepehri 2002, Plummer 2003). Alle Abweichungen von diesem Ideal werden als Unterschiede definiert. Zunächst wurden somit Rasse und Geschlecht als relevante Dimensionen Gegenstand des Forschungsinteresses (Plummer 2003, Ferner et. al. 2005). Diese ursprüngliche Diversity im engeren Sinn bezog sich auf spezifische Gruppen und Minoritäten, reflektierte somit die traditionelle amerikanische Rassen- und Geschlechterforschung, die sich vorwiegend mit Aspekten der Diskriminierung und Chancengleichheit beschäftigt.

In den letzten Jahren löst sich der Begriff Diversity jedoch immer mehr von seiner politischen Herkunft, wird sukzessiv erweitert und integriert unternehmerische Aspekte (Cox 1993, Krell 2001, Plummer 2003). Gegenwärtig ist in der US-amerikanischen Diversity-Forschung eine Ausdehnung der Ausprägungen bzw. Erscheinungsformen von Diversity und damit eine Ausweitung des

Begriffes hin auf ein mehrdimensionales Konstrukt zu beobachten (Bissels et. al. 2001, Sepehri 2002). Im Sinne dieses erweiterten Begriffsverständnisses werden auch die prozesshaften und dynamischen Aspekte von Diversity beschrieben. Gemeint wird dann mit Diversity die ganze Bandbreite an „Identitäten und deren Wirkung auf alle Betroffenen“ (Bissels et. al. 2001, S. 405). Thomas (1995) sieht in dieser Begriffserweiterung einen Ausdruck für den gesellschaftlichen Wandel der Einstellung zum Anderssein. Wurde bislang Anderssein als minderwertig angesehen, so wird es heute eher neutral und teilweise auch positiv bewertet: „[...] the mixture of red, purple and green jelly beans is likely to be much more unassimilated than is the case when the individual beans are uncomfortable with being different“ (Thomas 1995, S. 248, Thomas 1996, Vedder 2005).

Thomas (1991) bezog als erster weitere Merkmale zusätzlich zu den klassischen ersten Dimensionen wie Rasse, Geschlecht und Ethnizität mit ein: „Diversity includes everyone; it is not something that is defined by race or gender. It extends to age, personal and corporate background, education, function, and personality. It includes lifestyle, sexual preference, geographic origin, tenure with the organization, exempt or nonexempt status, and management or non-management“ (Thomas 1991, S.10). Auch wenn Cox (1993) in seinem Ansatz die persönlichen Auswirkungen und Effekte von Diversity in den Unternehmen primär auf Rasse und Ethnizität, Geschlecht und Nationalität bezieht, betont er die Übertragbarkeit seines Modells auf andere Diversity-Dimensionen (Cox 1993).

Einhergehend mit der Erweiterung des Begriffsverständnisses führt Thomas (1996) aus, dass die Ausprägungen der Merkmale sowohl Unterschiede als auch Gemeinsamkeiten zwischen den wirtschaftlichen Akteuren beschreiben können. Die Berücksichtigung der Gemeinsamkeiten ist für den Umgang mit personeller Vielfalt besonders wichtig. Beschäftigtengruppen, die auf den ersten Blick sehr unterschiedlich wirken, weisen stets auch viele Gemeinsamkeiten auf (Vedder 2003). Dieser Aspekt ist insbesondere bei der Betrachtung des adäquaten Führungsverhaltens, welches sich auf einem Kontinuum von der Generalisierung, über die Differenzierung bis hin zur Individualisierung bei der Berücksichtigung von persönlichen Unterschieden der Mitarbeiter bewegen kann, wichtig (Fritsch 1994, Braedel-Kühner 2005, Kapitel 4.1 dieser Arbeit).

In der Regel werden sowohl in den amerikanischen als auch in den europäischen Definitionen die verschiedenen Merkmale von Diversity in zwei Kategorien eingeteilt, und zwar in die Primär- und Sekundärdimensionen bzw. in direkt und indirekt wahrnehmbare Merkmale (u. a. Thomas 1991, Loden und Rosener 1991, Milliken und Martin 1996). Zu den Primärdimensionen oder direkt wahrnehmbaren Merkmalen, die die Kerndimensionen einer Identität darstellen, gehören beispielsweise Alter, Geschlecht, Rasse, ethnische Herkunft und körperliche Fähigkeiten. Die Sekundärdimensionen umfassen die nicht offensichtlichen Merkmale wie Einkommen, beruflicher Werdegang, Familienstand etc. Bei der Betrachtung dieser Merkmale wird „[...] offenkundig, dass sich Diversity nicht auf Rasse, Geschlecht oder sonstige Gegensatzpaare beschränkt, sondern eine komplexe, sich ständig erneuernde Mischung von Eigenschaften, Verhaltensweisen und Talenten darstellt“ (Thomas 2001, S.27).

Der wachsenden Bedeutung der Veränderung der Einstellung zur Arbeit und der fortschreitenden Individualisierung tragen die Ansätze durch die Berücksichtigung kultureller Unterschiede wie Ziele, Denkweisen, Wertvorstellungen und Rollenverständnisse Rechnung, was zu dem Begriff „cultural diversity“ führte (Cox 1993, S. 5). Nach Bissels et al. (2001) kann Diversity im deutschen Sprachraum als „kulturelle Identitäten“ bezeichnet werden. Wobei mit kulturell in diesem Fall nicht nur die kulturregionale Vielfalt, sondern die gesamte Vielfalt personaler, sozialer und organisationaler Identitäten verstanden wird. Andere Autoren wie beispielsweise Triandis, Kurowski und Gelfand (1994, S. 772) sowie Hayles (1996, S. 106) fassen ihr Begriffsverständnis ähnlich weit und verstehen unter Diversity „[…] any attribute that humans are likely to use to tell themselves, that a person ist different to me“ und „[…] all the ways in which we differ“. Aufgrund dieser Ansichten sind folglich alle Individuen unterschiedlich, selbst die Mitglieder der so genannten dominanten Gruppe weisen neben Gemeinsamkeiten auch erhebliche Unterschiede auf (Sepehri 2002).

Abb. 3 zeigt eine gängige und sinnvolle Einteilung der Diversity-Merkmale. Die kaum wahrnehmbaren oder auch sekundären Ausprägungen werden hier in Anlehnung an Milliken und Martins (1996) weiter unterteilt in stabile, kaum veränderbare, wertorientierte (diversity in values) und die erworbenen, veränderbaren, kompetenzorientierten Merkmale (diversity in knowledge and skills). Diese Einteilung korrespondiert mit der Unterscheidung von Loden und Rosener (1991), die zwischen primären und sekundären Dimensionen von Diversity in Abhängigkeit vom Zeitpunkt des Erwerbs und der Stabilität der Merkmale unterscheiden.

Über diese Einteilungen der individuellen Diversity hinaus werden von einigen Autoren weitere Differenzierungen hinsichtlich des relevanten Wirkungsbereiches der Ausprägungen vorgenommen. Brewer (1995) unterscheidet organisationsinterne von organisationsexterner Diversität. Dabei werden unter der internen Diversität die personelle Vielfalt innerhalb des Unternehmens und mit der externen Diversität die Vielfalt auf den Beschaffungs-, Absatz- und Arbeitsmärkten verstanden.

Diversity-Ausprägungen		
Wahrnehmbar	Kaum wahrnehmbare	
angeboren	stabil, schwer veränderbar wertorientiert	erworben, veränderbar kompetenz-orientiert
•Rasse •Geschlecht •Alter •Ethnische Herkunft, etc.	•Persönlichkeit •Kulturelle Werte •Religion •Sexuelle Orientierung •Humor, etc.	•Bildung •Sprachen •Hierarchie •Fachwissen •Kompetenz •Betriebszuge-hörigkeit, etc.

Abb. 3 Einteilung von Diversity-Ausprägungen in Anlehnung an Milliken und Martin (1996)

Die externe Diversität wird für die Organisation nur dann relevant, wenn sie für die Funktion oder das Funktionieren der Organisation als wichtig angesehen wird. Hinsichtlich der Relevanz für das Miteinander im Unternehmen unterscheidet Cox (1993) die Merkmale nach ihrer sozialen Ebene: individual level factors, group and intergroup factors und organizational context factors.

Basierend auf den verschiedenen Beschreibungen und Einteilungen der Diversity wird in dieser Arbeit der Begriff der Diversity wie folgt definiert:

Unter **Diversity** sind sowohl alle offensichtlichen als auch nicht sofort wahrnehmbaren, stabilen oder sich verändernden Merkmale, die zur Beschreibung von Gemeinsamkeiten und Unterschieden von Menschen innerhalb und außerhalb von Unternehmungen herangezogen werden können, zu verstehen.

Diversity tritt in Unternehmen in vielfältiger Form und unterschiedlichsten Ausprägungen auf. Verbunden ist damit immer eine Zunahme an Komplexität. Aufgabe in den Unternehmen ist es, mit dieser wachsenden Komplexität sinnvoll umzugehen, sie zu organisieren und in Einklang mit den strategischen Zielen zu bringen, kurz die Diversity im Unternehmen zu managen. Nachdem nun die Aspekte der Diversity beschrieben wurden, werden im Folgenden die unterschiedlichen Sichtweisen des Diversity Managements vorgestellt.

2.2 Diversity Management: Eine neue Definition unter Einbeziehung der Unternehmenskultur

Diversity Management wurde Anfang der neunziger Jahre in den USA mit dem Ziel entwickelt, „… die existierende Vielfalt und die potentiellen Gemeinsamkeiten wahrzunehmen, zu verstehen, wertzuschätzen und nicht zuletzt optimal zu managen" (Sepehri, 2002, S. 93).

Thomas definiert das Konzept als „... a comprehensive managerial process for developing an environment that works for all employees" (Thomas, 1991, S. 10). Hinter dem Begriff Diversity Management verbirgt sich folglich der Gedanke, die Strukturen und Abläufe in der Unternehmung hinsichtlich der vorhandenen oder zu erwartenden Diversity derart zu gestalten, dass die Unterschiedlichkeiten in allen Ausprägungen als Ressource zur Lösung komplexer Probleme genutzt werden können. Dies bedeutet für die Führungskräfte auf allen Ebenen, die unterschiedlichen Fähigkeiten und Kompetenzen der Mitarbeiter zu erkennen, zu fördern und ihnen den Raum zu geben, sich ihren Fähigkeiten entsprechend weiter zu entwickeln, um ihre Kompetenzen zielbringend in das Unternehmen und den Wertschöpfungsprozess einbringen zu können. Traditionelle Führungsmethoden sind nicht in der Lage die Entwicklung der Kernkompetenzen zu sichern, die als Wurzeln der Wettbewerbsfähigkeit und damit als Ressourcen anzusehen sind (Prahalad und Hamel 1999, Balser 1999, Becker, A. 2006).

Auf der Integration aller Individuen beruhend, ist das Konzept Diversity Management umfassender und tiefgreifender als traditionelle Konzepte gleichstellender Personalpolitik. Durch die intendierte Wertschätzung der Heterogenität wird ein umfassender Wandel der organisationalen Betrachtungsweise unausweichlich: „Embracing diversity is about creating a new organizational order" (Gardenswartz und Rowe 1993, S. 220). Nach Cox (1993) ist es ein Management-Ansatz, dessen Kerngedanke darin besteht, potentielle Vorteile, die aus der Vielfältigkeit der Arbeitnehmerschaft resultieren, zu maximieren und gleichzeitig potentielle Nachteile zu minimieren. Dieses Ziel soll durch die ganzheitliche, positive Berücksichtigung, Anerkennung und Wertschätzung der Vielfalt unter den Mitarbeitern langfristig realisiert werden (Cox 1993).

Gegenwärtig haftet dem Diversity Management das Defizit vieler Managementmethoden an, die den Praktikern vereinfachende Beschreibungen guter Praxis an die Hand geben, in denen bestimmte „Erfolgsfaktoren“ in den Vordergrund gestellt, jedoch keine exakten Methoden beschrieben werden (Haselier und Thiel 2005, Frohnen 2005). Ein einheitliches Verständnis oder sogar darüber hinausgehendes tatsächliches Konzept für ein Diversity Management liegt derzeit nicht vor. „While diversity management is popularized in the literature as a necessary program for organizations desiring to remain competitive, the concept of diversity management remains nebulous“ (Gilbert et. al. 1999, S. 61f). Nach Gilbert et al. (1999) fehlt den klassischen Konzeptionalisierungen von Diversity Management (Cox und Blake 1991, Cox und Smolinski 1994, Barry und Batemen 1996) eine ganzheitliche, integrative Komponente. Unter Berücksichtigung existierender Ansätze und „actual business practice“ sowie eigener Interviewergebnisse entwickelten Gilbert et. al. (1999) ein Modell eines effektiven Diversity Managements. Als „Management Tool“ beschreibt Diversity Management aus ihrer Sicht die Gesamtheit aller Maßnahmen, die zu einem vollständigen Wandel der Unternehmenskultur führen, in der Pluralismus und Verschiedenheit anerkannt und geschätzt und als positiver Beitrag für den Unternehmenserfolg angesehen werden (Gilbert et al. 1999).

Bei der Umsetzung des Diversity Managements zur Erreichung einer entsprechenden Unternehmenskultur kommt unter der Annahme, dass qualifizierte, kompetente Mitarbeiter, die ihre Fähigkeiten frei entfalten können, selbst geeignete Strategien entwickeln und Lösungen suchen, dem Management der Human-Ressourcen eine Kernaufgabe zu. Das gezielte Einsetzen der Gesamtheit des Wissens, Könnens und Verhaltens der Menschen in der Unternehmung wird zu einer Schlüsselrolle. Die „[…] eigentliche Metastrategie einer Unternehmung (ist) daher das strategische Management des Humanpotenzials“ (Bleicher 1996, S. 59f). Dies bedeutet eine Überarbeitung und Erweiterung der Aufgaben und Funktionen des Human Resource Managements. Alle Instrumente, insbesondere die individuelle Karriereplanung, die Personalentwicklung, Mentoring-Programme, Recruitingprozesse, Vergütungssysteme, Trainings- und Awarenesskonzepte sowie Maßnahmen zur Vereinbarkeit von Beruf und Privatleben müssen vor dem Hintergrund des Diversity Managements überprüft und gegebenenfalls modifiziert werden (Gilbert et. al. 1999).

Wenn auch dem Human Resource Management bei der Entwicklung von Diversity Maßnahmen und der Umsetzung eine wichtige Rolle zufällt, so ist es nicht ausreichend, wie bei Gilbert (1999) et al. dargestellt, ein Diversity

Management nur auf die Initiierung von Maßnahmen im Bereich des Human Resource Management zu reduzieren. Der bisher normative Charakter des Diversity Management-Konzeptes kann nur überwunden werden, wenn es gelingt, ein umfassendes strategisches, quantitativ erfassbares Managementinstrument zu entwickeln, welches in der Lage ist, die Anforderungen des Diversity Managements auf allen Ebenen der Unternehmung umzusetzen.
Nach Bleicher (1996) ist es zur Bewältigung der veränderten Aufgabenanforderungen durch die zunehmende Komplexität und Dynamik der wirtschaftlichen Rahmenbedingungen erforderlich, die Herausforderungen an das Management in eine normative, eine strategische und eine operative Dimension zu unterteilen. Dabei ist von einer gegenseitigen Durchdringung und Abhängigkeit der Ebenen auszugehen (Bleicher 1996). Das normative Management hat dabei zum Ziel, Prinzipien, Normen und Leitbilder für die Entwicklung und Überlebensfähigkeit der Unternehmung als Ganzes zu formulieren.

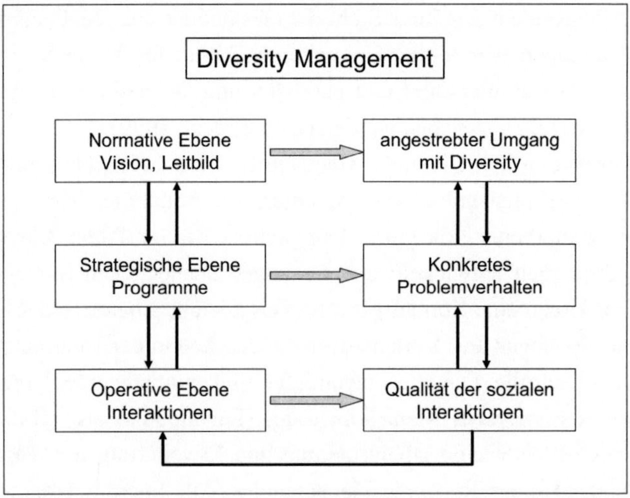

Abb. 4 Strukturierung des Diversity Managements in Anlehnung an Bleicher (1996)

Das strategische „Management ist auf den Aufbau, die Pflege und [...] (den Einsatz) von Erfolgspotenzialen gerichtet" (ebd. 1996, S. 74). Die operative Managementebene beinhaltet die Umsetzung im Rahmen der „leistungs-, finanz- und informationswirtschaftlichen Prozesse". In der operativen Dimension treten neben die wirtschaftliche Effizienz die Effektivität des Mitarbeiterverhaltens, die Qualität der sozialen Interaktionen bzw. internen Kooperationsbeziehungen sowie die vertikale und horizontale Kommunikation von sozial relevanten Inhalten (Bleicher 1996, Matje 1996). In Abb. 4 wird die Strukturierung des Diversity Managements in Anlehnung an Bleicher (1996) dargestellt. In normativer Hinsicht gilt es, den angestrebten Umgang mit der Diversity zu formulieren. Auf der strategischen Ebene sind die normativ formulierten Ziele im konkreten Problemverhalten, welches auf die Nutzung der Erfolgspotenziale der Vielfalt ausgerichtet sein muss, zu beachten. In der Qualität der sozialen Interaktionen wird sichtbar, inwieweit dieser Managementprozess realisiert wird. Zusammengefasst und in Anlehnung an die Management-Definition von Ulrich (1984) kann Diversity Management folgendermaßen definiert werden:

Unter **Diversity Management** ist die Leitung, Lenkung und Entwicklung der Prozesse und Systeme auf normativer, strategischer und operativer Ebene der Unternehmung, mit dem Ziel, die kulturelle Vielfalt, die individuellen Fähigkeiten sowie Kompetenzen der Mitarbeiter als Wettbewerbsfaktor zur Erreichung der Unternehmensziele zu nutzen und die möglichen Nachteile der Diversity durch eine entsprechende Unternehmenskultur zu minimieren, zu verstehen.

Diversity Management ist ein zukunftsgerichtetes Konzept. Gerade im Hinblick auf eine strategische Ausrichtung eines Managements Konzeptes ist es wichtig, Chancen, in diesem Fall in Form der Vielfalt, zu nutzen und sich nicht vorrangig auf die Abwehr von Risiken zu konzentrieren (Eschenbach 1985a).

Gegenstand eines jeden Diversity Managements muss die Durchsetzung der Sichtweise sein, Diversity zu akzeptieren, auch wenn sie aus Sicht einzelner Individuen unerfreulich ist. Das bedeutet, über soziale Kategorisierungsprozesse hinweg, gemeinsam auf die Erreichung der Unternehmensziele hin zu arbeiten. Voraussetzungen sind das klare Bekenntnis, eine eindeutige Initiative und die Verankerung der Umsetzung des Diversity Managements in den Zielvereinbarungen des Managements und auch der Mitarbeiter auf normativer, strategischer und operativer Ebene.

In diesen Ausführungen wird deutlich, dass Diversity Management mehr ist als ein Führungskonzept. Die Umsetzung kann nur gelingen, wenn auch die Mitarbeiter Verantwortung für die Umsetzung übernehmen, d.h. bereit sind, die normativ formulierten Werte auf der operativen Ebene zu leben und somit eine entsprechende diversity-gerechte Unternehmenskultur mit zu gestalten (vgl. Kapitel 4.2). Diversity Management ist ein umfassendes Managementmodell, welches eine abstrakte Konstruktion der Wirklichkeit beschreibt. Dabei erfüllt es im Wesentlichen eine pragmatische und eine wissenschaftliche Funktion: Die pragmatische liefert allgemein gehaltene Regeln für die Handhabung von Managementproblemen und die wissenschaftliche soll alternative Konzepte für das Verständnis der zugrunde liegenden Mechanismen und Strukturen der Unternehmensführung finden (Wunderer 1997). Ein Managementmodell bezieht sich auch nicht auf die tatsächliche (Ist-) Situation, sondern auf die gewünschte (Soll-) Situation. Ein integriertes Managementmodell bietet der Führung die Möglichkeit,

- sich innerhalb eines übergeordneten Rahmens zu orientieren und ihre Maßnahmen zu koordinieren,
- die Kommunikation bezüglich der Modellkomponenten zu verbessern,
- die Transparenz der betrieblichen Abläufe zu erhöhen und
- dient gleichzeitig als eine wichtige Grundlage für Vergleiche in und zwischen Unternehmen.

Das Ausmaß der angestrebten Diversität und das Überwinden kultureller und kommunikativer Barrieren werden in allen Unternehmen unterschiedlich ausfallen, da selbst bei vergleichbaren organisationsdemografischen Strukturen weitere Merkmale berücksichtigt werden müssen. Denn es gilt beispielsweise nicht, die Gruppe der Frauen zu berücksichtigen, sondern innerhalb dieser Gruppe unterscheiden sich die Mitglieder u. a. hinsichtlich Religion, Wert- und Lebenseinstellungen, Familienstand, Bildung und Alter. Neben diesen internen Einflüssen ist aber auch die Relevanz der eingangs in Kapitel 1.1 beschriebenen wirtschaftlichen Veränderungsprozesse je nach Gegenstand der unternehmerischen Tätigkeit, der regionalen Unternehmensstandorte und der Unternehmensgröße für die Unternehmen nicht gleich.
In Deutschland ist die Auseinandersetzung mit Diversity, kultureller Vielfalt und Benachteiligung noch eher auf der politischen als auf der organisationalen Ebene anzutreffen. Das Thema ist zum Teil stark fokussiert auf die Geschlechtergerechtigkeit bzw. Frauenförderung in Form von Quotenregelungen (Bissels et al. 2001, Vedder 2005b). Obwohl das Konzept des Diversity Managements seit den 90er Jahren des 20. Jahrhunderts in Deutschland zunehmend in Forscherkreisen und auf einschlägigen Fachtagungen diskutiert wird, sind explizite Maßnahmen eines Diversity Managements in der deutschen Unternehmenspraxis meist nur in Tochterunternehmen amerikanischer Unternehmen bekannt oder anzutreffen (Hansen und Aretz 2002). In einigen deutschen

Unternehmen werden allerdings unternehmens- und personalpolitische Maßnahmen umgesetzt, die vom Wesen her einem Diversity Management zuzuordnen sind, obwohl der Begriff in den Unternehmen noch unbekannt ist (Watrinet et al. 2005). Ein Grund hierfür ist sicher auch die schon erwähnte unzureichende Konzeptreife der vorliegenden Diversity-Ansätze hinsichtlich einer Operationalität für die Praxis (Vedder 2002 und 2005).
Nachdem die Begriffe Diversity und Diversity Management diskutiert und definiert worden sind, werden im folgenden Kapitel Motive vorgestellt, die sowohl aus theoretischer als auch unternehmerischer Sicht für die zunehmende Beschäftigung mit der Thematik und Verbreitung des Diversity Managements in Deutschland sprechen.

3 Begründungsebenen und Verständnisansätze des Diversity Managements

Zahlreiche Autoren sprechen von einer uneingeschränkten ökonomischen Vorteilhaftigkeit der Diversity, wenn gleichzeitig ein entsprechendes Diversity Management implementiert wird (Cox 1993, Sepehri 2002, Vedder 2005, Mor-Barak 2005, Festing et al. 2005, Ellis und Sonnenfeld 1994). Die US-amerikanische Society for Human Resource Management (SHRM) verbindet mit Diversity Management Wettbewerbsvorteile sowie eine höhere Produktivität. Untermauert wird diese Aussage mit verschiedenen Umfrageergebnissen (Society for Human Resource Management, 2004). Eine Studie der europäischen Kommission bestätigt diesen Trend für Europa (Equal Employment Opportunity Commission 2003). Auch Festing et. al. (2005) stellen fest, dass die ökonomische Vorteilhaftigkeit als wichtiges Argument die internationale Verbreitung des Diversity Managements stark fördert. Wer Diversity Management hauptsächlich aus moralischen Gründen definiert, vernachlässigt die eigentliche und umfassendere Betrachtungsweise, nämlich die ökonomische. Diversity Management beschäftigt sich nicht nur mit ethischen und sozio-moralischen Themen, sondern mit menschlichen Leistungen, Gewinnmaximierung und Wettbewerbsfähigkeit (Thomas 1996). Wie schon in der Einleitung erwähnt wurde, ist Diversity analog zu verfügbaren Technologien und Rohstoffen als Ressource zu verstehen, die den Führungskräften zur Erzielung von Effektivitätsvorteilen zur Verfügung steht (Fine 1995).

Die Diskussion über das Kosten-Nutzen-Verhältnis von genutzter und vernachlässigter Diversity sowie dem Managen derselben wurde maßgeblich von Cox und Blake (1991) initiiert. Ein sehr umfangreicher Überblick über die Ausführungen von Cox, Blake und anderen Autoren, sowie der entsprechenden empirischen Studien, die zur Unterstützung der jeweiligen Argumente herangezogen werden können, findet sich bei Sepehri (2002).

Auch wenn als vorrangiges Argument für die Nutzung der individuellen Diversity die ökonomische Vorteilhaftigkeit in zahlreichen qualitativen Studien genannt wird, gibt es fundierte Ansichten, die für eine Verbreitung des Konzeptes aus Gründen der Legitimation der Unternehmung gegenüber externen, gesellschaftlichen Anspruchsgruppen sprechen.

Insgesamt können drei Begründungsebenen für das Diversity Management identifiziert werden, deren gemeinsame Darstellung mit gleichzeitiger Betrachtung ihrer gegenseitigen Abhängigkeiten in der bisherigen Forschung noch nicht vorgenommen wurde: die gesellschaftliche Ebene, die betriebs-wirtschaftliche, organisationale und die individuelle oder auch Gruppenebene (vgl. Abb. 5).

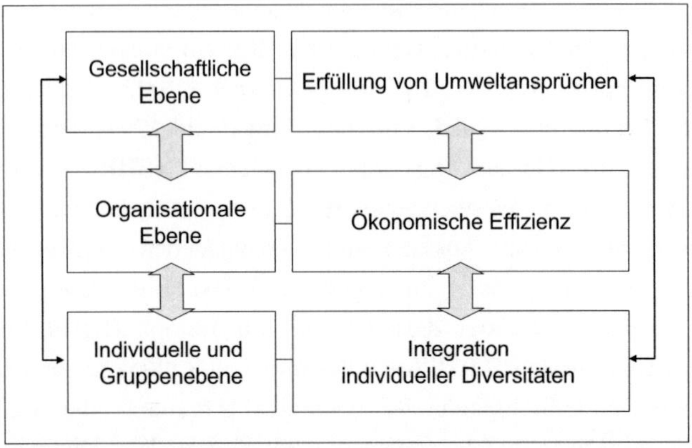

Abb. 5 Vereinfachte Darstellung der Begründungsebenen des Diversity Managements

Nach Mor-Barak (2005) können die Ebenen in Anlehnung an organisations-soziologische Arbeiten auch als Makro-, Meso- und Mikrodimensionen des Diversity Managements bezeichnet werden. Im Folgenden werden nun diese Begründungsebenen und die wechselseitigen Beziehungen genauer beschrieben.

3.1 Begründungen auf der gesellschaftlichen Ebene

Auf der Grundlage der neoinstitutionalistischen Theorie lassen sich Erklärungen für die Verbreitung des Diversity Managements, unabhängig von eindeutigen ökonomischen Vorteilen, sowohl in den USA als auch in Europa, speziell in Deutschland aus Gründen der Legitimationssicherung finden (Ferner et al. 2005, Süß und Kleiner 2005, Aretz 2006). Im Rahmen dieser Arbeit kann und wird nicht eine vollständige Darstellung und Überprüfung der Neoinstitutionalistischen Ansätze vorgenommen, wohl aber deren Relevanz für die derzeitige betriebswirtschaftliche Diskussion des Diversity Managements dargestellt werden.

Der neoinstitutionalistische Ansatz wird nicht mehr nur in der Soziologie diskutiert, sondern findet vermehrt Eingang in die betriebswirtschaftliche Organisationstheorie (Hasse und Krücken 1999, Walgenbach 1999, Türk 2000, Schäffer 2000, Ortmann und Zimmer 2001, Wolf 2005). Die zunehmende Verbreitung dieser Ansätze liegt begründet in der systematischen Berücksichtigung der gesellschaftlichen und kulturellen Einflüsse der Umwelt auf die Unternehmen (Walgenbach 2002). In den 70er Jahren des 20. Jahrhunderts entstand die Forderung nach der Erfüllung einer gesellschaftlichen Verantwortung der Unternehmen. Seitdem werden die sich ändernden Ansprüche und Bedürfnisse der Gesellschaft an die Unternehmen herangetragen, und die Unternehmen können sich unabhängig von ihrer Größe, Rechtsform und Kapitalstruktur den externen Umweltanforderungen nicht entziehen (Wistinghausen 1977, Fiedler 1980).

Der Begriff der Institution umfasst die Gesamtheit aller interaktionssteuernden Bedingungen innerhalb und außerhalb der Unternehmung. Alle Aspekte sozialen Verhaltens sind relevant für die Bildung dieser Institutionen. Dabei sind Institutionen nicht nur die sozialen formellen sowie informellen Strukturen, die durch soziale Interaktion entstehen, sondern auch die sie bestimmenden sozial normierten Verhaltensmuster und Regeln (Mayntz und Scharpf 1995, Vanberg 1982). Folglich umfasst der Institutionenbegriff sämtliche im Umfeld von Unternehmen vorhandenen Akteure, deren Ansprüche und Beziehungen, sowie die von ihnen definierten Regeln, Verfahren, Standards, Konventionen, Sichtweisen, Weltbilder, Deutungsmuster sowie Symbolsysteme (Göhler und Kühn 1999).

Speziell die makroinstitutionalistischen Ansätze gehen davon aus, dass eine Organisation Verhaltensweisen adaptiert, die ihre Umwelt erwartet und als rational ansieht. Durch die damit verbundene Zuschreibung von Legitimität werden der Zufluss notwendiger Ressourcen (z.B. Personal und Kapital) und damit die Existenz der Organisation gesichert. So werden Organisationsstrukturen nicht nur an den Erfordernissen der Arbeitstätigkeiten, sondern an den Vorstellungen der Umwelt bezüglich einer rationalen, effektiven und effizienten Organisationsgestaltung ausgerichtet (Meyer und Rowan 1977).

Die Erwartungen der Gesellschaft kommen dabei durch die öffentliche Meinung oder Gesetze zum Ausdruck. Meyer und Rowan (1977) bezeichnen diese unterschiedlichen Ansprüche als „Rationalitätsmythen“ (Meyer und Rowan 1977, S. 343). Institutionen werden als übergreifende und verfestigte gesellschaftliche Erwartungsstrukturen verstanden (Krücken 2005). Wie Abb. 6 verdeutlicht, können Unternehmungen ihre Überlebensfähigkeit sichern, indem sie „gesellschaftlich legitimierte und rationalisierte Elemente in ihre formalen Strukturen aufnehmen. (Sie) maximieren so ihre Legitimität, sichern und erhöhen damit den Zufluss an Ressourcen“ (Walgenbach 2006, S. 367).

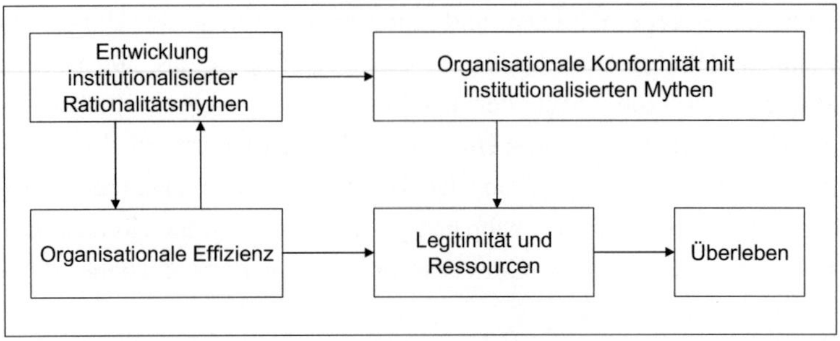

Abb. 6 Überleben von Organisationen in Anlehnung an Meyer und Rowan (1977, S. 353) und Walgenbach (2006, S. 367)

Problematisch sind unterschiedliche Ansprüche verschiedener Umweltsegmente an das gleiche Unternehmen. Unternehmen übernehmen dann nur scheinbar die erwarteten Verhaltensweisen und Strukturen, entkoppeln ihre Arbeitsabläufe von den Institutionen. Die Adaption der Institution besitzt dann nur symbolischen Charakter (Jepperson 1991). Diese gegebenenfalls nur symbolische Anpassung der Unternehmen ist hinsichtlich der steigenden, z. T. konkurrierenden Umwelterwartungen, wie z. B. Umweltschutz, Frauenförderung, Minderheitenschutz, Antidiskriminierungsgesetze etc., notwendig, um das Überleben der Unternehmung zu sichern (Walgenbach 2002). Die Ansprüche externer und interner Institutionen engen den Handlungsspielraum von Unternehmen ein. Unternehmen werden sich ähnlicher, der Wettbewerb um unter Umständen knappe Ressourcen wird härter. Die durch diese Mechanismen hervorgerufenen Angleichungsprozesse zwischen den Unternehmen werden als Isomorphismus bezeichnet (Walgenbach 2002). In der Literatur werden verschiedene Formen unterschieden: Isomorphismus durch Zwang (ökonomischer Druck, Gesetze), durch Nachahmung und Imitation (Austauschbeziehungen, neues Personal, Berater etc.) oder durch normativen Druck (Professionalisierung von Berufsgruppen, informelle, formelle berufliche Netzwerke, Normen-, Denk-, Verhaltensmuster, die z.B. durch Ausbildungsinstitutionen vermittelt werden).

In Abb. 7 wird beispielhaft der Isomorphismusprozess durch Druck bzw. Imitation für das Diversity Management dargestellt. Ausgelöst wird in diesem Beispiel der Isomorphismusprozess durch die Vereinbarung zum Gender Mainstream und das Allgemeine Gleichbehandlungsgesetz. Beide können als Rationalitätsmythen für das Diversity Management angesehen werden. Die skizzierten Isomorphismusprozesse sind vorhanden und wirken, auch wenn ein

Beleg für ihre Effizienz fehlt (DiMaggio und Powell 1991). Sie können für die Erklärung von Innovationsdiffusionen, wie z.B. das Diversity Management herangezogen werden (Hasse und Krücken 1999, Süß und Kleiner 2005, Ferner et al. 2005).

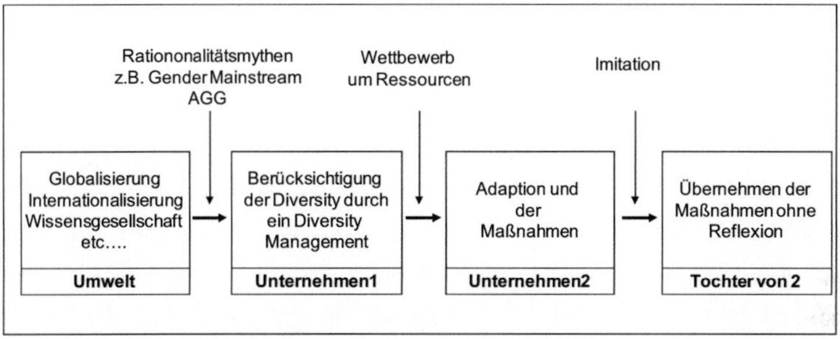

Abb. 7 Isomorphismusprozesse des Diversity Managements, AGG = Allgemeines Gleichbehandlungsgesetz

Süß und Kleiner (2005) zeigen anhand der Ergebnisse einer empirischen Untersuchung, in der 160 Unternehmen zum Ausmaß und der Intensität sowie zu den Gründen für die Beschäftigung mit Diversity Management befragt wurden, die Relevanz der Isomorphismusmechanismen für das Diversity Management auf. Nach dieser Studie kommt dem Isomorphismus, initiiert durch mimetische Prozesse, eine besonders wichtige Bedeutung zu. Konkret bedeutet dies beispielsweise eine Übertragung des Diversity Managements aus ausländischen Muttergesellschaften auf deutsche Tochtergesellschaften (vgl. Abb. 7). Dies gilt insbesondere für Niederlassungen amerikanischer Unternehmen, die den Bedarf und Nutzen der Institution Diversity Management auch außerhalb der USA nicht mehr hinterfragen (Ferner et al. 2005). Des Weiteren konnten statistische Zusammenhänge zwischen der Intensität des Diversity Managements und den rechtlichen Vorgaben, Tarif- und Betriebsvereinbarungen, Kooperationen mit anderen Unternehmen und der Aus- und Weiterbildung gezeigt werden (Süß und Kleiner 2005). So kann davon ausgegangen werden, dass die Verbreitung des Diversity Managements auf der Makroebene durch Isomorphismusprozesse begründet werden kann. Wobei zu bemerken ist, dass ökonomischer Druck in Form von Konkurrenzsituationen aus Sicht der befragten Führungskräfte in Deutschland eine untergeordnete Rolle für die Beschäftigung mit dem Diversity Management spielt. Nach den Ergebnissen von Süß und Kleiner (2005) muss für die Einführung von Maßnahmen eines Diversity Managements kein wirtschaftlicher, monetär messbarer Nutzen gegeben sein. Es erfolgt in vielen Fällen eine Adaption der Institution „Diversity Management" aus Image- oder Marketinggründen ohne deren Auswirkungen auf das eigene Unternehmen zu hinterfragen. In Zeiten der Unsicherheit gehen Beck und Walgenbach (2003) sogar noch von einer Beschleunigung des Anpassungsprozesses aus: Weniger erfolgreiche Unternehmen kopieren Managementpraktiken oder Strukturelemente von erfolgreichen Wettbewerbern, ohne zu berücksichtigen, ob damit die Probleme der eigenen Unternehmung gelöst werden können oder ob nicht sogar die Effizienz beeinträchtigt werden kann (ebd. S. 499). Auf das Diversity Management übertragen bedeutet das eine vergleichsweise intensive sowie offensive Nutzung, obwohl dies unter Umständen objektiv im Hinblick auf die Unternehmenstätigkeit und die vorhandene Personalstruktur nicht erforderlich bzw. bedarfsgerecht ist. Ein systematischer Zusammenhang zwischen der Heterogenität der Personalstrukturen und der Intensität des Diversity Managements ist nicht in jedem Fall erkennbar (Süß und Kleiner 2005, Gebert 2004).

Auch wenn die Argumentation des Neoinstitutionalismus als Begründung für die Beschäftigung mit dem Diversity Management auf der Makroebene sinnvoll ist, bietet sie hinsichtlich eines langfristigen ökonomischen Bestandes keine ausreichenden Begründungen, da von einer Entkoppelung von formalen Strukturelementen und tatsächlichen Arbeitsprozessen ausgegangen wird (Krücken 2005). Der Neoinstitutionalismus kann gegenwärtig die Verbreitung eines Diversity Managements mehr in Form von Leitlinien, Leitbildern und normativen Aussagen, weniger in Form eines wirklichen Managementsystems, welches begründet durch interne Erfordernisse implementiert wird, erklären. Süß und Kleiner (2005) bestätigen somit auch die Argumente von Mayer und Rowan (1977), die eine Entkoppelung der institutionalisierten Strukturelemente von den tatsächlichen Arbeitsprozessen beschreiben. So ist für erwerbswirtschaftliche Unternehmen von einer Adaption von Diversity Managementpraktiken bei teilweiser Entkoppelung von den tatsächlichen Arbeitsprozessen auszugehen. Weiterhin ist anzunehmen, dass die Ausgestaltung der formalen Struktur sich trotz der Gültigkeit von Isomorphismusmechanismen auch an einem übergeordneten Effizienzziel orientiert. Denn die These der Entkoppelung von den Arbeitsprozessen wird durch die empirische Studie von Beck und Walgenbach (2003) eingeschränkt. Sie beschreiben, dass einzelne Strukturelemente der adaptierten Managementpraktiken genutzt werden, wenn sie die „Steuerungsfähigkeit und –sicherheit" des Managements verbessern können. So ist eine genaue „Analyse ihrer konkreten Umsetzung" erforderlich, um die Diffusion der Diversity Management-Institutionen in die Prozesse der Leistungserstellung beurteilen zu können (Beck und Walgenbach 2003, S. 506). In diesem Zusammenhang und bezüglich der Erforschung der Bedingungen, unter denen Unternehmen besonders dazu neigen, institutionalisierte Strukturelemente und Managementpraktiken zu übernehmen, besteht nach Walgenbach und Beck (2003) noch ein sehr großer Forschungsbedarf.

Langfristig müssen die adaptierten und implementierten Managementkonzepte glaubhaft sowie authentisch sein, um in den Augen von Kunden, Mitarbeitern und Umwelt bestehen zu können. Folglich ist eine Orientierung an den tatsächlichen strategischen Erfordernissen der jeweiligen Unternehmung notwendig. Für den erfolgreichen Umgang mit der zunehmenden Heterogenität werden Lippen- und symbolische Bekenntnisse nicht ausreichen. Der interne Umgang mit der Diversity muss dem Außenimage entsprechen und umgekehrt. Denn nur so kann die langfristige Wettbewerbsfähigkeit unterstützt werden. Der normative Anspruch muss mittels strategischer Ziele und operativer Maßnahmen realisiert werden, genauer in den laufenden unternehmerischen Wertschöpfungsprozess zur Schaffung systematischer Erfolgspotenziale integriert werden. Nachdem nun die Begründungen für eine zunehmende Verbreitung des Diversity Managements auf gesellschaftlicher Ebene beschrieben worden sind, werden im Folgenden die betrieblichen und organisationalen Begründungen dargestellt, die für die Realisierung der Wettbewerbsvorteile durch die Nutzung der Diversity sprechen.

3.2 Begründungen auf der Unternehmensebene

Die Einteilung der ökonomischen Argumente wird in Anlehnung an die Ausführungen von Cox und Blake (1991) und die Erweiterungen durch Krell (1999 und 2000) vorgenommen. Unterschieden werden können hiernach die im Folgenden aufgeführten neun Kostenargumente, die für ein mehr an Heterogenität in Unternehmen sprechen.

Dabei lassen sich die ersten vier beschriebenen Argumente den „inevitability-of-diversity-issues" und die weiteren den „value-in-diversity-issues" zuordnen (Cox und Blake 1991, S. 45ff). In Tab. 1 wird diese Einteilung dargestellt. Als „inevitability-of-diversity-issues" werden die Aspekte bezeichnet, die sich aus den veränderten externen Rahmenbedingungen, beispielsweise dem demografischen Wandel, unabwendbar für die Unternehmen ergeben und auf die es zu reagieren gilt. Demgegenüber werden unter den „value-in-diversity-issues" die Vorteile gesehen, die sich in Form von Potenzialen aufgrund der Berücksichtigung der Heterogenität innerhalb der Unternehmung ergeben und die zur Vermeidung von Opportunitätskosten ebenfalls zu berücksichtigen sind.

Tab. 1 Kategorisierung der Kostenargumente für das Diversity Management nach Sepehri (2002, S. 160)

Ökonomische Begründungen des Diversity Managements	
Inevitability-of-diversity issues	**Value-in-diversity-issues**
Kosten	Marketing
Personalmarketing	Kreativität und Innovation
Beschäftigtenstruktur	Problemlösungsqualitäten
Internationalisierung	Refinanzierung und Ethik
	Systemflexibilität

Die „inevitability-of-diversity-issues" bilden somit das aus Kostengründen relevante Verhältnis zwischen Umwelt und Unternehmen hinsichtlich einer Berücksichtigung der zunehmenden Diversity ab (externe Vorteile), und die „value-in-diversity-issues" die Innensicht der Vorteile (Sepehri 2002). In den folgenden beiden Abschnitten werden zum einen diese unternehmensexternen und zum anderen die unternehmensinternen Kostenvorteile der Heterogenität erläutert.

3.2.1 Kosten der unternehmensexternen Heterogenität

Kostenargument

Unternehmen, die eine Umgebung schaffen, in der jeder Mitarbeiter sein volles Potenzial entfalten kann, also ein funktionierendes Diversity Management implementieren, erreichen einen komparativen Kostenvorteil (Cox und Blake 1991). Das Kosten-Argument kann als Basisargument für den ökonomischen Nutzen von Diversity bezeichnet werden. Die Kernhypothese dieser Argumentation besagt, dass eine mangelnde Berücksichtigung der Mitarbeiter, die nicht zum homogenen Ideal gehören, aufgrund von Wettbewerbsnachteilen gegenüber Mitwettbewerbern, zu unnötigen Kosten führt. Das sind Kosten, die beispielsweise durch ein hohes Maß an Fluktuation aufgrund mangelnder Integration entstehen (Robinson und Dechant 1997). Denn mit Fluktuation ist immer ein Abfluss von Wissen, Fähigkeiten und Potenzialen verbunden. Auch andere Autoren betonen die Notwendigkeit einer „policy of inclusion" (Gilbert und Ivancevich 2000, S. 700, Bryan 1999, Thomas 1996 und 1999). Unzureichende

Aufstiegschancen und fehlende Chancengleichheit für Minderheiten im Unternehmen (Köhler-Braun 1999) führen ebenfalls zu Fluktuation und erheblichen Kosten. Letzteres belegen zahlreiche Studien aus den USA (Trost 1990, Jones 1986). Krell (1999) betont in diesem Zusammenhang die mögliche Demotivation und einen damit verbundenen niedrigen Arbeitszufriedenheitsgrad, bedingt durch eine schlechte Integration von Minderheiten. Möglicherweise können damit Einbußen hinsichtlich Leistungsgrad und Produktivität verbunden sein (Thomas 1991). Wobei eine eindeutige empirische Bestätigung dieser Ursache-Wirkungsbeziehungen, bedingt durch die Schwierigkeit einer Bestimmung der relevanten Faktoren und Einflussgrößen, noch aussteht.

Personalmarketingargument

Aufgrund der beschriebenen demografischen Veränderungen und der fortschreitenden Globalisierung, insbesondere in Zeiten, in denen das Angebot an qualifizierten Fach- und Führungskräften auf dem Arbeitsmarkt gering wird, ist es wichtig, durch ein entsprechendes Diversity Management den Zugang in das Unternehmen für in- und ausländische Spezialisten zu erleichtern. Es kann davon ausgegangen werden, dass die zukünftigen Talente nicht der Gruppe des homogenen Ideals angehören. So müssen die Instrumente des Personalrecruitings diesen vielfältigen Adressaten auf dem Arbeitsmarkt angepasst werden. „Kriterien und Verfahren der Personalauswahl, der Personalbeurteilung und der Beförderung sollen daraufhin überprüft werden, ob sie diskriminieren und gegebenenfalls geändert werden müssen“ (Krell, 1997, S. 57). Im Wettbewerb um die besten Arbeitskräfte müssen Unternehmen Anreize und Vorteile bieten, d.h. über ein entsprechendes Image verfügen, um die potentiellen Arbeitskräfte für sich zu gewinnen und langfristig zu binden (Oechsler 1997).

Beschäftigtenstrukturargument

Das Beschäftigungsstruktur-Argument zielt ebenfalls auf die Veränderungen der Strukturen auf den nationalen und internationalen Arbeitsmärkten ab, die schon von Johnston und Packer (1987) in der Studie „Workforce 2000“ prognostiziert wurden. Die Belegschaften setzen sich zunehmend aus Frauen, älteren Personen und Arbeitnehmern aus verschiedenen Ländern zusammen (Sepehri 2002). Nun ist es an den Unternehmen, darauf entsprechend zu reagieren und eine Personalpolitik zu betreiben, „die nicht länger am Normalarbeitnehmer orientiert ist und Frauen – neben Jüngeren, Älteren, Ausländern und Leistungsgeminderten – als besondere Gruppen […] behandelt“ (Krell, 1999, S.27). Dieses Argument ist eng verwandt mit dem Personalmarketingargument, geht aber noch darüber hinaus, denn in einer extremen Ausprägung soll die Belegschaft der Unternehmung die Struktur der Gesellschaft hinsichtlich der Diversity Merkmale widerspiegeln.

Internationalisierungsargument

Das Internationalisierungsargument besagt, dass ein erfolgreich implementiertes Diversity Management das Agieren auf internationalen Märkten erleichtert, da die Mitarbeiter geübt sind, Vielfalt als einen Wert an sich anzuerkennen und mit Heterogenität vorurteils- sowie konfliktfrei umzugehen. (Krell 1999, Köhler-Braun 1999). So gesehen ist das Internationalisierungsargument das aus einer umweltorientierten, externen Perspektive betrachtete Gegenstück zum internen Marketingargument, welches im folgenden Abschnitt beschrieben wird.

3.2.2 Kosten der unternehmensinternen Heterogenität

Marketingargument

„Just as the workforces of organizations are becoming more culturally diverse, so their markets" (Cox 1993, S. 28). So ist es erforderlich, sich in den Bereichen Marketing, Vertrieb und Entwicklung sowohl auf die unterschiedlichen kulturellen Werte als auch Bedürfnisse der Kunden einzustellen. Dies ist nach Rhodes (1999) für eine diverse Belegschaft einfacher als für eine homogene. Mitarbeiter, die beispielsweise selbst einer Minderheitengruppe angehören, kennen nicht nur deren Wünsche, sondern auch das Kaufverhalten dieser Gruppe und können so dieses Marktpotential leichter erschließen (Sepehri 2002). Cox und Blake (1991) bezeichnen dies als Vorteil durch kulturelle Sensitivität. Darüber hinaus spezifizieren sie noch zwei weitere Aspekte, nämlich Vorteile durch die Schaffung von Synergieeffekten und durch eine leichtere Marktanpassung aufgrund heterogener Belegschaften. Mit der Nutzung von Synergien ist gemeint, dass Kunden eher die Produkte eines Unternehmens kaufen, wenn dessen Mitarbeiter über ähnliche kulturelle Merkmale verfügen wie sie selbst. Der Aspekt der leichteren Marktanpassung ist vor allem für Unternehmen in engen regionalen Märkten relevant. Sie sind auf die Erschließung von Exportmärkten angewiesen, diese können aber nur erschlossen und durchdrungen werden, wenn die kulturellen Rahmenbedingungen bekannt und verstanden werden. Die Relevanz des Marketingarguments wird durch zahlreiche Studien belegt (u.a. Tse et. al. 1988, Deshpande 1986). Diese Untersuchungen berücksichtigen vor allem Merkmale wie Nationalität und ethnische Herkunft, weniger die ganze Bandbreite der Diversität (Cox 1993).

Kreativitäts-, Innovations- und Problemlösungsargument

Das Kreativitäts- bzw. Innovationsargument wird gemeinsam mit dem Problemlösungsargument dargestellt, weil sich die Begründungen auf beide Argumente beziehen (Sepehri 2002). Im Folgenden ist mit dem Begriff des Kreativitäts- auch der des Innovationsarguments gemeint. Sowohl das Kreativitäts- als auch das Problemlösungsargument beruhen auf der Annahme einer höheren Effizienz heterogener Teams hinsichtlich Problemlösung und Kreativität. Cox und Blake (1991) argumentieren, dass heterogene Arbeitsgruppen eine größere Erfahrungsbasis und eine höhere Zahl verschiedener Perspektiven sowie Einstellungen besitzen. Dies wirkt sich positiv auf die Problemlösungsqualität und die Entscheidungsfindung aus. Letztendlich wird die Kreativität der gefundenen Lösungen gefördert. Einstellungen und Werte sowie die Art der Wahrnehmung derselben sind nicht zufällig in der Gesellschaft verteilt, sondern werden von demografischen Variablen wie Alter, Herkunft, Geschlecht etc. beeinflusst. Eine Folge von mehr Heterogenität ist daher eine Zunahme verschiedener Ansichten (Robinson und Dechant 1997). Die möglichen Konflikte, die bedingt durch die Heterogenität in Teams und Gruppen die Effizienz einschränken können, werden in Kapitel 3.3 dieser Arbeit detailliert beschrieben.

Refinanzierungs- und Ethikargument

Das Refinanzierungs- und Ethikargument korrespondieren mit dem wachsenden Bedürfnis, die „intangible assets" zu erfassen (Friedrichs 2004, S. 28) und dem Bestreben, ein „Human Value Reporting" in den Geschäftsberichten zu etablieren (Jäger et. al. 2004, S. 287).

"Nicht nur Kaufentscheidungen, sondern auch Anlagenentscheidungen werden in zunehmendem Maße ethisch orientiert. […] In diesem Zusammenhang spielen […] soziale Aspekte eine wichtige Rolle" (Krell 1999, S. 31). Steppan (1999) beschreibt die ökonomische und finanzpolitische Relevanz von Diversity Management anhand des wachsenden Drucks, den Fondsgesellschaften und Ratingagenturen auf die Unternehmen hinsichtlich des Einsatzes kompetenzbasierter, am Human-Kapital orientierter Kennzahlen ausüben. Für Deutschland und Europa sind zum einen die Entwicklung der Basel II Kriterien als Hinweis auf die zunehmende Bedeutung des Humankapitals und –potenzials, zum anderen die vermehrte Auflage von ethisch orientierten Aktienfonds zu werten (Jäger et al. 2004).

Systemflexibilitätsargument

Dieses Argument beruht auf der Annahme, dass ein Mehr an Diversity starre Kulturen sowie Strukturen im Unternehmen aufbrechen und damit die Grundlage für mehr Systemflexibilität schaffen kann (Sepehri 2002). Im Zentrum dieses Arguments steht die Vielfalt an verschiedenen kognitiven Denkmustern, die zwangsläufig bei Menschen unterschiedlicher Prägung heterogener ausfallen. Insofern ist diese Sichtweise eng mit den Kreativitäts- und Problemlösungsargumenten verbunden. Neben der positiven Bewertung der Diversity an sich für die Flexibilität des Unternehmens wird aber auch ein positiver Effekt durch die Implementierung eines Diversity Managements erwartet. Mit diesem Managementtool können Unternehmen Prozesse und Systeme adäquat und zügig an veränderte Rahmenbedingungen anpassen. Krell (1999 und 2001) sowie Bateman und Zeithaml (1993) sehen in diesem Zusammenhang einen eindeutigen Vorteil von multikulturellen Unternehmenskulturen gegenüber eher monokulturell orientierten Kulturen, die auf eine homogen strukturierte Belegschaft ausgerichtet sind. Allerdings lässt sich der Vorteil der Diversity hinsichtlich der Flexibilisierung der Unternehmen nicht eindeutig empirisch aufzeigen. Aus verschiedenen amerikanischen Studien, die den Zusammenhang zwischen der vorhandenen Heterogenität und dem Flexibilitätsgrad von Unternehmungen untersuchen, kann weder ein eindeutig positiver noch negativer Zusammenhang bestätigt werden (Shaffer et. al. 1973, Lambert 1977, Rotter und O`Connell 1982). Dies kann als ein Hinweis auf das Erfordernis eines adäquaten Diversity Managements gewertet werden, damit die möglichen negativen Auswirkungen von Diversity, d.h. die eventuellen Risiken, beispielsweise unerwünschte Konflikte in heterogenen Teams, reduziert werden können. Diese wurden bereits bei der Darstellung des Kreativität- und Problemlösungsargumentes skizziert und werden im folgenden Kapitel ausführlich beschrieben.

3.3 Begründungen auf der Gruppen- und Individualebene

Auch wenn die bisherigen Ausführungen über das Diversity Management auf eine ökonomische Vorteilhaftigkeit hinweisen, ist eine kritische Betrachtung des Verhältnisses zwischen Heterogenität und Gruppenleistung erforderlich. Denn eine unzureichend betreute Diversity in Gruppen kann den Gruppenerfolg negativ beeinflussen. Vorliegende Ansätze zum Diversity Management greifen auf einen Fundus vorhandener Theorien zurück, um einzelne Wirkungszusammenhänge zu erklären. Im Folgenden werden die im Hinblick auf die vorliegende Arbeit wichtigsten Aspekte beschrieben. In diesem Zusammenhang ist es sinnvoll, zunächst einige grundlegende Überlegungen zur Heterogenität darzulegen. Im Anschluss werden relevante Konfliktformen sowie die Rolle sozialer Kategorisierungsprozesse beschrieben. In anderen Beiträgen zum Diversity Management werden die individuelle und die Gruppenebene häufig gesondert betrachtet (Becker 2006). Diese Unterscheidung wird in der vorliegenden Arbeit nicht vorgenommen; Denn entsprechend der vorgenommenen Definition des Diversity Managements ist eine erfolgreiche Umsetzung nur möglich, wenn es gelingt, die vielfältigen Potenziale in die Prozesse zur Erreichung der Unternehmensziele zu integrieren, was in der Regel zunächst eine Integration der Individuen in ein Team oder Gruppe voraussetzt. Deshalb werden die Gruppenprozesse aus der Perspektive der Integration der individuell verschiedenen Beschäftigten betrachtet.

3.3.1 Grundlegende Überlegungen zur Diversität in Gruppen

Die Forschung über die Auswirkungen von Diversity in Teams und kleinen Gruppen zeigt sowohl negative als auch positive Auswirkungen von Heterogenität auf. Die empirische Literatur bestätigt nicht uneingeschränkt, dass vielfältige Teams, Gruppen oder Organisationseinheiten bessere Leistung bringen, sich dem Unternehmen verpflichteter fühlen oder über eine höhere Arbeitszufriedenheit verfügen (Kochan et al. 2002). Im Bezug auf die Fragestellung, ob Diversity sich vorteilhaft auf die Problemlösungs- und Entscheidungsqualitäten auswirkt, existiert weder ein eindeutiges Ergebnis (Sepehri 2002) noch eine einheitliche Meinung wie im Weiteren ausgeführt wird.

Informations- und Entscheidungstheorien gehen von positiven Wirkungen heterogener Gruppen aus (Ancona und Caldwell 1992, Triandis 1994). Demgegenüber wird sowohl in den Theorien der sozialen Kategorisierung als auch in den Ausführungen zur Attraktionstheorie eher von negativen Auswirkungen der Diversity auf die Gruppenleistung ausgegangen (Williams und O'Reilly 1998). Empirisch lässt sich dies als generelle Aussage aber nicht stützen (Podsiadlowski 2002, Bhawnk et. al. 2002). Ein Grund besteht in dem laborexperimentellen Charakter der Forschung (Williams und O`Reilly 1998, Priem et al. 1995) und in der Auswahl der betrachteten Merkmale, nämlich der primären Kategorie, wie ethnische Herkunft, Kulturregionen und Geschlecht (Rosenstiel 2004). In den Untersuchungen werden Nachteile großer kultureller und ethnischer Unterschiede in Form von Kommunikations-, Klima- und

Leistungsstörungen beschrieben, so dass sich aufgrund dieser Ergebnisse vor allem die Frage stellt, welches Ausmaß an Heterogenität ideal ist und durch welche Maßnahmen das Potenzial der Vielfalt genutzt werden kann. Nach Lorsch und Morse (1974) erbringt die Heterogenität der Perspektiven einen Kreativitätsvorteil, verursacht aber gleichzeitig Kommunikationshindernisse. Gebert (2004) beschreibt in diesem Zusammenhang durch soziale Kategorisierungsprozesse verursachte Beziehungs-, Ziel- und Wertkonflikte, die zu Kommunikations- und Kooperationsbarrieren in Gruppen führen können. Diese Barrieren schränken die innovative Wirkung diverser Gruppen und Teams ein. Letztendlich zeigt sich bei der erfolgreichen Umsetzung des Tagesgeschäftes, ob das von oben strategisch angestoßene Managementziel der Integration der Vielfalt mit möglichst niedrigen Verlusten z.B. in Form von Konflikten erreicht werden kann.

Gemischt zusammengesetzten Gruppen wird eine kreativere Problemlösung nachgesagt (Kreativitäts- und Problemlösungsargument). „The idea is that diverse groups have a broader and richer base of experience from which to approach a problem" (Cox, 1993, S.33). Der Problemlösungsprozess ist nicht unbedingt schneller und einfacher, aber das Ergebnis ist vielfältiger wie die Untersuchungen von Watson et al. (1998) zeigen. Vielfältig zusammengesetzte Teams können sich nach dem Flexibilitäts-Argument besser an Veränderungen anpassen. Homogene Teams hingegen sind „fixiert auf traditionelle Erfolgsmuster, blockieren neue Orientierungen, tendieren zu Abschließungen, minimieren die organisationale Anpassungsfähigkeit und befinden sich letztendlich in einem Zustand der Starrheit" (Sepehri 2002, S.112).

Auch Stumpf und Thomas stellen keine allgemein gültige Beziehung zwischen Heterogenität und Gruppeneffektivität oder Kreativität her, denn diese sind neben der Diversität auch abhängig von weiteren Faktoren (Stumpf und Thomas 1999, S.39f), die wie folgt lauten:

- Art und Ausmaß der Heterogenität: Heterogenität kann in verschiedenen qualitativen und quantitativen Ausprägungen bestehen
- Art der zu bewältigenden Aufgabe: Bei sehr heterogenen Aufgaben, bei denen kein Mitglied alle Anforderungen erfüllt, die für die Aufgabe nötig sind, wirkt sich Heterogenität unter den Gruppenmitgliedern besonders positiv aus.
- Integrationsgrad der Gruppe: Die Gruppe muss trotz Heterogenität ein integriertes Ganzes sein, dies erreicht man beispielsweise durch eine adä-

quate Rollenstruktur, einen integrierend wirkenden Gruppenführer und gute Kommunikationsfähigkeiten der Gruppenmitglieder.

Insbesondere die Berücksichtigung des dritten Aspektes ist für die Umsetzung eines zielführenden Diversity Managements wichtig. Nach Belbin (1981) kann jedes Gruppen- oder Teammitglied über das Einbringen seiner Fachkenntnisse hinaus eine Funktion und zusätzlich eine Teamrolle übernehmen. Gelingt es dabei, die fünf wichtigsten der verschiedenen Teamrollen (Produzent, Ressourcen-Ermittler, Koordinator, Gestalter und Implementierer) zu besetzen, ergänzen sich die Gruppenmitglieder in optimaler Weise und kompensieren gegenseitig eventuelle Schwächen einzelner Mitglieder (Thunig 1999, Wildenmann 1995). Dies kann eine Möglichkeit sein, mögliche negative Folgen der Heterogenität zu reduzieren. Der Gruppenzusammenhalt wird durch gemeinsame Werte und Grundeinstellungen erhöht, d.h. also eine gemeinsame Basis und ein gewisses Maß an einheitlichem Handeln sind wichtig für die Effektivität in Gruppen. Sowohl die Rollendifferenzierung als auch die gemeinsame Wertebasis sind entscheidende Merkmale von erfolgreichen Gruppen mit niedrigem Konfliktniveau, wie im Weiteren ausgeführt wird.

3.3.2 Diversity Management und Konflikte

Um auf die Bedeutung der Diversität und das Entstehen von Konflikten in Gruppen eingehen zu können, werden zunächst in aller Kürze Grundlagen der Gruppenbildung beschrieben.

Von einer Gruppe wird gesprochen, wenn mehrere Personen eine längere Zeit direkt interagieren. Dabei ist eine Rollendifferenzierung zu beobachten und es entwickeln sich gemeinsame Gruppennormen sowie ein Wir-Gefühl (Schein 1965, Rosenstiel 1978, Rosenstiel 2003). Nach Rosenstiel (2003) ist jedes Team auch eine Gruppe, nicht aber jede Gruppe ein Team. „Der Teambegriff hat positivere Konnotationen; in diesem Sinne wird meist eine besonders gut eingespielte Gruppe mit funktionierenden Kooperationen, geringer hierarchischer Binnenstruktur und intensiver Bindung der Mitglieder an das gemeinsame Ziel als Team bezeichnet“ (ebd. S. 274f).

Jede Gruppe verfügt über eine durchschnittliche Attraktivität bei den Gruppenmitgliedern (Irle 1975). Diese Kohäsion entscheidet über den Verbleib in der Gruppe und beeinflusst die Gruppenleistung. Die Attraktivität einer Gruppe steigt mit der Interessantheit der Aufgabe und der Qualität der sozialen Interaktionen (Gebert und Rosenstiel 2002, Rosenstiel 1978). Im Hinblick auf die möglichen Ziel- und Wertkonflikte in heterogenen Gruppen ist insbesondere die sozial vermittelte Gruppenattraktivität von Interesse. Die strukturellen und technologischen Rahmenbedingungen sind eine wichtige Größe für die Gruppenbildung. Sie entscheiden maßgeblich über die Anzahl der erforderlichen direkten Interaktionen, und diese sind wiederum ausschlaggebend für die empfundene Kohäsion. Denn mit zunehmender Anzahl sozialer Kontakte steigt die Sympathie (Homans 1950, Hofstätter 1967). Da Kontakthäufigkeit eine Rolle spielt, ist damit auch die Gruppengröße relevant, denn die Kontakthäufigkeit ist in kleinen Gruppen höher und steigert die interpersonale Attraktivität schneller. Durch die Interaktionen wird nicht nur die auch bei umfangreicher wahrgenommener Diversity vorhandene Ähnlichkeit zwischen den Interakteuren, sondern auch die Ähnlichkeit der Situation wahrgenommen. Die für den Gruppenzusammenhalt relevante wahrgenommene Ähnlichkeit lässt sich, wie die Experimente von Schachter (1959) und Schuler (1975) zeigen, mittels systematischer Manipulation erhöhen. Neben der Kontakthäufigkeit und der wahrgenommenen Ähnlichkeit sind die gemeinsame Zielerreichung und Aufgabenerfüllung für die Bindung einer Gruppe relevant (Back 1951, zitiert nach Rosenstiel 2003).

In hochkohäsiven Gruppen ist mit einer niedrigen Fluktuation und einer hohen (Arbeits-)Zufriedenheit zu rechnen (Gebert und Rosenstiel 2002). Wie zahlreiche Studien zeigen, korreliert die Gruppenkohäsion positiv mit der Leistungsvarianz, nicht aber uneingeschränkt mit der Leistungshöhe. Die Leistungshöhe wird maßgeblich durch die Gruppennorm und Leistungsnorm der Gruppe beeinflusst (Irle 1975, Hackman 1976, Sader 1976, Rosenstiel 1978). Die Einschränkung der maximalen Leistung bei hochkohäsiven Gruppen ist auf einen Konformitätsdruck zurückzuführen, der eine Nivellierung der individuellen Leistungen durch Anpassung an die in der Gruppe vorherrschende Leistungsnorm zur Folge haben kann. Neben der Kohäsion ist es so erforderlich, die Normen und Leistungsnormen der Gruppe und auch den vorhandenen Konformitätsdruck als Prädikatoren für die Beurteilung möglicher Gruppenleistungen heranzuziehen. Denn die Leistungsnorm wird nicht allein von der Kohäsion, sondern beispielsweise auch von den Arbeitswerten beeinflusst (Rosenstiel 1978). Auf der einen Seite fördern einheitliche hohe (Leistungs-) Normen die Gruppenergebnisse, andererseits ist es aber möglich, dass in Problemlösungs- und Entscheidungsgruppen durch die Einhaltung von Normen innovative oder kreative Ideen behindert werden, da diese eher von Außenseitern eingebracht werden (Janis 1972). Um gute Gruppenergebnisse zu erzielen, ist es sinnvoll zum einen die Kohäsion und die Entwicklung von

Gruppennormen zu fördern und eine Abstimmung der individuellen mit den Organisationszielen zu erreichen, zum anderen gilt es dabei, den Konformitätsdruck weitestgehend zu reduzieren.
Die Identifikation mit den Organisations- bzw. Sachzielen kann z.B. durch Partizipation erreicht werden, indem die Mitarbeiter an für ihre Aufgaben relevanten Entscheidungen beteiligt werden oder eine Strukturierung der Arbeitsaufgaben gefördert wird (Gebert 2004, Kern 1998). Letzteres ist nach Rosenstiel (2003) zu bevorzugen, da zum einen die Attraktivität der Aufgabe steigt und der eigene Beitrag zum Gruppenergebnis für den einzelnen Mitarbeiter transparent wird.
Im Rahmen eines Diversity Managements ist es wichtig, neben einer gewissen Integration der individuellen und organisationalen Sachziele, insbesondere die unterschiedlichen Wertvorstellungen bzw. Einstellungen hinsichtlich der Arbeit und Arbeitsziele in Einklang zu bringen. In einigen US-amerikanischen Studien wurde die besondere Bedeutung gegensätzlicher Interessen der Gruppenmitglieder für die Entstehung von Konflikten untersucht. Bei Cox (1993) findet sich eine ausführliche Darstellung der Untersuchungen von Alderfer et al. (1980), Landis und Boucher (1987) und Daft und Steers (1986). Nach diesen Untersuchungen sind folgende vier Gründe für Konfliktentstehungsprozesse relevant:

- Kulturelle Unterschiede
- Machtdiskrepanzen
- Konkurrenz um knappe Ressourcen
- Unterschiedliche und konkurrierende Zielsetzungen

Gebert (2004) betont die Notwendigkeit, zwischen verschiedenen Arten von Zielkonflikten zu unterscheiden. Die folgenden Ausführungen lehnen sich eng an die Arbeit von Gebert (2004) an, da er erstmals einen vollständigen Überblick über die empirischen Arbeiten zu diversen Teams sowie den daraus ableitbaren Konsequenzen für ein Diversity Management bietet. Er beschreibt ein Kerndilemma heterogener Teams in Form des Spannungsfeldes zwischen innovationsbezogener Potenziale und der ungeplanten negativen Sekundäreffekte nicht betreuter Vielfalt. Hinsichtlich Kreativität und Innovationspotential sind bestimmte Konflikte in einem gewissen Ausmaß erwünscht und werden als Vorteil heterogener Gruppen angesehen. Existieren zwischen den Gruppenmitgliedern oder in Teams Differenzen hinsichtlich der Leistungsbereitschaft und des Engagements, kann von Wertkonflikten gesprochen werden. In der

Abstimmung der Sach- und Wertziele besteht eines der Kerndilemmata des Diversity Managements, denn die „Sachkonflikte (sind) erwünscht, die kovariierenden Ziel- und Wertekonflikte aber unerwünscht“ (Gebert 2004, S 420, Kern 1998). Sachkonflikte sind Ausdruck der Heterogenität und der unterschiedlichen Sichtweisen bezüglich der richtigen Problemlösungsstrategie. In ihnen kommt idealer Weise das Kreativitäts- und Problemlösungspotential der Mitarbeiter zum Ausdruck. Zielkonflikte hingegen beruhen auf der unterschiedlichen Interpretation der Aufgabenstellung (Odiorne 1967, Stroebe und Stroebe 1992, Gebert 2004).

Nach Gebert (2004) ist es sinnvoll, die Sach- und Zielkonflikte voneinander abzukoppeln und getrennt zu lösen. Sachkonflikte werden sich dann lösen lassen, wenn die kommunikationshemmenden Zielkonflikte durch die Vermittlung eines „klaren und gemeinsamen Zielverständnisses“ und der Bereitstellung relevanter Informationen reduziert werden. Denn oftmals liegt der Grund für Zielkonflikte in einer unvollständigen oder ungleichen Information der Gruppenmitglieder über Hintergründe und Rahmenbedingungen der Aufgabenstellung. Des Weiteren lassen sich Verständnisdifferenzen hinsichtlich des Ziels vermeiden, wenn es der Führungskraft gelingt, „die Akzeptanz bisher geteilter strategischer Oberziele als gemeinsame Plattform abzustützen und [...] manifest gewordene Zielunterschiede als Unterschiede auf der taktisch-operativen Ebene zu interpretieren. So verwandelt sich der Zielkonflikt auf der taktischen Ebene in einen Konflikt über den angemessenen Weg und zum geteilten strategischen Oberziel und damit in einen neuen Sachkonflikt, der ein höheres Einigungspotenzial als genuine Ziel- und Wertkonflikte aufweist“ (Gebert 2004, S. 420, Stroebe und Stroebe 1992, Odiorne 1967). Die Fokussierung auf gemeinsame Oberziele ermöglicht die Wahrnehmung von Ähnlichkeit, erhöht die Möglichkeiten für persönliche Kommunikation und Kohäsion in der Gruppe (Triandis et al. 1994). Nachteil übergeordneter Kategorien ist deren Instabilität und Abhängigkeit von der Situation auch in starken Kulturen.

Parallel ist die Vermittlung eindeutiger Kommunikationsregeln erforderlich. Kommunikationen dürfen nicht als „Gewinner-Verlierer-Konstellationen“ (ebd. S. 420), sondern als „verständigungsorientiertes Austauschen von Argumenten“ geführt werden. Eine verständigungsorientierte Kommunikation reduziert darüber hinaus die Gefahr, dass Sachkonflikte in Beziehungskonflikte übergehen. Insgesamt kann festgehalten werden, dass es mit Hilfe geeigneter Führungs- und Kommunikationsstrukturen, die auf die Entkoppelung möglicher

Sach-, Ziel-, Wert- und Beziehungskonflikte fokussiert sind, auf der Gruppenebene möglich ist, den Kreativitäts- und Problemlösungsvorteil der Diversität zu nutzen. Letztendlich gilt es durch die Vorbildfunktion der Führung und die Lenkung der Teamarbeit an sich, ein „gemeinsames Werte- und Normensystem in der Gruppe (zu schaffen), das von allen Mitgliedern akzeptiert und gelebt wird“ (Franken, 2004, S. 181), um die Vorteile der Vielfalt in Form ökonomischer Vorteile nutzen zu können.
In Abhängigkeit von der Wahrnehmung und Bewertung der interpersonalen Diversity-Merkmale durch die Gruppenmitglieder werden soziale Kategorisierungsprozesse ausgelöst oder Stereotype bedient, welche die möglichen Konflikte verschärfen können (Elmerich 2007). Wir verbinden oft unbewusst eine Menge von Erwartungen mit der Erscheinung von Menschen. Diese Erwartungen führen dann zu einem bestimmten Verhalten gegenüber diesen Menschen oder auch zu Vorurteilen und Stereotypen (Cox 1993, Milliken und Martins 1996). Die Wirkung dieser Zuschreibungen auf die Kohäsion der Gruppe wird im folgenden Abschnitt beschrieben.

3.3.3 Diversity Management und soziale Kategorisierungsprozesse

Die durch eine empfundene kulturelle Distanz verminderte Wahrnehmung von Ähnlichkeit wirkt negativ auf die interpersonelle Attraktivität der Gruppenkohäsion (Triandis et. al. 1994, Franken 2004). Eine gering empfundene Ähnlichkeit zwischen Gruppenmitgliedern erschwert die Entwicklung einer gemeinsamen Identität und unterstützt soziale Kategorisierungsprozesse. Stereotypisierungen und ingroup- und outgroup-Aufsplittungen in Teams lösen Konflikte aus und behindern die Kommunikation. Die Folgen bei den Mitarbeitern reichen von Leistungsabfall, sinkender Motivation bis hin zu Kündigungen. Letzteres trifft vor allem für Angehörige von Minoritäten zu (Brewer 1995, Williams und O`Reilly 1998, Alexander et al. 1995).
Nach Gebert (2004) gibt es vier verschiedene Möglichkeiten, diese dysfunktionalen Kategorisierungsprozesse zu reduzieren:

- Parallele Homogenisierung
- Förderung intrapersonaler Diversity
- Förderung einer gemeinsamen sozialen Identität
- Ermöglichen einer personalen Identität

Mit der parallelen Homogenisierung ist gemeint, die Diversity, beispielsweise die Crossfunktionalität, in der Gruppe durch gezielte Teambildung mit Menschen unterschiedlichster Disziplinen und Funktionen zu erhöhen, und parallel Verbindungen in Form von Gemeinsamkeiten, z.B. über die Dauer der Betriebszugehörigkeit zu schaffen. Alternativ hat die Strategie der intrapersonalen Diversity zum Ziel, Generalisten mit eigenen crossfunktionalen Erfahrungen in einer Gruppe zusammen zu bringen, die gerade wegen der hohen intrapersonal verfügbaren Diversity sich als eine ingroup fühlen. Das Erzielen einer gemeinsamen sozialen Identität ist eng mit der in Kapitel 3.3.2 beschriebenen Stützung gemeinsamer strategischer Oberziele verbunden. Konkret ist hiermit gemeint, „als Ingroup-Kriterium die Zugehörigkeit zu der [...] übergeordneten Organisationseinheit zu entwickeln und zu verankern" (Gebert 2004, S. 423). Voraussetzung für derartige „Re-Kategorisierungen" ist eine hohe Aufgaben- und Ergebnisinterdependenz und eine symbolische Betonung der gemeinsamen sozialen Identität, z.B. durch Corporate Identity Bemühungen und das Anstreben einer gemeinsamen Unternehmenskultur.
Insbesondere bei einer hohen demografischen, sichtbaren Diversity ist die Erzielung einer gemeinsamen sozialen Identität von großer Bedeutung. Denn negative Stereotypisierungen und entsprechende Kommunikationsbarrieren haben sich in Teams mit vielen sichtbaren Unterschieden vor allem zu Beginn der Teamarbeit als problematisch erwiesen. (Gebert 2004, Early und Mosakowski 2000, Flynn et al. 2001).
Das Ermöglichen einer personalen Identität ist gleichbedeutend mit der positiven Bewertung von Unähnlichkeit. Eine große Gefahr von Stereotypisierungen und sozialen Kategorisierungen besteht in der Fehleinschätzung der Individualität und damit der Fähigkeiten der einzelnen Gruppenmitglieder. Fremd- und Eigenwahrnehmung stimmen nicht überein. Bei fehlender interpersonaler Kongruenz kann der einzelne nicht seinen Kompetenzen entsprechend die Erreichung des Gruppenziels mitgestalten. Nach den Ergebnissen von Chatman et al. (1998) ist die Gruppenkreativität in stark heterogenen Teams niedriger als bei geringer demografischer Diversity, wenn es nicht gelingt, interpersonale Kongruenz herzustellen. Eine „unabgepufferte hohe demografische Diversität (gefährdet) den kreativitätsbezogenen Teamerfolg [...]" (Gebert 2004, S. 424). Das Vorhandensein einer heterogen zusammengesetzten Arbeitnehmerschaft kann noch nicht als ausreichendes Kriterium für das Bestehen im Wettbewerb angesehen werden. Als weitere relevante und notwendige Voraussetzung hierfür ist ein adäquates Management erforderlich (Krell 2000), da ansonsten erhebliche

Kosten durch Fluktuation, Absentismus, Krankenstand und Zeitverlust entstehen können (Loden und Rosener 1991). „[...] Just having diversity is not sufficient to produce benefits. Organizations must also manage it in such a way that this potential advantage is fully realized" (Cox 1993, S. 31). Die Ausführungen verdeutlichen, dass die Aufgabe der Führungskräfte in der Reduzierung der kovariierenden negativen Sekundäreffekte liegt, um die vielfältigen Potenziale der Diversity nutzen zu können. Wie die Untersuchungen von Fynn et. al. (2001) zeigen, ist es erforderlich, die Vorteile der Diversity zu erleben.

Nachdem die grundsätzlichen Vor- und Nachteile der Diversität dargestellt wurden, werden im nächsten Kapitel verschiedene Reaktionsmöglichkeiten auf die Diversity in der Praxis vorgestellt. Je nachdem wie die Relevanz der internen und externen kulturellen Diversität von den Unternehmensführungen eingeschätzt wird, können verschiedene Ansätze für den Umgang mit der Diversity unterschieden werden, die im Folgenden kurz dargestellt werden.

3.4 Verständnisansätze für den Umgang mit dem Diversity Management

Dass und Parker (1999) haben in Anlehnung an Thomas und Ely (1996) die Vielzahl unterschiedlicher Ansätze, die oftmals auch als vermeintliche Konzepte für das Diversity Management bezeichnet werden, in vier Hauptkategorien eingeordnet. Neben dem so genannten Resistenzansatz unterscheiden sie die Fairness- und Diskriminierungsansätze, die Marktzutrittsansätze und die Lern- und Effektivitätsansätze. Diese vier Kategorien werden häufig auch als Perspektiven bezeichnet, denn diesen Kategorien lassen sich sowohl die in der Literatur formulierten theoretischen Ansätze als auch die jeweiligen in den Unternehmen herrschenden Sichtweisen bezüglich der vorhandenen Diversity und der Notwendigkeit eines Diversity Managements zuordnen.

Ansätze	Resistenz	Fairness & Diskriminierung	Marktzutritt	Lern & Effektivität
Reifegrad	niedrig			hoch

Abb. 8 Reifegrad der Verständnisansätze des Diversity Managements

Einige Autoren ordnen die Ansätze einer zeitlichen Abfolge zu. Sie interpretieren das Handeln der Unternehmen entsprechend einer Verständnisrichtung als den jeweiligen Reifegrad des Diversity-Verständnisses. Sie gehen davon aus, dass Unternehmen sich zunächst aus der Resistenzperspektive und erst später aus den anderen Perspektiven der Diversity-Thematik nähern (Thomas und Ely 1996, Sepehri 2002; Becker 2006). In Abb. 8 werden die Verständnisansätze hinsichtlich dieser Entwicklung dargestellt. Wobei gerade in den Ausführungen zur reifegradorientierten Gestaltung des Diversity Managements deutlich wird, dass ein Diversity Management nur sinnvoll ist, wenn es aus Kostengesichtspunkten unausweichlich ist, sich mit einer vorhandenen Diversity zu beschäftigen. Eine bewusste Schaffung und Steuerung der Vielfalt erfolgt nicht (Becker, A. 2006), soweit es nicht von den Märkten erzwungen wird.

3.4.1 Resistenzansatz

Bei dem Resistanzansatz handelt es sich wirklich nur um eine Perspektive, bei der das Vorhandensein jeglicher Diversity in der Belegschaft verneint oder ignoriert wird (Vedder 2005, Sepehri 2002, Hansen und Aretz 2002, Krell 1999, Dass und Parker 1999). Diversity wird als Problem oder Bedrohung wahrgenommen, Vielfalt gefährdet das Gemeinschaftsgefühl und die soziale Identität. Aus Sicht der Organisationsmitglieder ist die Erhaltung der momentanen Zusammensetzung der Belegschaft das vorrangige Ziel. Es gilt, das vorhandene Ausmaß an Homogenität zu schützen und zu erhalten. „Individuals embodying some visible form of difference – nationality, color or gender – were seen as not like the homogenous insiders in business organizations. Growing pressures for diversity are likely to be perceived as threats" (Dass und Parker 1999, S. 69). Nach Vedder (2003) kann diese Perspektive in Anlehnung an die Klassifizierungen von Thomas (2001) durch die Begriffe bzw. Reaktionsmuster Exklusion, Verleugnung, Unterdrückung, Isolierung und Tolerierung beschrieben werden. Dabei ist unter Exklusion ein gezieltes Vermeidungsverhalten von Heterogenität durch entsprechende Gestaltung der Personalauswahl- und Personalentwicklungsprozesse zu verstehen, unter Verleugnung das Ignorieren von Unterschieden, unter Unterdrückung das bewusste Zurückhalten von Meinungen der Angehörigen von Minderheiten und unter Isolierung die räumliche oder zeitliche Trennung heterogener Gruppen. Letzteres geschieht beispielsweise durch die Auslagerung von heterogenen Forschungsabteilungen oder der Terminierung von Betriebsfeiern während bestimmter Schichtarbeitszeiten. Einen Sonderstatus nimmt im Rahmen der Resistenzperspektive der positiv belegte Begriff „Tolerierung" ein. In diesem Zusammenhang ist damit die grundsätzliche Anerkennung der Existenzberechtigung der Andersartigen gemeint, aber der Umfang der Interaktionen mit ihnen wird auf ein Minimum reduziert.

3.4.2 Fairness- und Diskriminierungsansatz

Bei den Vertretern der Fairness- und Diskriminierungsperspektive wird Diversity Management in erster Linie als Gleichstellungsinstrument verstanden. Der Ansatz geht auf die US-amerikanischen Gleichstellungsgesetzgebungen zurück. Unternehmen, die diese Sichtweise vertreten, beschäftigen sich intensiv mit den „equal opportunity policies“ und „affirmative action policies“ (Agos und Burr 1996, S. 36). Die faire Behandlung aller Mitarbeiter soll durch ein in der Tradition dieser Programme stehendes Diversity Management gewährleistet werden. Ökonomische Argumente treten dabei in den Hintergrund, moralische, ethische und soziale Aspekte stehen im Vordergrund (Thomas und Ely, 1996). In diesem Rahmen wird eine konsequente Gleichstellungs- und Antidiskriminierungspolitik betrieben. Häufig werden Verhältniskennzahlen als Zielgrößen definiert, um letztendlich beispielsweise die demografische Struktur der Gesellschaft im Unternehmen zu repräsentieren (Vedder 2003). In Unternehmen, die gemäß dieser Perspektive handeln, „werden Problemfelder für mögliche Diskriminierungen identifiziert, benannt und sowohl präventiv als auch kurativ einer Konfliktbewältigung unterzogen“ (Aretz und Hansen 2002, S. 34). Unterstützt werden diese Prozesse durch gesellschaftliche und/oder rechtliche Rahmenbedingungen, denen die Organisation Rechnung trägt (vgl. Kapitel 3.1). Vielfalt wird dabei aber unter dem Gedanken der sozialen Gleichheit im Rahmen des Personalmanagements assimiliert, nicht integriert und mit offensichtlichen Merkmalen, wie Geschlecht, ethnische Herkunft und Alter verknüpft (Sepehri 2002). Die Förderung gerade der Angehörigen dieser Gruppen (Frauen, ethnische Minderheiten, ältere Mitarbeiter) insbesondere in Form von Quoten, wird in den Unternehmen häufig als belastend empfunden. Routinierte Abläufe werden gestört, und eine wirkliche Integration der betroffenen Mitarbeiter findet nicht statt (Watrinet et al. 2005). Die Unternehmen öffnen sich nicht wirklich dem Gedankengut eines Diversity Managements (Aretz und Hansen 2002). Neben der „Hiring by numbers“-Politik bieten einige wenige Unternehmen, die die Fairness- und Diskriminierungsperspektive für sich in Anspruch nehmen, zusätzlich so genannte Mentoren- und Karriereentwicklungsprogramme an (Hunt und Michael 1983, Kram 1985, Ragins 1996, Cox 1991). Dennoch wird der Erfolg der Diversity-Programme vorwiegend an dem Erreichen der gesetzten Quoten gemessen. Die Vielfalt der Mitarbeiter wird nicht als unternehmensspezifische und erfolgsbringende Ressource betrachtet (Dass und Parker 1999). Unternehmen, die diese Ansätze wählen, sind in der Regel stark hierarchisch organisiert und bürokratisch strukturiert. Darüber hinaus verfügen sie über eher umfangreiche Kontrollmechanismen und sind durch Homogenität sowie weitere Kennzeichen monokultureller Kulturen geprägt (Krell 1997 und Kapitel 5.2). Zusammenfassend kann dieser Ansatz nach Sepehri (2002) durch folgende Vorstellungen charakterisiert werden:

- Faire und gleiche Behandlung aller Mitarbeiter durch Assimilation und Angleichung
- Personaleinstellungs- und Förderquoten für unterrepräsentierte Mitarbeitergruppen
- Orientierung an staatlichen Regulierungsvorschriften und Vereinbarungen
- Antidiskriminierung als Ziel der Personalpolitik
- Moralische, ethische und soziale Begründungen für Diversity Management
- Anstreben einer demografischen Repräsentierung der Gesellschaftsstrukturen innerhalb der Unternehmung

Ein großer Vorteil dieser Perspektive besteht nach Thomas und Ely (1996) in der schnellen sowie konsequenten Realisierung einer demografischen Diversity und der Umsetzung des Grundsatzes der Gleichbehandlung. Die Nachteile sehen sie vor allem in der Gefahr sinkender Arbeitszufriedenheit und Motivation aufgrund des Konformitätsdruckes, der direkt oder indirekt auf die Mitarbeiter ausgeübt wird (vgl. Kapitel 3.3.2). Darüber hinaus besteht die Gefahr einer Fokussierung auf sichtbare, nicht veränderbare Diversity-Merkmale. Für die Organisation wirklich relevante kulturelle Unterschiede und deren Auswirkungen auf die organisationalen Prozesse und Strukturen werden möglicherweise nicht wahrgenommen. Unterschiedliche Einstellungen, Werte, Arbeitsweisen und Denkmuster werden nicht als Merkmale der Vielfalt berücksichtigt. Eine tatsächliche Nutzung von Diversity als Ressource wird somit nicht in Anspruch genommen und das Lernpotential durch Vielfalt vernachlässigt.

3.4.3 Marktzutritts- und Legitimationsansatz

Der Marktzutrittsansatz (Thomas und Ely 1996) vertritt gegenüber dem Fairness- und Diskriminierungsansatz ein ökonomisches, marktorientiertes Verständnis von Diversity Management. Dieser Ansatz ignoriert bewusst die moralischen Begründungen und versucht durch Diversity Management, die

Beschäftigungsgruppen an die Kundenstruktur anzupassen (Sepehri 2002, S. 134).

Diversity Management wird als strategisches Instrument für die Erschließung neuer und die Durchdringung bestehender Absatzmärkte betrachtet. Nicht die soziodemografische Struktur der Gesellschaft soll sich in den Abteilungen der Unternehmungen widerspiegeln, sondern die Mitarbeiter aller Abteilungen sollen über die Merkmale ihrer Kunden verfügen. Über die Ähnlichkeit oder sogar Gleichartigkeit sollen Kernkompetenzen hinsichtlich der Befriedigung der Kundenbedürfnisse und damit für die Sicherung von Marktanteilen entwickelt werden. Diese Perspektive entwickelte sich, bedingt durch die Internationalisierung der Märkte, in zeitlicher Nachfolge zu den Fairness- und Diskriminierungsansätzen, die aufgrund der relativen Beschränktheit auf Assimilierung an ihre Grenzen stießen. Die Andersartigkeit der Beschäftigten und die unterschiedlichen Eigenschaften werden nun erkannt, zugelassen und genutzt (Milliken und Martins 1993, Cox 1993, Gardenswartz und Rowe 1995). Thomas und Ely (1996) nennen als Gründe für die Führungskräfte, sich zunehmend mit den Marktzutrittsansätzen zu beschäftigen, zum einen die zunehmenden multikulturellen Prägungen von Unternehmensumwelten und –kulturen, zum anderen die wachsende Vielfalt der wirtschaftlichen Akteure auf den Kunden- und Arbeitsmärkten. In theoretischer Hinsicht können diesem Ansatz die Arbeiten von Cox und Blake (1991), Cox (1993) sowie Bateman und Zeithaml (1993) zugeschrieben werden (Sepehri 2002, S. 145, und Kapitel 3.2). Kennzeichen für das Vertreten des Marktzutrittsansatzes in Theorie und Praxis sind nach Sepehri (2002) folgende:

- Kulturelle Unterschiede werden ausschließlich als Marktzutrittsindikatoren wahrgenommen.
- Die Personalpolitik ist auf die verschiedenen Marktsegmente abgestimmt.
- Das gewünschte Ausmaß an Vielfalt wird durch die Märkte bestimmt.
- Diversity wird als kurzfristiges, situatives Phänomen und nicht als langfristige, unternehmensspezifische Kernkompetenz betrachtet.
- Es wird weder Assimilation noch Integration betrieben, sondern die Mitarbeiter werden so rekrutiert und eingesetzt, dass sie kulturell passen (Fit-in-Strategie).

Der große Vorteil dieses Ansatzes besteht in der Akzeptanz und Förderung von Andersartigkeit. So ist eine Vorgehensweise entsprechend dieser Perspektive für Internationalisierungsstrategien, insbesondere in Markteintrittsphasen erfolgversprechend. Von einer optimalen Marktbearbeitung ist dabei grundsätzlich auszugehen, weshalb dieses Verständnis auch häufig der Bildung internationaler Kooperationen oder der Gründung von Tochtergesellschaften außerhalb des Heimatlandes der Muttergesellschaft zu Grunde liegt.

Ein großer Nachteil dieser Sichtweise liegt in der möglichen Unterstützung sozialer Kategorisierungsprozesse und einer damit verbundenen Stereotypisierung (vgl. Kapitel 3.3.3), da Mitarbeiter unabhängig von ihren anderen individuellen Merkmalen auf die Zugehörigkeit zu einer bestimmten sozialen Gruppe reduziert werden. Außerdem werden von ihnen nur die zugeschriebenen, gruppentypischen Einstellungen und Verhaltensweisen erwartet. Offensichtliche Unterschiede werden überbetont, ohne die organisationalen Folgen wirklich zu beachten. Der Wert der Mitarbeiter liegt dann nicht in ihrer Motivation, Qualifikation oder gar ganzheitlichen Schätzung ihrer Persönlichkeit, sondern in ihrer Funktionalisierung, indem sie auf bestimmte Merkmale bzw. die Nutzung dieser Merkmale reduziert betrachtet werden. Damit verbunden sind oftmals Motivationsverluste und das Gefühl der Ausbeutung (Thomas und Ely 1996). Häufig wird der Einsatz des Mitarbeiters nur in einem bestimmten Bereich angestrebt, eine Entwicklung in andere Abteilungen oder Aufgaben wird nicht gewollt. Beispielsweise bleiben in Abhängigkeit von ihrer kulturellen Zugehörigkeit für diese Mitarbeiter häufig die Zentralbereiche verschlossen. Des Weiteren besteht die Gefahr, dass eine „zu schnelle und intensive Differenzierungsstrategie betrieben“ wird (Sepehri 2002, S. 145). Eine Integration der Vielfalt wird dabei vernachlässigt, und Diversity Management wird auf eine Problemlösungsstrategie limitiert. Eine längerfristige und prozesshafte Betrachtung der Vielfaltsthematik fehlt, intraorganisationale Lernchancen durch den Austausch vielfältiger Perspektiven werden verpasst und damit die Wettbewerbsfähigkeit in einer sich ständig verändernden Umwelt gefährdet.

3.4.4 Lern- und Effektivitätsansatz

Laut Thomas und Ely (1996) basiert der Lern- und Effektivitätsansatz sowohl auf einem ökonomischen als auch einem moralischen Verständnis von Diversity Management. Inhaltlich werden in diesen Ansätzen die Vorteile der Marktzutritts- und Fairness- sowie Diskriminierungsperspektive miteinander verbunden. Auch Gilbert und Ivancevich (1999) betonen die Notwendigkeit der gemeinsamen Betrachtung von soziomoralischen und ökonomischen Argumenten. „The rationale for managing demographic diversity includes moral, ethical, and result-based reasons such as fairness, upholding the dignity of every

person, and optimizing the full range of skills and abilities of the workforce" (Gilbert und Ivancevich 2000, S. 93).
Die Vertreter dieser Perspektive verstehen Diversity Management als ganzheitliches, organisationales Lernen. Ein ausgeglichenes Verständnis von Diversity Management kann somit als „Kernpunkt" der Lern- und Entwicklungsperspektive betrachtet werden (Sepehri 2002, S. 151; Wagner und Sepehri 1999). Unter Berücksichtigung sozialer und ökonomischer Aspekte gilt es, die Vielfalt der Beschäftigungsgruppen zu respektieren sowie in die Arbeitsprozesse zu integrieren. Eine Instrumentalisierung der Unterschiede und Gemeinsamkeiten wird nicht unterstützt.
Dementsprechend wird keine homogenisierende „Vergemeinschaftung" angestrebt (Krell 1994). Unternehmen, „welche diese Perspektive von Diversity Management vertreten, verfolgen […] oft langfristig geplante strategische Initiativen und sind Pioniere bezüglich Diversity Management" (Sepehri 2002, S. 151).
Diese Sichtweise fordert sowohl von den Führungskräften als auch von den Mitarbeitern Einsatz, Fähigkeit und Bereitschaft zum Perspektivenwechsel. Die Wirkungen von Unterschieden und Gemeinsamkeiten auf die Organisationsprozesse müssen möglichst genau wahrgenommen werden, um eine maßgeschneiderte Integrationspolitik betreiben zu können.
Als wichtigste Ansichten und Ziele, die für diese Perspektive sprechen, können folgende genannt werden (Thomas und Ely 1996, S. 79ff.):

- Durch vielfältige Mitarbeiterstrukturen lassen sich Lerneffekte erzielen
- Verstehen und effektive Nutzung der neuen bzw. anderen diversen Pespektiven
- Wertschätzung aller Diversity-Erscheinungsformen, der sichtbaren und nicht sichtbaren Merkmale
- Integration aller Beschäftigungsgruppen in formelle und informelle Strukturen
- Ressourcenorientierte Betrachtungsweise der divers geprägten Mitarbeiter
- Der eigentliche Vorteil von Diversity Management wird in den Wettbewerbsvorteilen gesehen
- Eine offene und tolerante Unternehmenskultur

Zusammenfassend beschreiben Thomas und Ely die Vorteile dieser Sichtweise in der Fähigkeit, „[...] to incorporate employees perspectives into the main work of the organization and to enhance work by rethinking primar tasks and redefining markets, products, strategies, missions, business practices, and even cultures.

Tab. 2 Verständnisansätze des Diversity Managements in Anlehnung an Sepehri (2002)

Diversity Managementansätze	**Grund für Beschäftigung mit Diversity**	**Verständnis von Diversity**	**Unternehmenskulturverständnis**	**Ziel des Diversity Managements**
Resistenzansatz	Diversity wird ignoriert und als Risiko für das Unternehmen angesehen	Mitarbeiter sollen dem homogenen Ideal entsprechen	Monokulturelle Organisation	Keine Veränderung, Zustand erhalten
Fairnessansatz	Von außen an Unternehmen herangetragen (Gesetze, Verordnungen, Image), sozial, moralisch, ethisch und rechtlich begründet	Klassische, sichtbare Unterschiede, Orientierung an benachteiligten Gruppen	weitestgehend monokulturelle Organisation, die die Differenzierung nach in sich homogenen Mitarbeitergruppen und deren Förderung zulässt	Gleichbehandlung benachteiligter Gruppen, Assimilation
Marktzutrittsansatz	Von außen an das Unternehmen herangetragen durch veränderte Marktstrukturen, ökonomisch begründet	Alle Unterschiede, die für die Erschließung und Durchdringung der Märkte relevant sind	Annähernd multikulturelle Organsiation,	optimaler Zugang zu Kunden und Märkten
Lern- und Effektivitätsansatz	Berücksichtigung von Diversity führt zu Wettbewerbsfähigkeit, ökonomische und soziale Gründe	Alle Unterschiede und Gemeinsamkeiten, über die die Mitarbeiter verfügen	Multikulturelle Organisation	Langfristiges Lernen aus der Vielfalt und vollständige Integration der Vielfalt, um die Vorteile der Diversität zu nutzen

Such companies are using the learning and effectiveness paradigm for Diversity Management and, by doing so they are tapping diversity´s true benefits" (Thomas und Ely 1996, S. 85). Dabei betonen sie, dass die unter diesem Ansatz subsumierten Konzepte grundsätzlich von einer Re-Definition der Unternehmenskultur ausgehen. Eine Unternehmenskultur, die Vielfalt als einen Wert an sich schätzt, wird als notwendige Voraussetzung für ein erfolgreiches Diversity Management angesehen. Gemeinhin wird dieser Ansatz nicht kritisch diskutiert. Die Annäherung an das Diversity Management aus dem Blickwinkel einer lernenden Organisation ist grundsätzlich richtig und sinnvoll. Vernachlässigt wird aber in der bisherigen Forschung die sich hieraus ergebende Notwendigkeit einer ganzheitlichen Betrachtung und Analyse der vielfältigen Einflussbeziehungen zwischen dem Diversity Management, der Unternehmenskultur und den wechselseitigen, voneinander abhängigen Einflussfaktoren auf diese beiden Konstrukte. Allen vier Verständnisansätzen liegt eine unterschiedliche idealtypische Ausprägung der Unternehmenskultur zugrunde (Tab. 2). Jedoch liegen bisher keine Aussagen über die Gestaltungsfaktoren der jeweiligen Kultur vor.

Nachdem in den ersten drei Kapiteln der Arbeit das Diversity Management, dessen begrifflichen Grundlagen sowie die verschiedenen Chancen, Risiken und Verständnisansätze aufgezeigt wurden, werden darauf aufbauend im Folgenden die in Kapitel 2.2 neu generierte Arbeitsdefinition für das Diversity Management in die theoretischen Ansätze eingeordnet und die exponierte Stellung der Unternehmenskultur detailliert herausgearbeitet. Darauf aufbauend wird ein ganzheitlicher integrativer Ansatz für das Diversity Management und die Unternehmenskultur entwickelt. Die strategische Ausrichtung des neu entwickelten Konzeptes ermöglicht im letzten Abschnitt des folgenden Kapitels die Identifizierung von Erfolgsfaktoren für das Problem der quantitativen Erfassung des Diversity Managements sowie einer diversity-gerechten Unternehmenskultur.

4 Herleitung eines neuen integrativen Gesamtkonzepts für das Diversity Management

4.1 Zusammenfassung der theoretischen Ausführungen und Einordnung der neuen Arbeitsdefinition

Als Quintessenz der bisherigen Darstellung lässt sich festhalten, dass Heterogenität positive Auswirkungen hinsichtlich der Kreativitäts-, Innovations- und Problemlösungsfähigkeit, der Personalbeschaffungsmöglichkeiten, der internationalen Marketing- und Vertriebsaktivitäten sowie der Systemflexibilität hat, wenn adäquate Instrumente für den Umgang mit dieser Vielfalt vorhanden sind. Notwendige Voraussetzung ist eine entsprechende, die Vielfalt als einen Wert an sich schätzende Unternehmenskultur, die einen Handlungsrahmen für das Instrumentarium des Diversity Managements bildet. Dieser kulturelle Rahmen wird von allen dargestellten Argumenten, die die positiven und negativen Effekte von Diversity bzw. einer unzureichend gemanagten Diversity untermauern, direkt oder indirekt vorausgesetzt. In allen Ansätzen wird in einem unterschiedlichen Ausmaß auf eine notwendige Integration und langfristige Bindung der heterogenen Mitarbeiter an das Unternehmen hingewiesen. Des Weiteren wird davon ausgegangen, dass eine Kultur vorhanden ist, die interpersonelle Kongruenz und das Erleben einer sozialen Identität ermöglicht. Sowohl aus der Perspektive der „klassischen Diversity Argumente" (organisationale Ebene Kapitel 3.2) als auch aus der Sicht der Konfliktreduzierung und Vermeidungsstrategien sozialer Kategorisierungsprozesse (vgl. Kapitel 3.3.2 und 3.3.3) ist die Unternehmenskultur das geeignete Instrument, die möglichen negativen Kosten von Diversity zu reduzieren und die Chancen zu realisieren.

Wie in Kapitel 3.4 beschrieben wurde, nimmt Sepehri (2002) in Anlehnung an die Ausführungen von Dass und Parker (1999) sowie Thomas und Ely (1996) eine Einordnung der Diversity-Verständnisansätze hinsichtlich ihres Reifegrades vor. Diese Strukturierung (Kapitel 3.4, Abb. 8) wird nun um das jeweils zugrunde liegende Unternehmenskulturverständnis und die Organisationsform erweitert. Die beschriebenen Ansätze lassen sich auf einem Kontinuum mit fließenden Übergängen, wie Abb. 9 zeigt, anordnen. Die Extrempositionen bilden auf der einen Seite die Resistenzperspektive mit dem Leitbild einer monokulturellen Unternehmung und einem Mitarbeiterbild im Sinne des homogenen Ideals und auf der anderen Seite die Lern- und Effektivitätsperspektive mit dem Idealbild einer multikulturellen an der Diversity der Mitarbeiter orientierten Unternehmenskultur und –organisation (vgl. ausführlich zum Kulturverständnis Kapitel 5.2). Ergänzend wird die Veränderung des zugrunde liegenden Führungsverständnisses (vgl. ausführlich Kapitel 6.2) abgebildet, denn insbesondere von den Führungskräften wird im Zusammenhang mit einer Kulturveränderung häufig ein Paradigmenwechsel verlangt (Pless 1999). Die Führung bewegt sich zwischen der Generalisierung und der Individualisierung der personalpolitischen Strategien. Im Rahmen der Generalisierung werden entsprechend dem Grundsatz der Gleichbehandlung bzw. –stellung ähnliche Bedingungen für alle Mitarbeiter angestrebt. Differenzierung bedeutet in diesem Zusammenhang die Wahrnehmung und Berücksichtigung der Bedürfnisse von verschiedenen, in sich aber homogenen Beschäftigtengruppen. Eine Individualisierung der Führung sowie der Personalpolitik strebt die Ausrichtung sämtlicher Maßnahmen an den speziellen, individuell oft stark verschiedenen Bedürfnissen der einzelnen Mitarbeiter an (Fritsch 1994, Braedel-Kühner 2005).

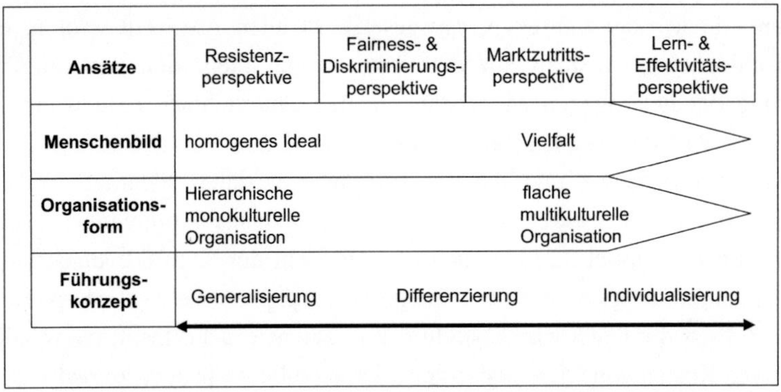

Abb. 9 Kontinuum der Verständnisansätze des Diversity Managements in Anlehnung an Fritsch (1994), Sepehri (2002), Braedel-Kühner (2005)

Die in dieser Arbeit entwickelte Definition für das Diversity Management (vgl. Kapitel 2.2) kann grundsätzlich der Lern- und Effektivitätsperspektive zugeordnet werden. Aus den Beschreibungen der Begründungsebenen (vgl. Kapitel 3) ist deutlich geworden, dass eine Annäherung an ein Diversity Management sowohl aus soziomoralischen, legitimierenden als auch aus ökonomischen Gründen sinnvoll ist. Hinsichtlich des Begriffes „integratives Konzept" gehen die neu hergeleitete Definition und das damit verbundene Konzept über diese Ansätze jedoch hinaus. Denn die Lern- und Effektivitätsperspektiven werden als integrativ bezeichnet (Sepehri 2002), da sie die Vorteile der Marktzutritts- mit denen der Fairnessperspektive in einer neuen Generation von Sichtweisen kombinieren möchten. Auch die neu entwickelte Arbeitsdefinition kann sowohl in dieser Hinsicht, aber auch bezüglich der expliziten Einbindung aller Hierarchieebenen, Prozesse und Systeme in horizontaler und vertikaler Hinsicht als integrativ bezeichnet werden. Auf der Grundlage mehrdimensionaler Untersuchungsformen werden die Einflussfaktoren auf das Diversity Management und deren mögliche Interdependenzen insbesondere mit der Unternehmenskultur in der vorliegenden Arbeit identifiziert und ganzheitlich berücksichtigt, wie im Folgenden ausgeführt wird.

4.2 Funktion der Unternehmenskultur für das neue integrative Gesamtkonzept des Diversity Managements

Die neu entwickelte Arbeitsdefinition geht ebenfalls von der Notwendigkeit einer Kulturmodifikation aus, um die möglicherweise negativen Wirkungen der Heterogenität zu minimieren (vgl. Kapitel 2.2) und stimmt diesbezüglich mit der Lern- und Effektivitätsperspektive insbesondere von Thomas (1991) überein. Er beschreibt den Kernaspekt des Diversity Management Konzepts mit der nachhaltigen Veränderung der Unternehmenskultur, die den Rahmen und das Fundament für den tiefgreifenden organisatorischen Wandel bietet (Thomas 1991). Sowohl die Toleranz für Vielfalt als auch eine dauerhafte Bindung der Mitarbeiter an das Unternehmen können durch eine entsprechend gelebte Unternehmenskultur angestrebt und erreicht werden. Beides ist wichtig, denn die „empirische Forschung verweist auf zwei wesentliche Bedingungen, unter denen sich (mögliche) […] negative in positive Wirkungen (von kultureller Vielfalt) umkehren lassen: wenn die Gruppenmitglieder in Wahrnehmung und im Umgang mit kultureller […] Vielfalt trainiert werden und wenn die heterogenen Gruppen genügend lange zusammenarbeiten“ (Bissels et. al. 2001, S. 418). Ziel einer solchen Kultur muss nach Triandis (1994) die Wahrnehmung von Ähnlichkeiten trotz Unterschieden sein, was in einem positiven Sinne möglich ist, wenn die kontextspezifische Funktionalität kultureller Andersartigkeit nachvollzogen und verstanden werden kann.

Unter Berücksichtigung der bisherigen Ausführungen über die Rolle der gesellschaftlichen Erwartungen an die Implementierung eines Diversity Managements (vgl. Kapitel 3.1) kann das oben entwickelte Konzept (vgl. Kapitel 2.2, Abb. 4) wie in Abb. 10 visualisiert, erweitert werden.

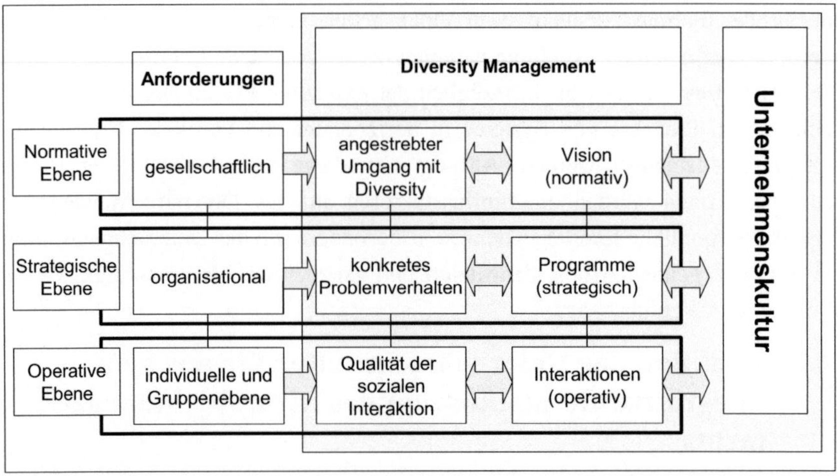

Abb. 10 Neues integratives Gesamtkonzept des Diversity Managements

Die Unternehmenskultur bildet auf der einen Seite den Rahmen für die Handlungen im Unternehmen und beeinflusst somit die Maßnahmen des Diversity Managements, die zur Integration der Vielfalt und zur Förderung des interkulturellen Lernens ergriffen werden. Gleichzeitig besteht aber auch eine rekursive Beziehung. Ziel des Diversity Managements ist die Beeinflussung der gelebten Unternehmenskultur, so ist es in erster Linie als kulturgestaltendes Instrument zu verstehen. Bei der Entwicklung einer diversity-gerechten Unternehmenskultur kommt den individuellen Wahrnehmungen sowie den wechselseitigen Anpassungsprozessen zwischen „In- und Umsystemen" einerseits und Kultur andererseits eine wichtige Rolle zu (Elmerich 2007). Um dieser Eigenlogik gerecht zu werden, ist eine Annäherung an die Gestaltungsfaktoren der Unternehmenskultur aus einer systemischen Perspektive sinnvoll. Im Rahmen der Systemtheorie werden die häufig mit Wahrnehmungs und Verarbeitungsprozessen verbundenen Kommunikationssperren zum Gegenstand des Interesses (Krücken 2005). Systemische Ansätze gehen von der wechselseitigen antizipierenden Anpassung sozialer Systeme an sich verändernde Umweltbedingungen aus (Kieser und Woywode 2006). Auch Aretz und Hansen (2002) ziehen einen systemischen Bezugsrahmen zur Strukturierung von Diversity bzw. des Diversity Managements heran und ermöglichen so einen komparativen Vergleich verschiedener Diversity-Situationen. Ihr Konzept liefert einen wichtigen Beitrag zur Konzeptionalisierung von Mehrebenenanalysen für das Phänomen Diversity Management, wird aber aufgrund seiner Komplexität

weder für eine vollständige empirische Überprüfung noch für die Umsetzung in der Praxis geeignet sein (Elmerich 2007).
Die Systemtheorie erbringt ihre Ordnungsleistung auf einer sehr abstrakten Ebene. Sie liefert keine konkreten Gestaltungshinweise im Sinne von richtig oder falsch für organisatorische Adaptions- und Verbesserungsprozesse, sondern sie akzentuiert die Multikausalität und Vernetztheit von Ereignissen. Damit erweitert sie das Bewusstsein für Ursache-Wirkungsbeziehungen zwischen den Systemen sowie deren Verflechtungen in sozialer, rechtlicher, technischer und ökonomischer Hinsicht. Somit ist der Systemtheorie die Abkehr vom rein rationalen, geplanten Handeln im Sinne eines homo oeconomicus in Organisationen und die explizite Berücksichtigung einer sich verändernden externen Unternehmensumwelt zu verdanken (Wolf 2005, Kieser und Woywode 2006), was den Voraussetzungen des Diversity Managements entspricht.
Das Menschenbild der Systemtheorie (Ulrich 1968), welches den Mensch als komplexes Wesen mit einer umfangreichen Varietät beschreibt, wird ebenfalls einer Diversity-Perspektive gerecht (Kappler 1991). Den verschiedenen theoretischen Konzepten der Unternehmenskultur (vgl. Kapitel 5.1) liegen unterschiedliche Verständnisansätze über die Rationalität und Motivation des Menschen zugrunde. Es ist im Zeitverlauf eine zunehmende Bedeutung der menschlichen Bedürfnisse zu beobachten (Burmeister 1995). Das ursprüngliche Bild des homo oeconomicus, der Mensch als Faktor Arbeit oder als dispositiver Faktor, ganz im Sinne der Wirtschaftlichkeit handelnd, bei Gutenberg (1983) beschrieben, erhält zunehmend soziale und verhaltenswissenschaftliche Züge (Heinen 1982). Im Rahmen der Human-Relations-Bewegung orientiert sich das Menschenbild zunächst an der Bedürfnishierarchie nach Maslow (1954), erfährt zunehmende Erweiterungen durch die Anreiz-Beitrags-Theorie von March und Simon (1958) sowie durch den Transaktionskostenansatz. Allerdings attestiert Kappler (1991, Sp. 1335) den in der Entscheidungstheorie als auch in der Systemtheorie entwickelten Menschenbildern eine „ahistorische Reduziertheit", da die Asymmetrie der Interaktions- und Kommunikationsmuster zwischen Führenden und Geführten nicht berücksichtigt wird. Mitte der 80er Jahre des letzten Jahrhunderts finden bei Kirsch (1984) und Kappler (1989) Attribute wie Empfindsamkeit, Engagement, und Offenheit Eingang in die Diskussion über den handelnden Menschen im Unternehmen. Diese Aspekte sind wichtig, um die eingeschränkte Rationalität zu verdeutlichen. Vorhandene Rationalitätsmuster verlieren in multikulturellen bzw. divers geprägten Umgebungen häufig an Bedeutung und bieten keine Orientierung. In diesem Zusammenhang kann ein

Diversity Management bzw. eine diversity-gerechte Unternehmenskultur den Rahmen für die Reduzierung der durch die Heterogenität verursachten Komplexität, nicht aber alleinige Lösungen für konkrete organisatorische Aufgaben hinsichtlich der Zielerreichungsprozesse bieten. Das Diversity Management tritt ergänzend zu anderen Managementinstrumenten hinzu, muss mit diesen in Einklang gebracht und abgestimmt werden. Diversity Management bietet Regeln für die Prozesse hinsichtlich der kulturellen Diversity, d.h. zur Herangehensweise an kulturelle Vielfalt und Methoden zum Umgang mit der Vielfalt, nicht aber inhaltliche Lösungen für den Wertschöpfungsprozess der Unternehmung an sich, was auch die Aussagen über eindeutige ökonomische Vorteilhaftigkeit erschwert (vgl. Kapitel 3.2).
Wie beschrieben, ist eine Anpassung der Unternehmenskultur im Sinne des Diversity Managements (diversity-gerechte Unternehmenskultur) erforderlich, da gemeinsame Ziele, eine soziale Identität und eine entsprechende vielfaltschätzende Kultur erst die erfolgreiche Zusammenarbeit in heterogen zusammengesetzten Teams ermöglichen. Ohne eine entsprechende Berücksichtigung der Unternehmenskultur im Rahmen des Diversity Managements sind die Kostenvorteile von Diversity kaum nutzbar. So wird die Veränderung der Unternehmenskultur zu einer notwendigen Voraussetzung für ein aus ökonomischer Perspektive erfolgreiches Diversity Management. Porter (1986) betont das Erfordernis einer Unternehmenskultur als wesentliche Voraussetzung für die Umsetzung einer strategischen Sicht der Unternehmen. „Die Unternehmenskultur kann die strategische Stimmigkeit im Unternehmen fördern, was letztendlich den Unternehmenserfolg positiv beeinflusst“ (Scholz, 1994, S. 432). Die relevanten internen Prozesse und Faktoren zur Entwicklung einer diversity-gerechten Unternehmenskultur werden in Kapitel 5.3 hergeleitet. Neben den dort beschriebenen Aspekten beeinflussen auch die Anforderungen der Umwelt die Unternehmenskultur: Direkte Wirkungen entstehen über die oben beschriebenen Rationalitätsmythen (vgl. Kapitel 3.1) sowie die Anforderungen der Märkte, indirekte Wirkungen über die Mitarbeiter, die als Bindeglied zwischen Umwelt und Unternehmen angesehen werden können, denn sie sind gleichzeitig Mitglied der Gesellschaft und des Unternehmens (Dierkes 1997).
Auch wenn die Ausführungen die Sinnhaftigkeit der Gestaltung einer diversity-gerechten Unternehmenskultur aufzeigen, besteht nach wie vor ein erhebliches Legitimationsproblem aufgrund der schwierigen Erfassung der ökonomischen Vorteile des Diversity Managements und damit auch einer diversity-gerechten Unternehmenskultur. Dies wird im nächsten Kapitel genauer ausgeführt.

4.3 Lösungsansatz für das Problem der Messbarkeit

Insgesamt wird durch die Darstellung der unterschiedlichen Ansätze und Argumente des Diversity Managements deutlich, dass vor allem in der amerikanischen Forschung viele Arbeiten mit dem Anspruch verfasst worden sind, ein ökonomisch greifbares Diversity Management Konzept zu entwickeln. Die Formulierung eines ganzheitlichen, integrativen Konzeptes gelang aber bisher nicht. Die Konzepte bewegen sich lediglich auf einer normativen Ebene (vgl. Kapitel 2.2). So gelingt es trotz der Formulierung einer Vielzahl ökonomischer Argumente (vgl. Kapitel 3.2) nicht, den Nachweis der ökonomischen Vorteilhaftigkeit des Diversity Managements zu erbringen. Neben der ungenügenden Konzeptreife hinsichtlich Ganzheitlichkeit und Ursache-Wirkungsbeziehungen liegt ein weiterer Grund in den geringen Möglichkeiten zu umfassenden qualitativen und vor allem quantitativen Feldstudien, zum einen, da sich die Unternehmen bezüglich derartiger Konzepte ungern äußern und zum anderen aufgrund der Komplexität der Thematik, alle Unternehmensbereiche und eine Vielzahl unterschiedlicher Einflussfaktoren zu berücksichtigen. Studien, die vor allem in den USA durchgeführt wurden, beziehen sich in der Regel nur auf einzelne Aspekte, nicht aber auf das Gesamtphänomen der Diversity und deren mehrdimensionale Wirkung. Effektivitätskriterien bleiben ebenfalls unberücksichtigt (Sepehri 2002). Der Nutzen von Diversity Management ist schwer messbar, und es gibt nur wenige Studien, die die wirtschaftliche Vorteilhaftigkeit den „Business Case" des Diversity Managements in der Praxis bestätigen (Kochan et al. 2002). Insbesondere die langfristigen Wettbewerbsvorteile einer Diversity-Initiative sind schwer zu messen, da es sich hier um strategische Vorteile handelt, denen keine eindeutigen Ursache-Wirkungs-Beziehungen zu Grunde liegen. Die kurzfristigen Wettbewerbsvorteile sind eher zu quantifizieren und damit einfacher erfassbar (CSES 2003, S. 20). Zum Beispiel lassen sich Rückgänge von Gerichtsprozesskosten wegen Diskriminierung relativ einfach in Zahlen fassen. Problematischer ist allerdings höhere Kreativität und Motivation zu messen. Die Bestimmung qualitativer und quantitativer Indikatoren des Erfolgs eines Programms ist wesentlich für das Gelingen einer Diversity-Initiative (Köhler-Braun 1999, Rhodes 1999, Gilbert und Ivancevich 2000). So werden das Einschätzen der Ergebnisse und die Messung des Fortschritts wichtige Elemente einer Diversity-Maßnahme. Vor diesem Hintergrund müssen auch die Tätigkeiten der Verantwortlichen evaluiert und die Umsetzung der Diversity-Aktivitäten Gegenstand in den Mitarbeiterbeurteilungen werden. Es gibt zum einen die Möglichkeit, quantitative Indikatoren wie die Zusammensetzung der Mitarbeiter in verschiedenen Funktionen sowie Hierarchiestufen zu untersuchen, zum anderen können qualitative Indikatoren z. B. für die Einführung kontinuierlicher Diversity-Trainings oder Mentoring-Programme entwickelt werden.

Die Formulierung der Lern- und Effektivitätsperspektive zeigt, dass selbst einem neu entwickelten ganzheitlichen Konzept für das Diversity Management das Problem einer impliziten Normativität anhaftet und damit die quantitative Erfassung erschwert wird. Denn neben den ökonomischen Gründen wird es immer auch die ursächlich normativen von den ökonomischen nicht unabhängigen Gründe der gesellschaftlichen und humanen Legitimierung geben. Dieses Bewertungsdilemma kann überwunden werden, wenn es gelingt, quantitative Kriterien als Bewertungsmaßstab für die erreichte Ausprägung einer diversity-gerechten Unternehmenskultur und damit für den Reifegrad des Diversity Managements aufzufinden. Dabei gilt es, Indikatoren hinsichtlich der Wirkung auf und die Wahrnehmung durch die Mitarbeiter zu entwickeln. Dabei ist nicht Ziel, das Kosten-Nutzen-Verhältnis einzelner Diversity-Maßnahmen zu erfassen, sondern eine Übereinstimmung zwischen einem auf normativer Ebene angestrebtem Diversity Management, dessen strategischer Umsetzung und der Wahrnehmung auf der operativen Ebene zu erreichen. Nach Knight et al. (1999) bilden die Modelle, in denen intervenierende Variablen zwischen Diversity und qualitativen Erfolgsgrößen wie strategische Übereinstimmung berücksichtigt werden, die Realität besser ab als diejenigen, die die unmittelbaren Erfolgswirkungen von Diversity zu messen versuchen.

Da die Realisierung des Diversity Managements letztendlich von allen Bereichen und Funktionen des Unternehmens mitgetragen werden muss, ist die Umsetzung nur vollziehbar, wenn durch die Unternehmenskultur die entsprechenden diversity-gerechten Rahmenbedingungen vorgegeben sind. So kann eine diversity-gerechte Unternehmenskultur als Erfolgsmaßstab für die Übereinstimmung der normativ angestrebten Basiswerte bezüglich eines Diversity Managements mit der Wahrnehmung auf der operativen Ebene herangezogen werden.

Um dieses Ziel zu erreichen, ist es erforderlich, zunächst einmal die relevanten Einflussfaktoren einer diversity-gerechten Unternehmenskultur zu operationalisieren. Gelingt es die relevanten Einflussgrößen, die die wechselseitige Beziehung zwischen der gelebten Unternehmenskultur und Maßnahmen des Diversity Managements abbilden nicht nur qualitativ, sondern auch quantitativ zu bestimmen, lässt sich der konkrete Handlungsbedarf hinsichtlich Integration und Bindung der Mitarbeiter bestimmen, um letztendlich indirekt die Kosten durch nicht gemanagte Diversity zu erfassen. In Anlehnung an Gilbert, Stead und Ivancevich (1999) ist davon auszugehen, dass die immateriellen Erfolge durch Diversity-Maßnahmen auf der individuellen Ebene in Form von Integration und Bindung letztendlich organisationale, quantifizierbare materielle Ergebnisse nach sich ziehen. Ergebnisse auf der individuellen Ebene, wie beispielsweise das Durchbrechen des so genannten „glass ceiling", ein höheres Maß an Integration und Bindung an das Unternehmen und weniger Konflikte in heterogenen Teams führen langfristig zu organisationalen Vorteilen. Diese können sich beispielsweise in Form von besseren Entscheidungsfindungen, Repräsentation benachteiligter Minderheiten, Bindung qualifizierter Mitarbeiter und Geschäftsbeziehungen mit multinationalen Kunden sowie Vorteilen in der Produktentwicklung zeigen (Gilbert et al. 1999, S.67). So wird der Unternehmenserfolg unter anderem in Form von Wettbewerbsvorteilen und einer entsprechenden Marktstellung gesichert. Dieser Mechanismus wird in Abb. 11 dargestellt. Ähnlich lauten auch die Ausführungen von Denison (1990), dessen Studien auf einen engen Zusammenhang zwischen einer auf die Managementpraktiken abgestimmten Unternehmenskultur und Effektivität hinweisen.

Eine Beziehung zwischen Kultur und Leistungsfähigkeit ist allgemein akzeptiert. Die konkrete Ausprägung dieses Zusammenhangs ist allerdings noch nicht bestimmt und bleibt damit eine zentrale Forschungsfrage (Dierkes 1988). Schein (1985) geht davon aus, dass nicht alle Aspekte der Unternehmenskultur für die Effektivität relevant sind. Von Bedeutung für den Erfolg sind insbesondere die Belange, die sich auf die Integration, Wertschätzung und Motivation der individuellen Kompetenzen der Mitarbeiter beziehen, was unter einer diversitygerechten Unternehmenskultur subsumiert werden kann (Flamholtz 2001).

Ein weiteres Problem, neben der Quantifizierung der organisationalen und individuellen Vorteile, besteht für die Unternehmen in der unzureichend erfassten Wahrnehmung der Vielfalt durch die Mitarbeiter. Das reine Erfassen von Personalkennzahlen und organisationsdemografischen Daten ist nicht ausreichend, um den wirklichen Bedarf an Diversity Management zu bestimmen. Instrumente sind erforderlich, die erfassen können, wie viel Vielfalt von Seiten der Mitarbeiter wahrgenommen wird und wie groß die empfundene soziale und personale Identität oder Dissonanz ist, die indirekt auf den Unternehmenserfolg wirken (vgl. Abb. 11). Geeignete Instrumente für eine Kulturdiagnose sind erforderlich, um die Einflussfaktoren kultureller Grundannahmen und deren Wirkungsrichtungen zur Vielfalt im Unternehmen fest zu stellen (Schneider und Wührer 1991). Wäre nämlich diese Erfassung einfach möglich, gäben die Unternehmen sicherlich auch die vorhandene interne Vielfalt als Grund für die Beschäftigung mit dem Diversity Management an.

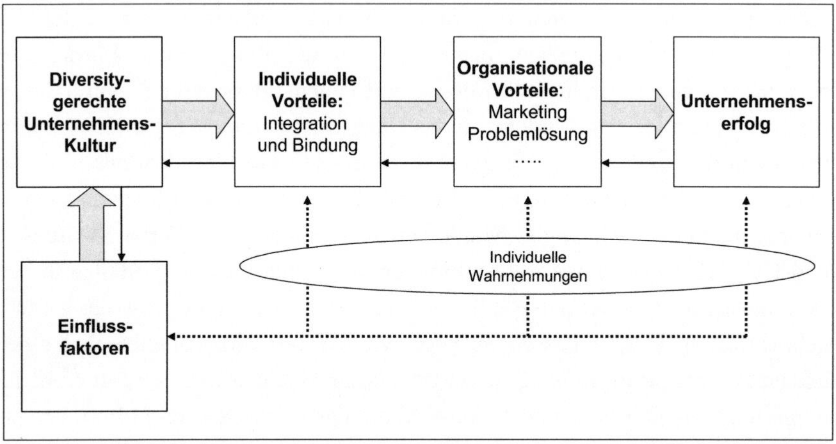

Abb. 11 Der vermutete Zusammenhang zwischen den Einflussfaktoren einer Diversity-Kultur, der individuellen Wahrnehmung der Einflussfaktoren und dem Unternehmenserfolg

Nachdem die Verknüpfung des Diversity Managements mit einer entsprechenden diversity-gerechten Unternehmenskultur und die Konsequenzen für den Unternehmenserfolg beschrieben worden sind, werden nun zunächst die konkreten Einflussfaktoren auf die diversity-gerechte Unternehmenskultur hergeleitet und die Wahrnehmung derselben durch die Mitarbeiter. Diesen Themen widmen sich die folgenden beiden Kapitel. In Kapitel 5 wird zunächst ein Überblick über die für das Diversity Management relevanten Aspekte der langjährigen und umfangreichen theoretischen Diskussion der Unternehmenskultur gegeben. Darauf aufbauend werden in Kapitel 6 die konkreten Gestaltungsfaktoren und deren Indikatoren für eine diversity-gerechte Unternehmenskultur hergeleitet.

5 Unternehmenskultur als Gestaltungsfeld des Diversity Managements

Die folgenden Ausführungen über die Unternehmenskulturforschung beschränken sich neben einer begrifflichen Festlegung auf die für die Zielsetzung dieser Arbeit wesentlichen Aspekte der Unternehmenskultur und Kulturforschung. Zentrale Punkte sind dabei die Möglichkeiten zur Erfassung bzw. Messung der Art und Stärke einer Unternehmenskultur, die einer gezielten Kulturgestaltung sowie der Beschreibung möglicher Ursache-Wirkungszusammenhänge zwischen Kultur und Unternehmenserfolg. Eine vollständige, über die folgende Skizzierung des Forschungsgegenstandes hinausgehende Darstellung der Unternehmenskulturforschung sprengt den Rahmen dieser Arbeit. Daher wird an dieser Stelle auf die umfangreichen vergleichenden Abhandlungen und Diskussionen der Kulturkonzepte und Ansätze in der Literatur hingewiesen, insbesondere bei Hofstede (1980), Sackmann (1983), Drumm (1991), Hofbauer (1990), Dülfer (1991), Dierkes et. al. (1993), Praetorius und Tiebler (1993), Heinen (1997), Kadritzke (1997), Barth (1998), Werner (1998), Simon (2000) und Prott (2004). In dieser Arbeit wird vornehmlich der Begriff der Unternehmenskultur gebraucht, der größte Teil der Ausführungen gilt aber genauso für Organisationskulturen, da sich beide nicht methodisch, sondern lediglich inhaltlich unterscheiden (Scholz 1989). In der Literatur finden sich Ansatzpunkte sowohl für die synonyme Verwendung als auch für eine Differenzierung der Begriffe (Dülfer 1991, Simon 2000). Da für den Bezugsrahmen dieser Arbeit eine Unterscheidung irrelevant ist, werden die Begriffe als sinnverwandt betrachtet.

Im folgenden Abschnitt werden zunächst die verschiedenen Ausprägungen der Kulturforschung zusammenfassend dargestellt, um darauf aufbauend die dieser Arbeit zugrunde liegende Definition von Unternehmenskultur generieren zu können. Aufbauend wird die in Kapitel 4.2 beschriebene Beziehung zwischen dem Diversity Management und einer multi- sowie monokulturellen Unternehmenskultur konkretisiert. Abschließend werden im dritten Abschnitt des Kapitels die grundsätzlichen Möglichkeiten einer Kulturtransformation und Gestaltung untersucht.

5.1 Unternehmenskulturforschung, Begriffe und Arbeitsdefinition

Der Begriff der Unternehmenskultur entwickelte sich seit Anfang der 1980er Jahre. In der Zeit von 1900 bis 1980 wurde diese Thematik im Zusammenhang mit der Abgrenzung einer ethisch normativen Betriebswirtschaftslehre von der Volkswirtschaftslehre in Form der Betriebsgemeinschaft (Nicklisch 1928) und der Kategorie der Gemeinwirtschaft (Schmalenbach 1928) diskutiert. Auch damals wurde wie in der gegenwärtigen Organisationskulturforschung, eine ganzheitliche Betrachtungsweise angestrebt. Zahlreiche Definitionen sind seitdem mit dem Ziel formuliert worden, dieses unternehmensspezifische Phänomen zu erklären und die Leistungsfähigkeit von Unternehmen mittels der Gestaltung von Unternehmenskulturen zu verbessern (Franken 2004). Schein (1995) hält „eine Untersuchung von kulturellen Phänomenen auf der Organisationsebene [...] (als) wesentlich für ein grundlegendes Verständnis von dem, was sich in Organisationen ereignet, wie sie zu führen und zu verbessern sind" (Schein, 1995, S. 24). In einer Vielzahl von Untersuchungen wird ein Zusammenhang zwischen der Unternehmenskultur auf der einen und der Wahrnehmung, dem Denken und dem Verhalten der Unternehmensmitglieder auf der anderen Seite beschrieben (Dierkes et al. 1993).

Unter den Publikationen zur Unternehmenskultur nimmt die „Praktikerliteratur", wie beispielsweise das Werk von Peters und Waterman (1984), einen breiten Raum ein und leistet einen beträchtlichen Beitrag zur Verbreitung des Konstruktes Unternehmenskultur (Kasper 1987, S. 160). Dieser und andere Beiträge der amerikanischen Managementliteratur wollten Reaktionsmöglichkeiten in Form „außerökonomischer Erfolgsfaktoren" auf die „japanische Herausforderung im internationalen Wettbewerb" aufzeigen und sind tendenziell der unten dargestellten, objektivistischen Forschungsrichtung zuzuordnen (Prätorius und Tiebler 1993, S. 25, Rosenstiel 1993).

Der aus der Anthropologie stammende Kulturbegriff wurde insbesondere bisher in der international vergleichenden Organisationsforschung verwendet. Gerade im Rahmen der Diversity Management Diskussion wird der Unternehmenskulturbegriff mit einem cross-cultural Management gleichgestellt; die alleinige Fokussierung auf den Aspekt der internationalen Verflechtungen wird der Bandbreite der Vielfaltsthematik allerdings nicht annähernd gerecht. Das Thema Unternehmenskultur erfordert wie kaum ein anderes Thema eine interdisziplinäre Annäherung, obwohl der traditionelle Ort die Organisationstheorie ist (Prätorius und Tiebler 1993).

Die Ausführungen von Smircich (1983) verdeutlichen das breite Spektrum der Kulturforschung. Es werden fünf verschiedene Ausprägungen der organisationskulturellen Forschung beschrieben:

- Kultur als Konzept der international vergleichenden Kulturforschung (comparative management)
- Kultur als Regulationsmechanismus, der die Anpassung der Organisation an die Umwelt steuert (corporate culture)
- Kultur als System gemeinsamer Kognitionen (organizational cognition)
- Kultur als System geteilter Symbole und Bedeutungen (organizational symbolism)
- Kultur als Projektion des Unterbewussten (unconscious process and organization)

Hinsichtlich der grundlegenden Unterscheidung, ob ein Unternehmen eine Kultur hat oder eine Kultur ist, wird in der Literatur die objektivistische von der subjektivistischen, bzw. die funktional-objektivistische von der interpretativ-subjektivistischen Forschungsrichtung unterschieden (u. a. Scholz und Hofbauer 1990, Schreyögg 1992, Staehle 1994, Heinen 1997, Zimmer 2001). Eine eindeutige Zuordnung der verschiedenen Ansätze und Definitionen zu diesen zwei Ausprägungen ist nicht immer eindeutig möglich, häufig beinhalten die Ansätze Elemente beider Richtungen.

Die Vertreter der interpretativ-subjektivistischen Forschungsrichtung betrachten Unternehmen als eigenständige Kulturen, die der funktional-objektivistischen sehen die Kultur als ein Gestaltungsmerkmal der Unternehmung neben vielen anderen an (Zimmer 2001). Diese letztere, eher praxisorientierte Konzeption richtet das Hauptinteresse auf die Gestaltung und Einflussnahme auf die Unternehmenskultur zur Erreichung der Unternehmensziele. Die Unternehmenskultur wird auf einer funktionalen Ebene betrachtet. Kultur wird für veränderbar gehalten und als strategisches Instrument eingesetzt. Überlegungen zu einer tiefergehenden, theoretischen Fundierung des Konzeptes finden weniger statt.

Die Vorstellung, dass Unternehmen eine Kultur haben, wird auch als Variablenansatz bezeichnet und basiert auf einer systemorientierten Vorstellung von der Unternehmenskultur als „kulturellem Subsystem des Gesamtsystems Unternehmen“ (Heinen, 1987, S. 15-16). Hauptaugenmerk liegt auf den „sichtbaren, greifbaren Erscheinungsformen“ der Kultur, vorrangig werden „Umgangsformen, Sitten und Lebensart“ beschrieben (Praetorius und Tiebler 1993, S. 59). Kulturtypen und Dimensionen von Unternehmenskulturen werden erfasst, ohne den tatsächlichen Charakter der Unternehmenskultur zu ergründen (Kasper 1987). Die zielgerichtete Gestaltung und Veränderung der Unternehmenskultur bzw. der kulturellen Faktoren wird als Führungsaufgabe gesehen, eine Einflussnahme wird für relativ einfach gehalten. Diese managementtheoretischen Ansätze entdecken die Unternehmenskultur als strategischen Erfolgsfaktor (Wollnik 1991).

Die Vertreter der interpretativ-subjektivistischen Richtung dagegen begreifen Unternehmen als Kulturen, als Miniaturgesellschaften mit einer eigenen Sprache, eigenen Normen, Gesetzen und Ritualen. Unternehmenskulturen werden als komplexes Sinnsystem untersucht. Der Fokus liegt dabei insbesondere auf der Analyse und Erklärung des Entwicklungs- und Entstehensprozesses der Kulturen. Kultur wird zum erkenntnisleitenden Grundbegriff organisationstheoretischer Überlegungen; das Kulturkonzept wird analysierend angewendet (Praetorius und Tiebler 1993).

Ziel ist dabei die Interpretation der Wirkungsweise von Normen, Werten und Überzeugungen, die hinter den sichtbaren Kulturartefakten stehen. In der Entwicklung dieser Ansätze wird die Unternehmenskultur zu einem neuen „Forschungsparadigma für die Organisationstheorie“ (Kasper 1987, S. 443-444). Die Unternehmenskultur wird als Deutungsschema für die Funktionsweise von sozialen Systemen verstanden (Wollnik 1991, S. 75). Das Ziel ist dabei letztendlich, „organisatorische Phänomene aus der spezifischen Sicht der Mitarbeiter zu verstehen“ (Fankhauser 1996, S. 84). Auch an diesem interpretativen Verständnis orientiert, aber darüber hinausgehend eher als eigenständiger Ansatz zu sehen, ist der entscheidungstheoretische Kulturansatz von Heinen (1987). Er beschreibt „Unternehmenskultur als Ergebnis eines historischen Prozesses […], dessen Verlauf und […] Ergebnis wesentlich von menschlichen Entscheidungen und Handlungen geprägt werden“ (Heinen 1987, S. 26). In der Tab. 3 wird ein zusammenfassender Überblick über die beiden Hauptforschungsrichtungen gegeben.

Wie schon erwähnt, ist eine eindeutige Zuordnung der Forschungsarbeiten zur Unternehmenskultur nicht immer möglich, da in den Ansätzen häufig Elemente beider Richtungen enthalten sind. Insbesondere eine Zuordnung der umfassenden und wichtigen Arbeiten von Schein (1985) und Heinen (1987) wird der Bedeutung und Aussage ihrer Beiträge nicht gerecht.

Tab. 3 Zweiteilung der Unternehmenskulturforschung in Anlehnung an Wollnik 1991, S. 76 und Praetorius und Tiebler 1993, S. 60-62

	Interpretativ-subjektivistische Kulturforschung	**Funktional-objektivistische Kulturforschung**
Grundlegendes Kulturverständnis	Unternehmen **ist** Kultur Kultur als Funktionsschema für das Sozialsystem Unternehmen	Unternehmen **hat** Kultur Kultur als Systemparameter
Ziel der Forschungsansätze	Unternehmenskultur als Forschungsparadigma für die Organisationstheorie entwickeln	Unternehmenskultur als strategischen Erfolgsfaktor aufdecken
Vorgehensweisen	Interpretation und Analyse der Entstehung und Entwicklung von gemeinsamen Sinn- und Wertmustern	Beschreibung der spezifischen Ausprägungen und Artefakte von Unternehmenskulturen, von Einflussgrößen und Auswirkungen

Nicht zuletzt aufgrund dieser Zuordnungsprobleme nehmen einige wenige Autoren wie beispielsweise Allaire und Firsirotu (1984), Ochsenbauer und Klofat (1997) und Schwarz (1989) weitere Unterteilungen dieser beiden beschriebenen Hauptrichtungen vor. Nach Ochsenbauer und Klofat (1997) kann die funktional-objektivistische in eine funktional-systemorientierte und eine reflektiert-funktionale Variante unterteilt werden. Zur Letzteren ist dann beispielsweise das Konzept von Schein (1985) zu rechnen. Auf die Gründe für diese Zurodnung und die konkreten Ausführungen von Schein (1985 und 1997) wird im Folgenden noch ausführlicher eingegangen.

Scholz und Hofbauer (1990) schlagen eine Kombination der Hauptströmungen vor, um der Komplexität von Unternehmenskulturen, deren Ausprägungen, Wirkungsweisen und Entwicklungsprozessen entsprechen zu können (Scholz und Hofbauer 1990). Diese Synthese wird als das „FOSI-Prinzip" bezeichnet (ebd. S. 35). Neben diesem Prinzip beschreiben Scholz und Hofbauer (1990) drei Erfolgsprinzipien, die bei der Gestaltung oder Analyse von Unternehmenskulturen zu berücksichtigen sind:

- das Dualitätsprinzip (wechselseitige Beeinflussung von kulturellen Vorgaben und gelebtem Verhalten),
- das Stimmigkeitsprinzip (verlangt die Berücksichtigung der Beziehungen zwischen Organisationskultur einerseits und Strategie, Insystem und Umsystem andererseits) und
- das Pathologieprinzip (Auseinandersetzung mit dem Irrationalen, Unbewussten und Pathologischen in Unternehmen).

Auf diese Prinzipien wird weiter unten im Rahmen der Betrachtung einer grundsätzlichen Gestaltungsmöglichkeit einer diversity-gerechten Unternehmenskultur noch näher eingegangen (vgl. Kapitel 5.3).
Eine einheitliche Definition von Kultur existiert nicht (u. a. Vedder 2004, Flamholtz 2001). Beyer et al. (1995) sprechen von einem bislang sehr verschwommenen und vagen Konzept. Grundlage aller Beschreibungen von Unternehmenskultur sind „zwischenmenschliche Interaktionen" (Franken 2004, S. 206) sowie ein „System gemeinsam geteilter Werte, Normen, Einstellungen, Überzeugungen und Ideale" (Staehle 1994, S. 472). Unabhängig von den verschiedenen beschriebenen Forschungsrichtungen gibt es einige Kernelemente, die mit dem Begriff Unternehmenskultur verbunden werden (Schreyögg 1992, Sp. 1526): Unternehmenskulturen

- sind ein implizites Phänomen,
- sind gemeinsam geteilte Werte und Überzeugungen,
- werden selbstverständlich gelebt,
- sind handlungsleitend,
- sind Ergebnis eines unbewussten Lernprozesses
- und vermitteln Sinn und Orientierung.

„Unter den verschiedenen Definitionen [...] zeichnet sich diejenige von Schein durch besondere Präzision und Ansatzpunkte zur Operationalisierung aus" (Drumm 1991, S. 164). Nach Schein (1985) kann unter Unternehmenskultur ein Muster von Werturteilen, Denkhaltungen und Verhaltensannahmen, welches von den Führungskräften entwickelt worden ist und wegen seiner Bewährung allen neuen Mitgliedern der Unternehmung vermittelt werden soll, verstanden werden. Die Kultur einer Gruppe ist „ein Muster geteilter Grundannahmen, das die Gruppe beim Lösen ihrer Probleme mit externer Anpassung und interner Integration gelernt hat. Dieses Muster hat gut genug funktioniert, um als verbindlich betrachtet zu werden und wird deshalb neuen Mitgliedern als die korrekte Art der Wahrnehmung, des Denkens und des Fühlens im Bezug auf diese Probleme weitergegeben" (Schein 1997, S. 12).
In dieser Definition und Erklärung wird die besondere Bedeutung der Führung und des organisationalen Lernens bei der Kulturgestaltung und Vermittlung deutlich. Darüber hinaus berücksichtigt diese Sichtweise indirekt eine prozesshafte, veränderbare Komponente der Unternehmenskultur, auch wenn Schein (1985) eine Gestaltung von Unternehmenskulturen nicht uneingeschränkt für möglich hält. Durch das Element des Lernens wird deutlich, dass eine Modifi-

kation der individuellen, kulturellen Wertesysteme eintreten kann. Der Mensch wird durch die kulturellen Wahrnehmungs-, Denk-, und Verhaltensmuster der (Unternehmens-) Kultur in seinem Verhalten geprägt. Dem Dualitätsprinzip folgend, wird die gelebte Kultur wiederum durch das Handeln der Mitarbeiter beeinflusst. Dies tritt insbesondere in den Fällen ein, in denen keine vollständige Anpassung neu eingestellter Mitarbeiter erwartet wird, wie es beispielsweise in so genannten schwächeren, multikulturellen Unternehmenskulturen üblich ist (vgl. Kapitel 5.2). Bissels et. al. (2001) beschreiben in Verbindung mit dem Eintritt neuer Mitarbeiter eine interne und externe Kategorie der Vielfalt für die Unternehmenskultur. Mit anderen Worten bedeutet dies, dass das Kulturverständnis, die individuellen Verhaltensmuster und Denkweisen Merkmale der individuellen Diversity sind und nicht nur Ausdruck kollektiv geteilter Normen und Werte (Bissels et al. 2001).

In Anlehnung an Schein (1985, 1997), Bissels et al. (2001) und Franken (2004) wird den weiteren Ausführungen dieser Arbeit folgende Definition von Unternehmenskultur zugrunde gelegt:

Unternehmenskultur ist ein verhaltenssteuerndes Wert-, Wissens- und Normensystem, welches von den Führungskräften mit dem Ziel der internen Integration und externen Anpassung entwickelt worden ist. Dieses System wird den Mitarbeitern zum einen in organisationalen Sozialisations- und Lernprozessen vermittelt, zum anderen aber auch von deren Entscheidungen und Verhalten geprägt. Unternehmenskultur ist als Funktionsschema für das Sozialsystem Unternehmung zu verstehen.

Diese Definition beinhaltet aufgrund der Berücksichtigung der Entwicklung der Kultur durch die Führungskräfte eine funktionale Perspektive. Im Rahmen der Verhaltenssteuerung kommt der Unternehmenskultur eine Koordinations-, Integrations- und Motivationsfunktion zu (Barth, 1998). Unbewusst wird das System Kultur von den Mitarbeitern beeinflusst. Um eine Gestaltung und Weiterentwicklung der Kultur durch das Management zu ermöglichen, ist eine Analyse und Interpretation der grundlegenden Werte, Annahmen und Wirkungsweisen erforderlich. Entsprechend der Ausführungen zur Einteilung der Kulturforschung und des im Folgenden beschriebenen Konzeptes von Schein sowie der Ausführungen von Ochsenbauer und Klofat 1997, ist die generierte Arbeitsdefinition als reflektiert-funktional zu bezeichen.

Schein (1985) versucht mit seinem Konzept die Erkenntnisse der Unternehmenskulturforschung mit dem Gedankengut des organisationalen Lernens zu verbinden (so auch Aschenbrenner-Wellmann 2003). Aus Sicht von Schein (1985) sind die beobachtbaren Verhaltensweisen, Werte und Normen oder die publizierten Leitbilder und Philosophien eines Unternehmens zwar Ausdruck der Kultur, aber nicht ihr wirkliches Wesen. Aufbauend auf diesen Überlegungen entwickelte Schein (1985) das Drei-Ebenen-Konzept der Unternehmenskultur, welches in Abbildung Abb. 12 dargestellt wird.

Die Grund- oder Basisannahmen einer Kultur (unterste Ebene) bestehen aus einem Set grundlegender Orientierungs- und Verhaltensmuster, die sowohl die Wahrnehmung als auch das Handeln, Denken und Fühlen des Einzelnen beeinflussen.

Die Basisannahmen beziehen sich auf die „Grundthemen menschlicher Existenzbewältigung“, wie die Annahmen über das Verhältnis zwischen Umwelt und Unternehmen, die Vorstellungen von Wahrheit, das zugrunde liegende Menschenbild und die Vorstellungen vom menschlichen Handeln sowie den zwischenmenschlichen Beziehungen (Schreyögg 1992, S. 1527, Osterloh 1991, Hesch 1997). Diese Basisannahmen beschreiben den eigentlichen Charakter einer Organisation, der weit über die technologische Neuerungen sowie Führungsmoden hinausgeht und damit auch schwer veränderbar ist (Collins und Porras 1999).

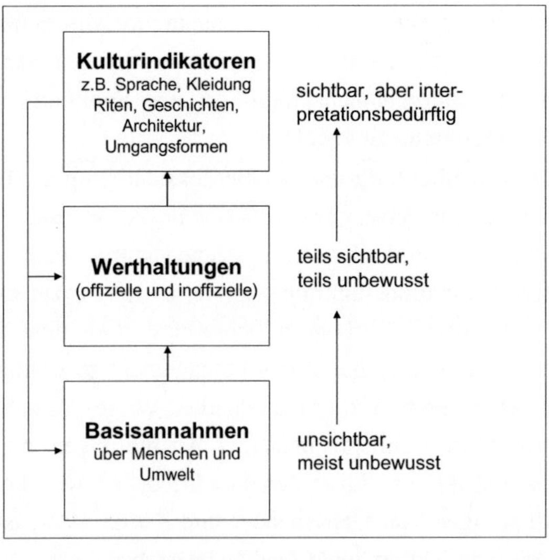

Abb. 12 Die drei Ebenen der Unternehmenskultur nach Schein (1985)

Diese oft nur latent vorhandenen Basisannahmen münden in ein Portfolio an ungeschriebenen Werthaltungen, Verhaltensstandards, Ge- und Verboten.

Häufig werden diese latenten Vorschriften in Management-Philosophien oder Führungsgrundsätzen konkretisiert und festgehalten, um die Wahrnehmung bezüglich des eigenen sowie fremden Handelns zu steuern. Damit diese Interpretationsmuster und Wertvorstellungen an alle Mitarbeiter vermittelt werden können, sind entsprechende Kulturindikatoren bzw. Symbolsysteme auf der operativen Ebene erforderlich (Schein, 1997, Schreyögg 1992).
Nach diesen Ausführungen über die Ebenen der Unternehmenskultur kann das in Kapitel 4 dieser Arbeit entwickelte integrative Modell des Diversity Managements wie in Abb. 13 abgebildet um die Strukturierung der Unternehmenskultur erweitert werden.
Auf der normativen Ebene beeinflussen sich Kultur und Diversity Management hinsichtlich des zugrunde liegenden Menschenbildes und der grundsätzlichen Vorstellung über die Gestaltung zwischenmenschlicher Beziehungen. In der Ebene der strategischen Programme finden sich konkrete Formulierungen bezüglich der kollektiv zu teilenden Werthaltungen über den Umgang mit der Vielfalt. Auf der operativen Ebene werden die angestrebten Normen und Werthaltungen durch sichtbares Verhalten und Artefakte, wie gemeinsames Kommunikationsverhalten, Sprache, Kleidung, Symbole u. ä. umgesetzt. In diesem Konzept wird nicht nur die Kultur als notwendige Voraussetzung oder Rahmenbedingung und somit als Einflussgröße auf das Diversity Management betrachtet, sondern auch das Diversity Management als Instrument für eine kontinuierliche Kulturveränderung hin zu einer diversity-gerechten Unternehmenskultur. Unumstritten in der Diskussion über die Unternehmenskultur und deren Gestaltungsmöglichkeiten ist die Verfolgung eines ganzheitlichen Organisationsentwicklungsansatzes (Reppel 2001). Die Bedeutung der Kultur für organisatorische Veränderungen und strategische Neuorientierungen wird in der Praxis oftmals unterschätzt. Das „alleinige Denken in technischen und ökonomischen Dimensionen erweist sich als zu eng" (Gabele und Kretschmer 1986, S. 35). Es gilt, die geistige Ebene und die Mitarbeiterfähigkeiten, welche häufig bei der Konzeption von Strategien nur unzureichend berücksichtigt werden, zu nutzen (Ostermann 1996). An der Unternehmenskultur lässt sich die Durchsetzung von Diversity im Unternehmen erkennen. Die Kultur lässt sich mit verschiedenen Mitteln genauer untersuchen, zum einen mit der gezielten Befragung der Mitarbeiter zu dem Themenkomplex Diversity in Form spezieller Diversity-Befragungen oder als Bestandteil von anderen Mitarbeiterbefragungen. Zum anderen können Informationen in so genannten Focus-Gruppen oder

durch die Auswertung von Beschwerden der Mitarbeiter gewonnen werden (Köhler-Braun 1999).

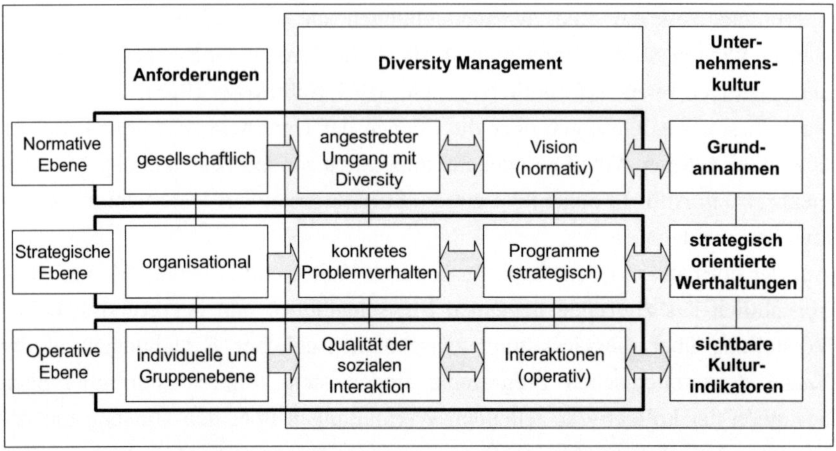

Abb. 13 Neues integratives Gesamtkonzept des Diversity Managements unter Berücksichtigung der Ebenen der Unternehmenskultur

Die Wirkungsrichtung vom Diversity Management zur Kultur ist durch eine zielgerichtete, direkte, führende, stärkere Einflussnahme gekennzeichnet als die umgekehrte Richtung. Diese ist eher diffus, indirekt und in der Regel schwächer, da sie neben den kollektiven Werten und Verhaltensmustern zusätzlich durch die Vielzahl individueller, kultureller Merkmale und möglicher Subkulturen von Gruppen im Unternehmen geprägt wird. Handlungsorientierung erfolgt so nicht nur durch die Identifikation mit der Unternehmenskultur, sondern auch durch die Loyalität mit anderen Identifikationsgruppen im Unternehmen (Dahler-Larsen 1997). Jeder Mensch gehört einer Vielzahl von Gruppen an und trägt daher viele verschiedene Ebenen von Kultur in sich: Von Hofstede (1993) werden eine nationale, regionale, geschlechtsabhängige, generationsabhängige, soziale und eine von der Stellung in der Organisation oder Firma abhängige Kulturebene unterschieden (Hofstede 1993). Cox sieht die Zugehörigkeit zu bestimmten Gruppen als zentralen Aspekt dafür, wie kulturelle Diversity das Verhalten in Organisationen beeinflusst. Er teilt dabei Gruppenzugehörigkeiten in zwei Kategorien ein, in phänotypische und kulturelle Gruppen. Die Mitglieder phänotypischer Gruppen unterscheiden sich anhand sichtbarer oder körperlicher Unterschiede. Kulturelle Gruppen basieren auf der soziokulturellen Vielfalt, umfassen damit „individuals who share norms, values, and goal priorities that distinguish on culture group from another“ (Cox, 1993, S.48). Die Zugehörigkeit zu einer kulturellen Gruppe ist subjektiv und nicht abhängig von der Zugehörigkeit zu einer phänotypischen Gruppe.

„Dies bedeutet keineswegs, dass die einzelnen Gruppen und Subkulturen ein gemeinsames Leitbild nicht mittragen; es bedeutet vielmehr – vom bewussten Abweichen, das natürlich auch gegeben sein kann und ist abgesehen -, dass sie aufgrund unterschiedlicher Sozialisation in Profession und Funktion das Leitbild teilweise anders interpretieren oder oft nur unterschiedliche Akzente auf unterschiedliche Dimensionen der generell geteilten Vision legen“ (Dierkes, 1988, S. 563).

Die Aufteilung in die drei Kulturebenen sagt nichts darüber aus, „wie diese Faktoren konkret in einer Organisation zusammenwirken und eine Kulturgestalt ausprägen“ (Schreyögg, 1992, Sp. 1529). Ein Hilfsmittel zur Analyse von Kulturausprägungen sind Kulturtypologien, die ebenfalls in vielfältiger Form in der Literatur vorgestellt werden. Eine umfangreiche Übersicht über ein- und mehrdimensionale Typologisierungskonzepte findet sich bei Simon (2000, S. 230-258).

Eine weitere Möglichkeit zur Beschreibung von Kulturtypen bzw. für die Konkretisierung des Zusammenhangs zwischen Kultur, Handeln und Unternehmenserfolg wird in der Diskussion über mono- und multikulturelle bzw. starke und schwache Unternehmenskulturen geführt. Wie in Kapitel 4.2 erwähnt, wird von vielen Autoren eine multikulturelle Unternehmenskultur als notwendige Voraussetzung für ein erfolgreiches Diversity Management angesehen (Thomas 1991, Cox 1993, Sepehri 2002). Eine umgekehrte Wirkungsrichtung, d.h. eine kulturgestaltende Wirkung des Diversity Managements wurde bisher nicht explizit betrachtet. Auf die dahinter stehenden Argumentationen wird im folgenden Kapitel detailliert eingegangen, um darauf aufbauend in Kapitel 5 die konkreten Einflussfaktoren auf die Kulturebenen entwickeln zu können.

5.2 Diversity Management in mono- und multikulturellen Unternehmen

Im Kapitel 4.1 dieser Arbeit wurden die Kulturtypen, die den verschiedenen Verständnisansätzen des Diversity Managements zugrunde liegen, erwähnt. Dort wird ein Überblick gezeigt über das Kontinuum von einer monokulturellen Organisation, in der die Mitarbeiter dem homogenen Ideal entsprechen hin zu einer multikulturellen Organisation, in der Vielfalt und Heterogenität als Leitbild vorherrschen (vgl. Abb. 9). Die Konsequenzen dieser idealisierten Extrempositionen sollen im Weiteren ausgeführt werden, um letztendlich eine Aussage über einen Idealtypus einer diversity-gerechten Unternehmenskultur und die relevanten Gestaltungsfaktoren herleiten zu können.

In der Praxis sind die Unternehmen in der Regel nicht den Extrempositionen auf dem Kontinuum zwischen einer vollständig monokulturellen bzw. multikulturellen Unternehmung zuzuordnen, sondern liegen auf den Punkten dazwischen. Sie können somit nur tendenziell als schwache oder starke Kulturen beschrieben werden. Die in verschiedenen Ausprägungen vorhandene Heterogenität und Kultur in den Unternehmen erfordern ein unterschiedlich ausgeprägtes Kultur- und Diversity- Management.

Zur Beurteilung, ob eine Kultur schwach oder stark ist, werden der Verankerungsgrad, das Übereinstimmungsausmaß und die Systemvereinbarkeit herangezogen. Unter dem Verankerungsgrad ist die Verankerung der kollektiven Werte in den individuellen Wertesystemen gemeint. Diese Dimension reicht von vollständiger Ablehnung bis zur vollständigen Internalisierung der Wertemuster. Mit dem Übereinstimmungsmaß wird das Ausmaß beschrieben, in dem die individuellen Werte der Mitarbeiter vergleichbar sind. Als Extremsituation ist „denkbar, dass jedes einzelne Unternehmensmitglied seinem täglichen Handeln unterschiedliche unternehmensbezogene Wert- und Normvorstellungen zugrunde legt" (Heinen 1997, S. 27). Und mit der Systemvereinbarkeit wird die Kompatibilität der „Wert- und Normgefüge der Unternehmensmitglieder" mit den „formalen Instrumenten der Mitarbeiter- und Unternehmensführung" bezeichnet. Die Systemvereinbarkeit berücksichtigt die Perspektive der subjektiven Wahrnehmung der Mitarbeiter (ebd. S. 28). Die Dimensionen, die sich aus der Typisierung ergeben, sind in ihren Ausprägungen nicht durchgängig unabhängig voneinander. Dennoch führt die Strukturierung zu hilfreichen Einblicken, die eine weitergehende detaillierte Untersuchung erleichtern (Heinen 1997).

Ziel des Diversity Managements ist eine Unternehmenskultur, in der die Integration der beschriebenen individuellen und gruppenspezifischen Vielfalt möglich wird. Derartige multikulturelle Unternehmen sind nach Cox (1991, S. 39) durch folgende sechs Merkmale gekennzeichnet (Die Erläuterung der Merkmale erfolgt in Anlehnung an Cox 1991 und 1993, Thomas 1996, Krell 1999 und 1997 und Sepehri 2002):

Pluralismus

In pluralistischen Unternehmen verfügen sowohl das dominante homogene Ideal als auch die Minoritäten über gleichberechtigten Einfluss auf Werte und Verhaltensnormen. Multikulturelle Unternehmen sind durch ein hohes Maß an Toleranz und Akzeptanz verschiedenster Arbeits- und Handlungsweisen gekennzeichnet.

Vollständige strukturelle Integration aller Beschäftigten

Auf allen Hierarchieebenen sind vielfältige Beschäftigungsgruppen vertreten. Korrelationen zwischen Hierarchieebenen bzw. Jobstatus und Zugehörigkeit zu bestimmten Merkmalsgruppen treten nicht auf.

Vollständige Integration in informelle Netzwerke

Alle Beschäftigungsgruppen sind unabhängig von kulturellen, ethnischen und anderen Merkmalen in informelle Gruppen und Netzwerke der Unternehmung integriert. Sie verfügen daher über einen guten Zugang zu den Informations- und Kommunikationssystemen. Transparenz und Chancengleichheit werden so gewährleistet.

Abwesenheit von Vorurteilen und Diskriminierung

Vorurteile, Stereotype und Diskriminierungstendenzen werden frühzeitig entdeckt sowie bekämpft. Offene Diskriminierungen sind dabei einfacher zu managen als in den Einstellungen der Mitarbeiter vorhandene Vorurteile und Stereotype.

Kaum Intergruppen-Konflikte

Die Rolle der Konflikte, insbesondere die der Intragruppenkonflikte wurde in Kapitel 3.3.2 der Arbeit bereits beschrieben. In der multikulturellen Unternehmung gibt es nahezu keine Spannungen und Machtkämpfe zwischen Angehörigen verschiedener kultureller Gruppen. Konflikte innerhalb heterogener Gruppen werden mit den in Kapitel 3.3.2 und 3.3.3 beschriebenen Maßnahmen reduziert, gelöst oder vermieden.

Identifikation aller Mitglieder mit der Organisation

In einer Organisation, in der Diversity effektiv gemanagt wird, identifizieren sich alle Beschäftigten mit der Organisation, unabhängig von kulturellen, ethnischen, sozialen oder kulturellen Dimensionen der Diversity (Sepehri 2002).

Die Merkmale einer multikulturellen Organisation nach Cox stellen einen Sollzustand bzw. ein anzustrebendes Ideal dar (Emmerich und Krell 2001). Werden alle beschriebenen Dimensionen eines multikulturellen Unternehmens in der Praxis gelebt, bietet dies ein Optimum an Chancengleichheit. Sie kann als weiteres Merkmal einer multikulturellen Organisation bezeichnet werden (Emmerich und Krell 2001).

Die in der Literatur beschriebenen Vorteile eines multikulturellen Unternehmens decken sich mit den schon in Kapitel 3 dieser Arbeit beschriebenen ökonomischen und sozialen Vorteilen eines Diversity Managements (Cox 1991 und 1993, Thomas 1996, Krell 1999 und 1997 und Sepehri 2002). Weitere Vorteile gegenüber traditionellen Organisationsformen können aus den von Schreyögg (1989) formulierten Nachteilen monokultureller Unternehmen, deren Kulturen auch als starke Kulturen definiert werden, abgeleitet werden. Monokulturelle Unternehmen mit starken Kulturen haben mit folgenden Problemen zu kämpfen (Schreyögg, 1989):

- Begünstigung von Denken in Stereotypen
- Vermeiden von Denken in Alternativen
- Erzwingen von Konformität (Kulturdenken)
- Behindern von kreativen Problemlösungen
- Fixierung auf Erfolgsmuster aus der Vergangenheit
- Blockieren neuer Orientierungsmuster
- Ignorieren diskrepanter Feedback-Informationen

Krell (1994) sieht die Wurzeln monokultureller, starker Unternehmen in der Betriebsgemeinschaft der 20er Jahre und beschreibt die gegenwärtige dementsprechende Personalpolitik als „vergemeinschaftend". „Vergemeinschaftende Personalpolitik" lässt sich durch vier Prinzipien charakterisieren (Krell 1994, S.32ff):

- Dauerbeschäftigung, langfristige Beschäftigungsverhältnisse
- Grenzziehung durch Ausgrenzung der Außenstehenden und durch Trennlinien im Inneren
- Homogenisierung und Schaffung eines Wir-Gefühls
- emotionenorientierte, charismatische, symbolische Führung

In diesen Prinzipien, die in erster Linie die Qualität der Beschäftigungsbeziehungen beschreiben, sind implizit die positiven Effekte starker, homogener Kulturen zu erkennen, die nach Schreyögg (1989) wie folgt beschrieben werden können:

- Handlungsorientierung durch Komplexitätsreduktion
- effizientes Kommunikationsnetz

- rasche Informationsverarbeitung
- beschleunigte Implementierung von Plänen und Projekten
- geringer Kontrollaufwand
- hohe Motivation und Loyalität sowie Teamgeist
- Stabilität und Zuverlässigkeit

In diesen Vor- und Nachteilen homogener Kulturen sind nun wiederum indirekt die Vorzüge, Probleme und Merkmale multikultureller Kulturen enthalten. Es gilt, diese nun durch entsprechende kulturgestaltende Maßnahmen in heterogenen Unternehmen auszugleichen; denn nicht für alle Bereiche und Tätigkeiten sind die Eigenschaften multikultureller Unternehmen jederzeit von Vorteil.

Unter der Annahme sich schnell verändernder Rahmenbedingungen sind die positiven Effekte multikultureller Unternehmen wichtig. Damit aber die Nachteile in Form von Komplexität, erhöhtem Kontrollaufwand, niedriger Orientierungsfunktion und Motivationsverlusten reduziert werden können, ist ein entsprechendes, an der Vielfalt der Mitarbeiter orientiertes Kulturmanagement erforderlich. Ziel muss es sein, mittels eines entsprechenden Leitbildes sowie geeigneter Führungsinstrumente bzw. Kommunikations- und Informationsstrukturen eine Kultur zu gestalten und zu vermitteln, welche trotz der vorhandenen Heterogenität allen Beschäftigten und Mitarbeitergruppen die notwendige Handlungsorientierung, soziale Identität, Motivation und Arbeitszufriedenheit bietet. Auf diese Art und Weise können in multikulturellen Unternehmen tendenziell Kulturen mit „starken" Elementen verankert werden.

Selbst in sehr stark ausgeprägten Unternehmenskulturen existieren regionale, professionelle und funktionsbezogene Subkulturen. Auch eine bestimmte Unternehmensgröße unterstützt die Bildung von Subkulturen. Derartige Unternehmen verfügen aber nicht über eine schwache Kultur, sondern lediglich das Leitbild der gemeinsamen Werte wird in Teildimensionen unterschiedlich interpretiert (Dierkes 1988). Die Stärke der Gesamtkultur ist von der Prägnanz, dem Verbreitungsgrad und der Verankerungstiefe sowie von der „Nähe der Subkulturen zur Hauptkultur" abhängig (Hornberger 2006, S. 232). Kulturelle Transformationsprozesse werden zu einer Gratwanderung, die sich an den strategischen internen und externen Zielen der Unternehmung orientieren muss. Voraussetzung hierfür ist die Identifikation und gegebenenfalls kritische Auseinandersetzung sowie Überarbeitung der Grundannahmen als auch der strategisch orientierten Werthaltungen. Die zunehmenden strategischen Herausforderungen zwingen dazu, traditionelle Verhaltensweisen fortwährend in Frage zu stellen und Probleme aus neuen Blickwinkeln zu analysieren. Dabei können starke Kulturen hinderlich sein (Lorsch 1986). „Wobei der Nachweis noch aussteht, dass erfolgreiche starke Unternehmenskulturen Individualität tatsächlich zu unterdrücken suchen" (Schanz 1994, S. 295). Schein (1985) führt aus, dass die Stärke oder Richtigkeit einer Kultur von den Beziehungen zwischen ihren Grundannahmen und den Umfeldbedingungen abhängt. In eine ähnliche Richtung weisen die Ergebnisse von Dierkes und Berthoin Antal (1985), die anhand einer Fallstudie zeigen, „dass eine bestimmte Unternehmenskultur für bestimmte Entwicklungslinien sensibilisiert und eine leichte und schnelle Zielfindung- und -durchsetzung in diesem Bereich ermöglicht, während sie in anderen Bereichen auf Handlungsnotwendigkeiten erheblich schwerfälliger reagiert" (Dierkes und Berthoin Antal 1985, S. 33, Ledford et al. 1996). Scholz und Hofbauer (1990) so wie Conrad und Sydow (1991) sehen in einer starken Organisationskultur, in Verbindung mit einer präzisen Unternehmensstrategie, die eigentliche Herausforderung und Chance für ein strategisches Management. Bereits zu Beginn der 90er Jahre bezieht Bleicher (1992) differenzierte Werthaltungen als Gegenkonzept zur „werteintegrierten Einheitskultur" in das Konzept des „integrierten Managements" ein: „Vergleicht man beide typologischen Muster miteinander, so spricht für eine Einheitskultur die Schlagkraft einer gleichartigen Verhaltensorientierung, die für die Realisierung strategischer Programme tragend sein kann, und die erleichterte Koordination und Integration, welche die Inanspruchnahme der Managementkapazität wesentlich vermindern kann. Für eine differenzierte Unternehmenskultur spricht hingegen deren evolutorische Ausrichtung, die eher vielfache Innovationen in einer direkten Verkoppelung mit relevanten Umweltsegmenten erwarten lassen" (Bleicher 1992, S. 170). Diese Ausführungen verdeutlichen, dass es zukünftig wichtig sein wird, neben der Koordinations-, Integrations- und Motivationsfunktion von Unternehmenskulturen eine Innovationsfunktion sowie die Anpassungsfähigkeit einer Kultur zu berücksichtigen, um den Herausforderungen der sich verändernden Umwelt gerecht werden zu können.

Bevor nun die konkreten Gestaltungsfaktoren einer diversity-gerechten Unternehmenskultur detailliert beschrieben werden können, wird zunächst die theoretische Diskussion über die grundsätzlichen Gestaltungsmöglichkeiten von Unternehmenskulturen skizziert.

5.3 Gestaltungsmöglichkeiten diversity-gerechter Unternehmenskulturen

Die Gestaltungsmöglichkeiten von Unternehmenskulturen werden in der Literatur sehr konträr diskutiert (u. a. Schreyögg 1991 und 1992, Reppel 2001). Die jeweiligen Vertreter der funktional-objektivistischen und der interpretativ-subjektivistischen Forschungsrichtungen halten per definitionem eine gezielte Kulturgestaltung in unterschiedlichem Ausmaß für möglich. Wird die Kultur als Variable verstanden, ist eine Kulturänderung theoretisch einfach möglich, wird eher dem Metapheransatz gefolgt, ist die Modifikation der Kultur schwieriger. Sackmann (1990) hält es für zweifelhaft, ob die Vertreter dieser Perspektive über eine interpretierende Analyse der Unternehmenskultur überhaupt hinaus wollen. Gleichwohl ist die Gruppe der Forscher, die eine langfristige Kulturveränderung, beispielsweise begründet durch die Annahme, eine Kultur sei etwas Einmaliges und daher unbedingt Schützenswertes, für ausgeschlossen halten, sehr klein (Kaschube, 1993). So lässt sich die Gruppe Theoretiker, die eine gezielte, planmäßige Kulturveränderung für möglich halten, von der Gruppe differenzieren, die dies unter anderem aus normativen Gründen für unmöglich hält. Eine dritte Position lässt sich mit dem Begriff „Kurskorrekteure" oder auch „Gärtner" charakterisieren (Schreyögg 1992, Sp. 1535, Neuberger und Kompa 1986b). Die Vertreter dieser dritten Gruppe, der beispielsweise auch Schein zugeordnet werden kann, sehen eine Möglichkeit der Kulturgestaltung, wenn die gegenwärtige Kultur problematische Wirkungen entfaltet. Dies ist vor allem der Fall „in Phasen großen technologischen, sozio-politischen und ökonomischen Wandels" (Dierkes und Berthoin Antal, 1985, S. 604). In Phasen einer sich schnell verändernden Umwelt kann ein tiefgreifender Kulturwandel erforderlich sein, um den Fortbestand der Unternehmung nicht zu gefährden. Der Entwicklungs- und Gestaltungsprozess ist allerdings nicht uneingeschränkt steuerbar und daher kritisch zu begleiten, da die Kultur immer durch menschliches Handeln entsteht (Schreyögg 1992 und 1989, Schein 1985). Es wird auch nicht möglich sein, Unternehmenskulturen vollständig neu zu entwerfen und zu verändern, sondern es gilt in kleinen Schritten verkrustete Strukturen aufzubrechen und sukzessive neue Wertmuster einzuführen. Dieser Prozess kann nur im Rahmen umfangreicher Partizipation und über mehrere Jahre gelingen (Kilmann et al. 1986, Schreyögg 1991, McCune 1999).

Die Schwierigkeit einer zielgerichteten Kulturgestaltung wird mehr als deutlich, wenn man Hofstedes Verständnis bezüglich der „individuellen Verankerung" der Kultur heranzieht: Kultur ist “die kollektive Programmierung des Geistes, die die Mitglieder einer Gruppe oder Kategorie von Menschen von einer anderen unterscheidet“ (Hofstede 1993, S.19). Hofstede sieht Kultur als mentale Programmierung, die der Mensch ein Leben lang erlernt hat und die in seinem Inneren als Muster des Denkens, Fühlens und Handelns vorhanden ist. Eine Änderung der vorhandenen Programmierung ist nur unter Schwierigkeiten möglich (Hofstede 1993). Um Diversity Management und eine diversity-gerechte Unternehmenskultur im Unternehmen einzuführen, sind die relevanten Grundannahmen, Normen, Werte und letztlich Symbolsysteme in einem längerfristigen Prozess zu ändern, denn „managing diversity is not a program, it is a process“ (Thomas, 1991, S.15). Nach Schreyögg (1991) bestehen die größten Schwierigkeiten einer Veränderung der Unternehmenskultur in der

- Verankerungstiefe der unbewussten Grundannahmen und Orientierungsmuster, die nicht beliebig verändert werden können.
- angst- und komplexitätsreduzierenden Funktion der Unternehmenskultur; eine Veränderung wird als Bedrohung empfunden.
- ressourcenverteilenden Funktion der Kultur; eine Veränderung induziert auch eine Veränderung der Machtstrukturen.
- Komplexität des Entstehungsprozesses; Kulturen sind kein veränderbares kompaktes Paket, sondern gewachsene, dem Handeln entstammende hochkomplexe Gebilde mit mehrdeutigen symbolischen Konstruktionen.

Die Ausführungen zeigen, welche Sensibilität erforderlich ist, um durch eine angestrebte Kulturveränderung keine Schäden zu verursachen. Ziel ist zwar „to involve all of one´s cognitive and emotional elements“, aber nicht „the point of totally controlling all of its members` perceptions, thoughts and feelings” (Schein 1985, S. 12).

Als grundlegende Voraussetzung für eine sukzessive Kulturveränderung ist es notwendig, eine gründliche Analyse der vorhandenen Kultur durchzuführen. Dabei ist es sinnvoll, diese Erhebung von externen Forschern und gemischten Teams von Mitgliedern der Unternehmung vornehmen zu lassen (Schein 1985, Dierkes et al. 1987), um der Gefahr des Ethnozentrismus vorzubeugen (Hofstede 1980). Dieser erste Schritt des Prozesses der Kulturanpassung „erfordert eine breite Informationsgewinnung mit vielfältigen und ganz unterschiedlichen (multimethodalen) Erhebungs-(techniken), […] um die Kultur aus unterschiedlichen Datenquellen möglichst breit und valide abbilden zu können“ (Dierkes 1988, S. 565). Auf diesem ersten Schritt baut dann der zweite in Form

von Umweltanalysen und Prognosen auf Basis traditioneller Methoden der strategischen Planung mit einer besonderen Verantwortung des Linienmanagements auf. Für den dritten Schritt, die Überprüfung der Passung der Unternehmenskultur in einem breit angelegten partizipativen Prozess, liegen bisher noch wenig dokumentierte Erfahrungen vor (Dierkes 1988).
Thomas fasst den Kern dieses Prozesses in folgenden Schritten zusammen (Thomas 1991, S.14):

- Untersuchung der Kultur des Unternehmens.
- Identifizieren der „Wurzeln" des Verhaltens im Unternehmen.
- Herausfinden, ob diese Wurzeln Managing Diversity behindern.
- Die kulturellen Wurzeln, also die Basisannahmen der Unternehmenskultur, die eine Behinderung für Diversity Management darstellen, verändern.

Dieser Prozess der Kulturanalyse und der darauf aufsetzende Gestaltungsprozess sind nach Pless (1999) durch „diskursive und wechselseitige Reflexionsprozesse" gekennzeichnet (Pless 1999, S. 167). Auch Pless (1999) hält es für erforderlich, zunächst eine „multikulturelle Verständigungs- und Koordinationsbasis [...] (zu schaffen), auf der dann die Arbeit an der Gestaltung einer gemeinsamen kulturellen Verständniswirklichkeit, einer multikulturellen [...] (Unternehmenskultur) beginnen kann" (Pless 1999, S. 167).
Zusammenfassend kann festgehalten werden, dass es nahezu unmöglich ist, diversity-gerechte Unternehmenskulturen zu „machen", sondern sie sind nur in langsamen Prozessen zu „kultivieren" (Wunderer 2001, S. 168, Aschenbrenner-Wellmann 2003); denn die Erfolgsaussichten einer gewaltsamen Kulturöffnung sind gering (Krell 1998). Conrad und Sydow (1991) gehen davon aus, dass sich die Diskussion über die Möglichkeit oder Unmöglichkeit einer gezielten Gestaltung der Unternehmenskultur in „der Formel eines kulturbewussten Managements auflösen wird" (ebd. S. 95). Im Rahmen einer Kulturmodifikation kommt insbesondere der Führung eine Schlüsselrolle zu (Dierkes 1988, Lorsch 1986, Wunderer 2001). „Unquestionably, culture within the corporation is difficult to pin down, nearly impossible to quantify or measure, and remarkably resistant to change. However, the culture can be positively influenced by consistent, thoughtful managerial action" (Tunstall 1983, S. 17). Welche Rolle die Führungskraft dabei spielt, hängt vom jeweiligen Führungs- und Organisationsverständnis ab (vgl. Kapitel 6.2). Wie im folgenden Kapitel ausgeführt wird, sind neben der Führung für die Kultivierung einer diversity-gerechten

Unternehmenskultur das Organisationsklima, das Unternehmensleitbild und die Informations- und Kommunikationsstrukturen von besonderer Bedeutung (vgl. Abb. 14).

In der Abb. 14 wird die Möglichkeit dargestellt, mittels dieser Instrumente eine diversity-gerechte Unternehmenskultur zu erreichen. Durch die Anordnung der Einflussgrößen Leitbild, Information und Kommunikation und Organisationsklima soll keine hierarchische Beziehung ausgedrückt werden. Nachdem die relevanten Aspekte der Theorien über Unternehmenskulturen, deren Erfassungs- und Gestaltungsmöglichkeiten dargestellt wurden, werden im nächsten Kapitel die erwähnten Gestaltungsfaktoren ausführlich beschrieben und Indikatoren abgeleitet, die das Ausmaß der erfolgreichen Umsetzung der jeweiligen Einflussgröße erfassen können.

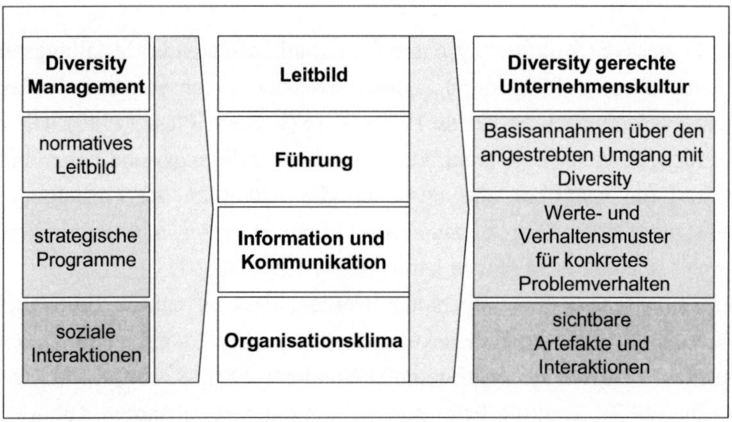

Abb. 14 Gestaltungsfaktoren einer diversity-gerechten Unternehmenskultur

Dabei ist ein weiteres Teilziel, die Relevanz des jeweiligen Konstruktes oder Instrumentes auf der normativen, strategischen und operativen Ebene des Diversity Managements herauszuarbeiten.

6 Beschreibung der Gestaltungsfaktoren und Generierung der Indikatoren einer diversity-gerechten Unternehmenskultur

Das Konzept Diversity Management bettet mittels einer entsprechenden Kulturgestaltung klassische Organisationsmuster und Konstrukte, die in einer rekursiven Beziehung zur Unternehmenskultur stehen, wie die Führung, das Leitbild, die Informations- sowie Kommunikationsstrukturen und das Organisationsklima, in einen neuen Orientierungsrahmen. „Nur eine sorgfältig aufeinander abgestimmte Kombination individuumsspezifischer und strukturorientierter Maßnahmen (ist) in der Lage […], Mitarbeiter anzusprechen und zu einer Identifikation mit den Unternehmenszielen zu bewegen“ (Fehlau 1997, S. 25). Für eine derartige Kulturgestaltung werden auch in der Praxis neben der Einführung oder Überarbeitung des Unternehmensleitbildes „als wichtigste Treiber“ die Vorbildfunktion der Vorgesetzten (Führung) und die interne Kommunikation genannt (Franken 2004, S. 236). Darüber hinaus wird es für wichtig gehalten, den Mitarbeitern „viel Freiraum und Möglichkeiten zur Selbstorganisation und Eigenverantwortung“ zu geben (ebd. S. 236). Es gilt folglich, ein Organisationsklima zu schaffen, welches jedem Mitarbeiter ermöglicht, sich weiterzuentwickeln und die Kultur indirekt mitzugestalten. Grundlage ist zunächst aber ein Leitbild, welches an alle Mitarbeiter bewusst adressiert ist und von dem sich auch jeder Mitarbeiter, unabhängig von den individuellen Merkmalen, angesprochen fühlt. In den folgenden Abschnitten dieses Kapitels werden die einzelnen Gestaltungsfaktoren Leitbild, Führung, Kommunikation und Diversity Klima ausführlich dargestellt, definiert und in das integrative Gesamtkonzept eingebunden.

6.1 Gestaltungsfaktor Unternehmensleitbild

6.1.1 Definition des Unternehmensleitbildes und Einbindung in das integrative Gesamtkonzept

Die Begriffe (unternehmenspolitische) Leitsätze, Leitbild, Unternehmensgrundsätze und Unternehmensphilosophie können laut der betriebswirtschaftlichen Literatur synonym verwendet werden (Gabele 1981, Kippes 1993, Matje 1996). Dieser Auffassung folgt die Begriffsbelegung dieser Arbeit. Auch in der Praxis wird zwischen den Begriffen nicht eindeutig unterschieden (Elmerich und Watrinet 2006). Notwendig ist allerdings eine Unterscheidung zwischen Leitbildern und Visionen. Nach Matje (1996) können

die Begriffe Leitbild und Vision bei entsprechend umfangreicher Gestaltung als Substitute aufgefasst werden. Im Leitbild wird die Kultur sichtbar, und es ist ein klares Bekenntnis zur Unternehmensvision (Ledford et al. 1996). Zum einen sind die Unternehmensethik, die Normen und Werte in der Unternehmenskultur verankert, dadurch ist es möglich, das grundlegende Wertegerüst in die Strategiewahl und Personalführung einzusetzen; zum anderen sind die Wertvorstellungen und ethischen Grundannahmen in den Leitbildern verankert. „Leitbilder bündeln die Intuitionen, (Erfahrungs-)wissen von Menschen, Organisationen und Professionen" (Dierkes und Mützel 1995, S. 780)
Grundsätzlich können Visionen als Teil des Leitbildes verstanden werden. Visionen sind ebenfalls wie Leitbilder gewünschte, zu realisierende Normen und Werte. Leitbilder sind aber vergleichsweise konkreter und können als Grundlage für Strategien sowie Maßnahmen herangezogen werden (Matje 1996, S. 6f, Kieser et al. 1998). Das Leitbild bietet zum einen Orientierung für das Tun und Handeln, zum anderen ist es eine „Basis für die strategische und operative Planung" (Siebert 1992, S. 188, Bernet 1982, Hoffmann 1989, Dietrich 1999). Durch die verbindliche Vorgabe angestrebter Handlungsmuster und Verhaltensregeln wird die Komplexität von Planungsentscheidungen reduziert. In Leitbildern werden Grundannahmen und Werte dargelegt, dadurch schaffen sie Orientierung, Klarheit, Motivation, Konsens und Identifikation bei den Mitarbeitern und dienen als „Orientierungsraster für ein zielführendes Verhalten und eine zweckgerechte Kommunikation" (Bleicher 1994, S.5, Gabele und Kretschmer 1986, Hoffmann 1989, Kippes 1993, Matje 1996, Weule 1997, Fehlau 1997). Das Leitbild als anerkannter Orientierungsrahmen für das Verhalten der Unternehmensmitglieder muss somit im Einklang mit der formalen Organisationsstruktur stehen. Trotz eines „technokratischen Charakters ist es mitbestimmend für weiche, qualitative Erfolgsfaktoren wie die Unternehmenskultur" (Hoffmann 1989). Darüber hinaus erfüllt das Leitbild eine unternehmensexterne Legitimationsfunktion (Dill und Hügler 1997). Die externe Notwendigkeit der Legitimation hinsichtlich des Diversity Managements wurde bereits in Kapitel 3.1 dieser Arbeit diskutiert.

Ein Leitbild beschreibt den Kern an grundlegenden Eigenschaften und Absichten, die die Einzigartigkeit des Unternehmens wiedergeben und als Grundlage für die Zielvereinbarungsprozesse zwischen shareholdern und stakeholdern dienen (Kirsch 1981). Da diese Vereinbarungen auch als Unternehmensgrundsätze bezeichnet werden können, die als Teil des Leitbildes schriftlich verankert werden, wird der Begriff Unternehmensgrundsätze oft als

Synonym für Leitbild verwendet (Eschenbach 1985b). Das bewusst gestaltete Leitbild bildet zusammen mit dem Wesen des Unternehmens, den unbewusst gelebten Wertmustern die Unternehmenskultur (Hoffmann 1989, Bernet 1982). Nach Matje (1996) „bewegen [...] sich Leitbilder auf einem Kontinuum zwischen den beiden Extremformen „Gestaltung der Unternehmenskultur" und Ausgangspunkt der „strategischen Planung" (Matje 1996, S. 4). Sie können auf der Ebene der generellen Oberziele angesiedelt werden (Hinterhuber 1992). Diesen Ausführungen entsprechend kann das Unternehmensleitbild wie folgt definiert werden:

Das schriftliche Unternehmensleitbild beschreibt eine wertorientierte Zukunftsvorstellung von der Unternehmung und bildet die explizite Grundlage für ein Kulturmanagement. Es übernimmt dabei eine interne und externe Legitimations-, Koordinations- und Motivationsfunktion. Die Gestaltung und Umsetzung erfolgt auf der normativen, strategischen sowie operativen Managementebene unter Partizipation der Mitarbeiter.

Trotz eines hohen Abstraktionsniveaus gilt es, bei der Formulierung ein Zukunftsfit zu berücksichtigen, d.h. eine grundsätzliche Erreichbarkeit der im Leibild angestrebten Ziele muss gegeben sein (Bleicher 1996, Ulrich 1978). Die visionären, normativ orientierten Vorstellungen über die zukünftige Gestaltung der Unternehmung müssen auf die institutionellen Strukturen und auf der operativen Ebene in konkrete Handlungsmuster übertragen werden (Hoffmann 1989). In Abb. 15 wird dies dargestellt. Zwischen Leitbild und Unternehmenskultur besteht eine wechselseitige Einflussbeziehung. Erstens können Unternehmenskulturen als „geronnene und durch die Umfeldreaktionen veränderte Leitbilder aufgefasst werden", und zum zweiten „reproduzieren Unternehmenskulturen Leitbilder" (Dierkes und Mützel 1995, S. 781, Bleicher 1994, Bögel 1995).

Allerdings sind Leitbilder flexibler und dynamischer als Unternehmenskulturen, sie verkörpern zukunftsorientierte Sollvorstellungen (ebd.). In den bereits beschriebenen Zusammenhang zwischen Diversity Management und Unternehmenskultur kann das Leitbild als moderierender Faktor integriert werden (vgl. Kapitel 5.1, Abb. 13). Im Leitbild werden ausdrücklich die angestrebte Kultur und der Umgang mit der Diversity beschrieben.

Die in der Definition angesprochene mögliche Beteiligung der Mitarbeiter bei der Leitbildentwicklung wird in Kapitel 6.1.3 ausführlich beschrieben. Zunächst werden die Leitbildinhalte und –funktionen konkretisiert.

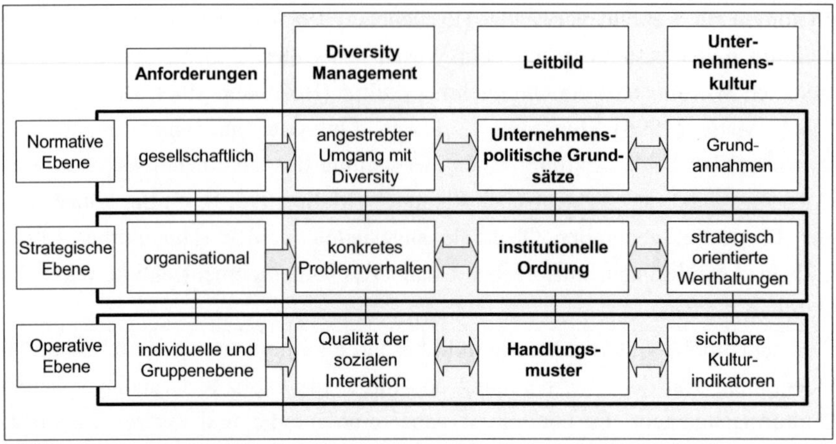

Abb. 15 Neues integratives Gesamtkonzept des Diversity Managements unter Berücksichtigung der Ebenen der Unternehmenskultur und des Gestaltungsfaktors Leitbild

6.1.2 Funktion und Inhalt von diversity-gerechten Leitbildern

Im deutschsprachigen Raum werden Leitbilder in der Literatur seit Mitte der 70er Jahre des 20. Jahrhunderts im Zusammenhang mit der zunehmenden Verbreitung von Konzepten zur Unternehmensführung und Unternehmenspolitik diskutiert (Matje, 1996). Das wachsende Interesse für Leitbilder ist vor allem durch gesellschaftliche Veränderungen zu erklären (Gabele 1981, Bernet 1982, Siebert 1992, Dierkes und Hähner 1993, Dieschburg und Maintz 2000). Zahlreiche empirische Untersuchungen belegen die zunehmende Befürwortung oder Einführung von Leitbildern und Unternehmensgrundsätzen. Allerdings sind häufig Mängel in der praktischen Anwendung und Umsetzung zu beobachten (Hoffmann 1989). Eine umfangreiche Analyse und Übersicht über die Untersuchungen findet sich bei Gabele und Kretschmer (1986). Sie unterscheiden drei typische Funktionen von Unternehmensgrundsätzen (Gabele und Kretschmer, 1986, S.27):

- Unternehmensgrundsätze als unternehmenspolitische Leitbilder,
- Unternehmensgrundsätze als Instrumente der organsiationskulturellen Transformation und
- Unternehmensgrundsätze als Input der strategischen Planung.

In dieser Funktionsübersicht wird die nahezu begriffliche Identität zwischen Leitbild und Unternehmensgrundsätzen erneut deutlich. Von Gabele und Kretschmer (1986, S. 19, Gabele 1981, Bleicher 1994) wurden die folgenden **inner- und außerbetrieblichen Gründe für die Formulierung von Leitbildern** zusammengestellt, die auch heute noch uneingeschränkt gelten:

- anspruchsvollere Kunden,
- Engpässe in den Bezugsquellen,
- stärkere Beteiligung und Motivation der Mitarbeiter,
- einheitliche Orientierung in wachsenden Organisationen,
- sozialer und gesellschaftlicher Druck,
- Umweltverschmutzung,
- Gesundheitsgefährdung durch die Industrie,
- Vorgriffe auf erwartete gesetzliche Regelungen,
- und nicht zuletzt die zunehmende Verschlechterung des Bildes vom Unternehmen in der Öffentlichkeit.

Aus diesen Funktionen und Gründen lassen sich zum einen die gängigen Leitbildinhalte erschließen, die für die in Kapitel 9.1 erfolgende Operationalisierung von Leitbildkategorien wichtig sind, zum anderen können die Gründe den drei Anforderungs- und Gestaltungsebenen des integrativen Diversity Management Konzeptes zugeordnet werden: Die ersten beiden Gründe können als Hinweis auf strategische und organisationale Erfordernisse gewertet werden. Die folgenden zwei Gründe sprechen für eine Leitbildformulierung wegen veränderter individueller Bedürfnisse und erfordern sichtbare Handlungen vorrangig auf der operativen Ebene. Die letzten fünf Gründe sprechen für eine Formulierung aufgrund gesellschaftlicher Ansprüche und sind zunächst eher auf der normativen Ebene anzusiedeln. Auch aus dieser Argumentation werden die vertikalen und horizontalen Abhängigkeiten der Ebenen des integrativen Gesamtkonzeptes, die eine eindeutige Zuordnung der Maßnahmen und Ziele auch im Hinblick auf die quantitative Erfassung und Messung erschweren, erneut deutlich. Im Weiteren werden die von Gabele und Kretschmer (1986) beschriebenen Gründe und Funktionen genauer spezifiziert sowie mit Hilfe der Ausführungen anderer Autoren sowohl ergänzt als auch konkretisiert.

Ansoff et al. (1978) begründen beispielsweise das zunehmende Interesse an Unternehmensgrundsätzen und Leitbildern mit der durch die Veränderung der wirtschaftlichen Rahmenbedingungen einhergehenden **Verschiebung der**

Machtstrukturen. Neue Gruppen und Institutionen erheben Anspruch auf Mitwirkung an unternehmerischen Entscheidungsprozessen (Ansoff 1978).

Leitbilder sind in der Lage, zum einen die gesellschaftliche Verantwortung des Unternehmens glaubhaft darzustellen, und zum anderen bilden sie die Grundlage für die konkrete Zielentwicklung (Fiedler 1980). Nach Dierkes et al. (1997) „können durch zeitgemäße oder sogar der Zeit vorauseilende Leitbilder im Umgang mit gesellschaftlichen Problemen Präferenzen unterschiedlichster Bezugsgruppen für das Unternehmen geschaffen werden, die möglicherweise Wettbewerbsvorsprünge am Markt zu sichern und zu vergrößern helfen" (Dierkes et. al. 1997, S. 18). Leitbilder können so die Bewältigung der Umweltanforderungen leiten. Leitbilder sind Absichtserklärungen, in denen die Werte festgelegt werden, „die die Unternehmensentscheidungen auf längere Sicht bestimmen sollen" (Dierkes et al. 1997, S. 24). „Sie fungieren als Maßstab für das Verhalten im Unternehmen" (ebd.).

Veränderte Machtstrukturen spielen ebenfalls eine große Rolle innerhalb notwendiger **Reorganisationsprozesse:** Diese entfalten oft eine große Komplexität, indem sie viele Probleme und Teilnehmer aktivieren, was wiederum zu verstärkten Machtkämpfen um Ressourcen führen kann (Kieser 1996). Das Leitbild kann dann die Koordination zwischen Projektgruppen und Akteuren erleichtern und liefert darüber hinaus Argumentationsmuster, um die Reorganisation als gelungen und sinnvoll zu interpretieren (ebd.). Auch Gabele und Kretschmer (1986) weisen auf die integrierende Funktion durch die Bereitstellung eines Basiskonsenses hin, der das Schlichten von Meinungsverschiedenheiten sowie Sachkonflikten erleichtert (so auch Glücksburg und Ochsner 1989, Fehlau 1997).

Bergler (1976) sieht einen weiteren Grund für die Formulierung von Leitbildern in der **zunehmenden Differenzierung und Spezialisierung der Mitarbeiter**. Es besteht die Gefahr einer Innenorientierung der vielfältigen Gruppen, was zu einer kommunikativen Distanz und einem erhöhten sozialen Konfliktniveau mit anderen Bereichen führen kann. Aus diesem Defizit an Kommunikation und verständlicher Information können negative Folgen für die betrieblichen Entscheidungsprozesse abgeleitet werden (Bergler 1976). So ist es sinnvoll und notwendig, die entstehenden Subgruppen auf ein gemeinsames Oberziel auszurichten, um diesen Tendenzen entgegen zu wirken und eine Orientierung auf die Unternehmung als Ganzes zu erreichen (vgl. Kapitel 3.3.2, Dierkes 1988, Bergler, 1976).

Hinsichtlich der Berücksichtigung der Diversity oder des Diversity Managements in Unternehmensleitbildern ist zunächst festzuhalten, dass „im Mittelpunkt der **adressatenspezifischen Inhalte** [...] mit Abstand der Mitarbeiter (steht), [...] (er wird) meist [...] sehr ausführlich angesprochen" (Gabele 1981, S. 248). Bei der Analyse vorhandener Leitbilder ist eine zunehmende Neuorientierung an personellen Potenzialen und an der Diversity der Mitarbeiter zu beobachten (Ostermann 1996, Elmerich und Watrinet 2006). Dies ist noch nicht lange der Fall. Gabele stellt 1981 noch fest, dass die Unternehmen mit Ausnahme forschungsintensiver Branchen selten in ihren Grundsätzen vorhandene und noch zu entwickelnde Potenziale einbeziehen (Gabele 1981). Diese wachsende Bedeutung und notwendige Berücksichtigung der Mitarbeiterpotenziale drückt sich auch in der zunehmenden Relevanz so genannter Sozialbilanzen aus (Jäger et al. 2004).

Aufgrund seiner mehrdimensionalen Struktur ist das Leitbild auch eine wichtige Orientierungshilfe für die Entwicklungsrichtung in **organisatorischen Veränderungsprozessen.** In Umbruchsituationen gibt es ein Gefühl von Sicherheit durch einen gemeinsamen Grundkonsens. (Dieschburg und Maintz 2000). Leitbilder sind daher ein wichtiges Instrument bei der Einführung von Diversity Management (Sepehri, 2002, S. 10). Es ist offensichtlich, dass „Leitbilder [...] unternehmensspezifisch ausgeprägte Instrumente der Unternehmensführung (sind). Sie können daher weder aus der Literatur bzw. von anderen Unternehmen kopiert werden, noch können für deren Erarbeitung Rezepte angegeben werden, die [...] zum gewünschten Erfolg führen" (Matje 1996 S. 9). Ein Leitbild muss darüber hinaus ständig fortgeschrieben werden, damit es "nicht von der soziokulturellen Entwicklung überrollt wird und seine richtungweisende Funktion verliert" (Kippes 1993, S. 187).

Die implizite Leitbildfunktion, langfristig den unternehmerischen Erfolg zu stärken, wirft parallel zur Messbarkeitsdiskussion der Unternehmenskultur die Frage nach der Quantifizierung entsprechender Erfolgsgrößen auf. „Den Nutzen der Grundsätze in seiner Gesamtheit zu ermessen, bereitet Probleme, da man ihn nicht quantifizieren kann und es schwierig ist, einen erzielten ökonomischen Erfolg auf die Anwendung von Grundsätzen zurückzuführen (Zurechnungsproblem). Grundsätze haben dennoch einen mehrfachen Nutzen: in Bezug auf die Umwelt als Positionierung der Unternehmung, in Bezug auf die Unternehmung als Instrument zur Konkretisierung und Prägung der Unternehmensphilosophie, -politik und –kultur" (Hoffmann 1989, S. 183, auch Fehlau 1997). Auch Humble et al. (1994) stellen fest, dass „international business leaders recognize that defining and implementing the right corporate values is a top priority for them and a vital influence on the success of their organization" (Humble et al. 1994, S. 28). Sie weisen weiter darauf hin, dass "Successful companies are able to adapt to new circumstances and challenges. Sometimes by retaining their fundamental values or by modifying the emphasis and methods of implementation. Sometimes by introducting totally new values" (Humble et al. 1994, S. 39f)

Auch Gabele und Kretschmer (1986) gehen von der erfolgswirksamen Wirkung der Leitbilder aus. Sie kommen allerdings zu dem Schluss, dass die Erfolgsrelevanz von der Vorgehensweise bei der Leitbildentwicklung und Implementierung maßgeblich bestimmt wird. Dabei gilt es, im Vorfeld die „wesentlichen erfolgsbeeinflussenden Faktoren [...] des Geschäftes aufzufinden und in einem intensiven Prozess als Grundsätze bei den Betroffenen bewusst zu machen und zu verankern" (Gabele und Kretschmer 1986, S. 153). Die Möglichkeiten, diesen Prozess zu gestalten, werden im Folgenden dargestellt. Wobei aber anzumerken ist, dass die Einhaltung eines idealen Entwicklungsprozesses, der die Gestaltung und Implementierung umfasst, allein kein hinreichendes Kriterium ist, um die Wirkung des Leitbildes zu quantifizieren. Es wird lediglich die Voraussetzung für die Formulierung geeigneter Indikatoren geschaffen, die eine indirekte Erfassung der Leitbildwirkung und der Kulturauspräung ermöglichen können. Auf die Indikatoren wird in Abschnitt 6.5 ausführlich eingegangen.

6.1.3 Gestaltung und Implementierung von diversity-gerechten Leitbildern

Bei der Einführung von Leitbildern ist zu beachten, dass sie mit der herrschenden Kultur in Einklang zu bringen sind. Ist es das Ziel, eine Unternehmenskultur im Sinne des Diversity Managements zu transformieren, sind die vorhandenen Unternehmensgrundsätze und Leitbilder zu berücksichtigen, die in schriftlicher Form vorliegen oder aber auch nur mündlich überliefert sind. Sie dürfen nicht diametral zu bestehenden Kulturen formuliert sein.

Bei der Überarbeitung bestehender oder der Einführung neuer Leitbilder können grundsätzlich die Phasen der **Formulierung** und die der Implementierung unterschieden werden. Bei der Überarbeitung muss noch die Phase der Analyse des vorhandenen Leitbildes berücksichtigt werden (Dierkes und Mützel 1995). Bei der Formulierung sind unterschiedliche Formen der **Partizipation der**

Mitarbeiter denkbar (Gabele und Kretschmer 1983, Paschen 2002). Grundsätzlich bedarf es eines „gemeinsamen tagtäglichen, von allen Mitarbeitern getragenen Prozesses“ (Dierkes und Mützel 1995, S. 778). Je nach Umfang der Beteiligung der Mitarbeiter wird entweder die Konsensfindung oder die Ergebnisumsetzung einfacher sein. Liegt die Formulierung des Leitbildes ausschließlich in den Händen des Topmanagements (top down), so ist mit einer relativ schnellen Einigung über die zu berücksichtigenden Werte und Normen zu rechnen, damit aber auch mit Widerständen der Mitarbeiter bei der Einführung. Denn die Akzeptanz eines Leitbildes ist umso größer, je besser die Erwartungen, Vorstellungen und Bedürfnisse der Betroffenen im Leitbild verbalisiert werden. In der Realität werden die Bedürfnisse der gewerblichen Mitarbeiter dem Topmanagement eher unbekannt sein.

Ein anderes Extrem sieht die vollständige Beteiligung der Mitarbeiter vor (bottom up): Von einem Projektteam werden die angestrebten Werte formuliert und anschließend in sämtlichen Mitarbeitergruppen diskutiert. Fraglich ist aber, ob diese Partizipationschancen in der Praxis wirklich nutzbar sind. Zwischen diesen Extrempositionen sind Mischformen denkbar. Sinnvoll ist es, die Einstellungen der Mitarbeiter mit Befragungen zu erheben, um die Authentizität des Leitbildes zu erhöhen. Wobei Kirsch, Esser und Gabele (1979) darauf hinweisen, dass eine umfangreiche Partizipation mit einem großen Konfliktpotenzial einhergehen kann. Es besteht die Gefahr, zwar das Wissen über die Vorstellungen der Mitarbeiter in Anspruch zu nehmen, eine authentische Partizipation aber nicht anzustreben oder zu ermöglichen (Kirsch und Scholl, 1981). Es ist unausweichlich für ein umsetzbares Leitbild die Bedürfnisse und Erwartungen der Mitarbeiter mittels Interviews, Workshops und Befragungen zu erheben, um diese in das Leitbild einfließen zu lassen: Nur so ist es möglich, alle Mitarbeiter und Mitarbeitergruppen als Adressaten einzubeziehen (Matje 1996, Kippes 1993).

Überarbeitungs- oder Formulierungsprozesse eines Leitbildes können erst dann in Angriff genommen werden, wenn das Unternehmen die Diskrepanz zwischen Realität und Normvorstellung, die zwangsläufig durch die Ist-Analyse aufgedeckt wird, aushalten kann. Um die Lücke zu schließen, sind **Veränderungs- und Reformbereitschaft** sowie das Bekenntnis zu einem „leitbildorientierten Management“ erforderlich (Dierkes und Mützel 1995, S. 780). Eine weitere Voraussetzung sind entsprechende organisatorische Rahmenbedingungen, die es durch entsprechende Vorkehrungen bereit zu stellen gilt (Fiedler 1980).

Trotz augenscheinlich neutraler Formulierungen entfalten Leitbilder unterschiedliche Wirkungen bei verschiedenen Beschäftigtengruppen. Fühlen sich jedoch nicht alle Mitarbeiter von dem Leitbild angesprochen, kann es nicht seine strategische, identitätsbildende, handlungsleitende und damit kulturstützende Wirkung entfalten (Ledford et al. 1996, Elmerich und Watrinet 2006).

Bei der Entwicklung des Leitbilds sind neben der Partizipation der Mitarbeiter weitere Grundsätze zu beachten, damit es nicht zu den von Bleicher beschriebenen **Dysfunktionalitäten** kommt (Bleicher, 1994, S.22). Denn es besteht die Gefahr, irreale Wunschbilder zu entwerfen, die ein Gefühl trügerischer Sicherheit vermitteln und notwendigen Wandel blockieren. Mit Leitbildern kann kosmetische Schönfärberei betrieben werden. Dann entsteht lediglich eine Kulturtechnokratie mit kontraproduktiven Wirkungen. „Stolpersteine bei der Leitbilderstellung" sind nach Gabele und Kretschmer (1986, S. 151f) folgende:

- Unternehmensleitung stülpt Leitbild von oben und außen über
- unzureichende Partizipation der Mitarbeiter
- Unternehmensleitung akzeptiert das Leitbild nicht für sich
- fehlende Organisation bei der Einführung
- unzureichende oder falsche Anwendung der Hilfsmittel, wie Kommunikationstechniken und Befragungen
- unverständliche Formulierungen, Leerformeln
- fehlende Maßnahmen für die Verbreitung
- grundsätzlich unzureichende Information und Aufklärung der Leitbildadressaten
- unrealistische, nicht erreichbare Anforderungen
- Vernachlässigung vorhandener Kultur und Tradition

Konkrete Praxisberichte, in denen Erfahrungen bei der Leitbildentwicklung und Einführung beschrieben werden, liegen inzwischen von einigen Unternehmen verschiedenster Branchen vor. Beispiele, in denen u. a. auf die eventuellen Probleme eingegangen wird, finden sich bei Fiedler (1980), Langmann (1992), vom Felde (1994), Ledford et al. (1996), Sennlaub et al. (1996), Hertel et al. (1998), Wallner (1999) sowie Neumann und Marmann (2000).

Neben der Entwicklung kommt der **Einführung und Verbreitung des Leitbildes** an sich eine große Bedeutung zu. Besonders wichtig ist die Wahl geeigneter Kommunikationsmittel, damit jeder Mitarbeiter erreicht wird. Dabei sollte es nicht nur schriftlich, zum Beispiel durch einen Aushang oder durch Dokumente im Intranet, kommuniziert werden. Die schriftliche Kommunikation sollte als Unterstützung und nicht als alleiniges Mittel zur Kommunikation dienen. Die Möglichkeit zur Diskussion des Vorgestellten sollte bestehen, um Mitarbeiter, die nicht in der Erstellungsphase beteiligt waren, für das Leitbild zu gewinnen. Das Ziel besteht zunächst in der Schaffung eines Wir- und Identitätsgefühls. Dies kann Probleme bei Mitarbeitern bereiten, die kritische eigene Positionen zu zentralen Aspekten des Unternehmensleitbilds haben (Matje 1996, S.160f).

Bei der Implementierung kann es geschehen, dass Mitglieder verschiedener Anspruchsgruppen nur schwer zu überzeugen sind. Deren Akzeptanz kann nur durch das tatsächliche leitbildkonforme Handeln im Unternehmen erhöht werden (Matje 1996, Gabele 1981, Häusel 1991, Pless 1999). Dafür ist notwendig, wie in Kapitel 2.2 für das Diversity Management insgesamt schon beschrieben, die Leitbilder, die normalerweise keine konkreten Zielbestimmungen haben, durch Zielvorgaben und Zielvereinbarungen zu konkretisieren. Das bedeutet, die normativ angestrebten Ziele zu operationalisieren. Nach Krell (2001) ist insbesondere die Berücksichtigung von Diversityproblemstellungen nur auf diesem Wege möglich (Krell 2001). Übergeordnetes Ziel bei aller vorhandener Vielfalt ist es dabei, einen „Synchronisationsprozess von individueller und institutioneller Ethik zu erreichen“ (Dierkes und Mützel 1995).

Im Rahmen des Diffusionsprozesses kommt neben der Information und Schulung der Mitarbeiter dem Engagement einzelner Führungskräfte eine besondere Rolle zu (Gabele und Kretschmer 1986). In diesem Tätigkeitsfeld kann eine originäre Führungsaufgabe gesehen werden, die in „strukturelle und personale“ Aktivitäten eingeteilt werden kann (Gabele und Kretschmer 1986, S. 122). Personale Maßnahmen zielen auf die direkte Beeinflussung der Einstellungen, Werthaltungen und Überzeugungen ab und die strukturellen auf die organisationalen Rahmenbedingungen, die die Umsetzung erst ermöglichen. „Ein so verstandenes leitbildorientiertes Management (wird) zu einer, wenn nicht der zentralen Führungsaufgabe“ (Dierkes und Mützel, 1995, S. 781). Nachdem die herausragende Rolle der Führung bei der Leitbildformulierung und Implementierung aufgezeigt worden ist, werden die für die Gestaltung und Umsetzung der diversity-gerechten Unternehmenskultur besonders relevanten Aspekte der Führung im folgenden Abschnitt beschrieben.

6.2 Gestaltungsfaktor Führung

Wie die bisherigen Ausführungen zeigen, sind die Bildung, Erhaltung und Fortentwicklung der Unternehmenskulturen zentrale Aufgabe der Führungskräfte auf allen Ebenen (Dierkes 1988). Unternehmenskulturen leben durch das konsequente Vorleben der Führungskräfte (Fehlau 1997). „Der Führung kommt bei der Entstehung einer Unternehmenskultur eine außerordentlich prägende Rolle zu. […] Kulturen werden durch Vorleben der Führung für alle sichtbar […]. Jedem Verhaltensakt kommt eine symbolische Bedeutung zu, die von den Mitarbeitern aufmerksam auf ihre Übereinstimmung mit in Leitlinien schriftlich deklarierten Grundsätzen hin überprüft wird“ (Bleicher 1996, S. 186, Van Maanen und Kunda 1989, Lasser 1987, Rosenstiel und Stengel 1987). Das unmittelbare persönliche Vorleben der Werte und Verhaltensmuster spielt bei einer Kulturmodifikation eine wesentliche Rolle. Peters und Waterman (1984) gehen sogar davon aus, dass der Aufbau eines klaren Wertesystems eine der größten Leistungen ist, die eine Führungspersönlichkeit überhaupt vollbringen kann. Vom Management wird im Rahmen der Veränderungsprozesse eine Neuausrichtung aller personalpolitischen Instrumente konform zur angestrebten Kultur erwartet (Krell 1994, Scholz 1989). Hieraus ergeben sich neue Ansprüche an die Führungskräfte, die im Folgenden nach einer kurzen begrifflichen Abgrenzung und Definition von Führung erläutert werden. Anschließend werden vorhandene Führungstheorien hinsichtlich ihres Erklärungsgehaltes für eine diversity-gerechte, kulturgestaltende Führung diskutiert.

6.2.1 Definition diversity-gerechter Führung und Einbindung in das integrative Gesamtkonzept

Eine einheitliche, allgemein anerkannte Begriffsbelegung für Führung liegt nicht vor. Was zum einen an der Komplexität des Phänomens an sich und zum anderen an der Abhängigkeit der Begriffsbelegung vom jeweiligen Kulturraum liegt. Eine sehr umfangreiche Übersicht über vorliegende Führungsdefinitionen ist bei Neuberger (2002) zu finden. Sehr häufig anzutreffen sind in den Definitionen die Konstrukte Einflussbeziehung, Verhaltenssteuerung, Kommunikation, Interaktion, Prozess, Rolle, Zielorientierung, Handeln und Motivation. Beispielsweise versteht Steinle (1978, S. 27) unter Führung einen „systematisch-strukturierten Einflussprozess der Realisation intendierter Leistungsergebnisse; Führung ist damit im Kern zielorientierte und zukunftbezogene Handlungslenkung, wobei diese Lenkung sich auf Leistung und Zufriedenheit richtet“. Wunderer und Grunwald (1980, S. 62, Bd. I) beschreiben Führung als „zielorientierte soziale Einflussnahme zur Erfüllung gemeinsamer Aufgaben in und mit einer strukturierten Arbeitssituation“. Die Notwendigkeit, Rahmenbedingungen für die Potenzialentwicklung der Mitarbeiter als Grundlage für ein zielführendes

Handeln zu gestalten, wird in den bekannten Definitionen unzureichend berücksichtigt. Dies bestätigt sich auch bei der Sichtung vorliegender Führungstheorien (vgl. Kapitel 6.2.3). Für die Definition diversity-gerechter Führung ist die Berücksichtigung der verschiedenen Gestaltungsebenen erforderlich.
So soll unter Führung im Rahmen dieser Arbeit in Anlehnung an Steinle (1978) sowie Wunderer und Grunwald (1980) Folgendes verstanden werden:

Diversity-gerechte Führung ist ein sozialer, interaktiver, zukunftsgerichteter Einflussprozess, mit dem Ziel, über Einstellungs- und Verhaltensbeeinflussung einen kulturellen Raum zu gestalten und zu schützen, in dem die ergebnisorientierte Erfüllung gemeinsamer Aufgaben unter der Einbeziehung individueller Fähigkeiten möglich wird. Es können eine normative, eine strukturell-strategische und eine interaktiv-personale Ebene der diversity-gerechten Führung unterschieden werden.

Entsprechend dieser Definition und den noch folgenden Ausführungen über die unterschiedlichen Führungsebenen sowie deren Aufgaben lässt sich die moderierende, verbindende Funktion der Führung zwischen Leitbild und Unternehmenskultur gemäß Abb. 16 visualisieren. Leitbilder „und Führungsgrundsätze sind somit verbindendes formales Glied der Kette Unternehmensphilosophie, Unternehmenspolitik und Unternehmenskultur“ (Hoffmann 1989, S. 169). Die Führung übernimmt eine Moderationsrolle zwischen Leitbild und Kultur (Hoffmann 1989). Zwischen Kultur und Führung besteht eine wechselseitige Beziehung. Zum einen entsteht Kultur durch Führung, andererseits ist Führung ein Teil der Unternehmenskultur und wird auch durch diese beeinflusst (Dierkes 1988, Scholz 1989 und 1994). Eine vorrangige Aufgabe des Managements auf der normativen Ebene ist nicht nur die Formulierung der Basisannahmen oder Grundwerte, die meist in der Form von Leitbildern für Mitarbeiter und Kunden publiziert werden, sondern auch das eindeutige Bekenntnis zu diesen (vgl. Kapitel 2.2).
Auf der strategischen Ebene geht es um die Ausgestaltung der strukturellen Rahmenbedingungen für eine effiziente Umsetzung der angestrebten Ziele bezüglich des Diversity Managements sowie der Gestaltung einer diversity-gerechten Unternehmenskultur. Die direkten, interaktiven, kommunikativen Beziehungen zwischen Führungskraft und Mitarbeitern für die Erreichung der operativen Ziele im Tagesgeschäft sind auf der operativen Ebene angesiedelt. Auf dieser Ebene geht es um den tatsächlichen Umgang mit der Unterschied-

lichkeit im Team und den verschiedenen Ziel- und Sachkonflikten (vgl. Kapitel 3.3).

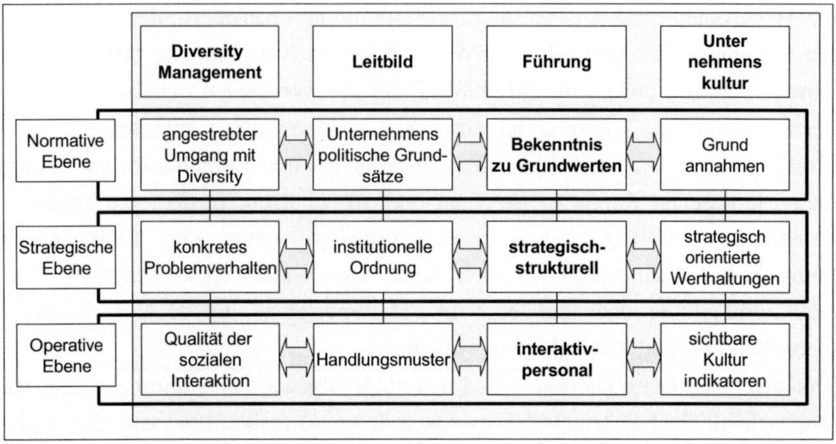

Abb. 16 Neues integratives Gesamtkonzept des Diversity Managements unter Berücksichtigung der Unternehmenskultur sowie der Gestaltungsfaktoren Leitbild und Führung

Nachdem nun die diversity-gerechte, kulturgestaltende Führung definiert und die Einbindung in den Bezugsrahmen vorgenommen wurde, werden im Folgenden die Inhalte einer diversity-orientierten Führung erläutert. Dabei wird die Notwendigkeit für eine Erweiterung vorhandener Führungskonzepte hinsichtlich der Berücksichtigung einer zunehmenden Diversity der Beschäftigten begründet.

6.2.2 Ausgestaltung diversity-gerechter, kulturgestaltender Führung

Die neuen Erwartungen an Führungskräfte und -konzepte zeigen sich in den Erfahrungen der letzten Zeit: Klassisch orientierte Führungskonzepte scheinen den aus Globalisierung und Wettbewerb erwachsenden hohen Anforderungen nicht mehr gerecht zu werden. Die veränderten Wertestrukturen der Mitarbeiter bedingen neue Organisations- und Führungsverständnisse. Notwendig ist ein Managementverhalten zur Steigerung von Selbstwertgefühl und Wertschätzung, um ein Mehr an Kreativität und Innovation zu erhalten (Osterhold 2002). Dementsprechend gilt es, Führungskonzepte zu entwickeln, die den neuen Herausforderungen gerecht werden, um langfristig die Einsatzbereitschaft und Motivation der Beschäftigten zu sichern (Fehlau 1997).

Tab. 4 Inhalte von Managementphilosophien (Bleicher 1996, S. 535)

Lebensweltliche Grundlagen	Reduktionistisches Weltbild	Holistisches Weltbild
Weltanschauung	erklärbare Welt	verstehbare Welt
Menschenbild	ökonomisch rational	sozial-komplex
Raumbild	Suche nach Distanz, konzentrisch	Suche nach Nähe, föderalistisch
Zeitbild	linear, kurzzeitlich	zirkular, langzeitlich
Strukturbild	Mono-Interessenabhängig; Stabilität; inweltorientiert; arbeitsteilig gegliedert; Misstrauen	Multi-Interessenbezug; Flexibilität; umweltorientiert; integrativ vernetzt; Vertrauen
Mitarbeiterbild	hierarchisch; repetitiv-standardisiert; Suche nach Lebenserhaltung; Isolation; Spezialisierung (Tiefe); Mensch als Ware, instrumentalisiert	professionell vernetzt; innovativ- differenziert; Suche nach Sinngebung; sozialer Kontakt; Generalisierung (Breite); Mensch als intelligenter Träger der Entwicklung
Führungsverständnis	Machbarkeit; harte Instrumentenorientierung; autoritative Vorgabe durch wenige; analytische, ergebnisorientierte, reaktive Problemlösung; Intervention	Kultiviertheit; weiche Kulturorientiertheit; partizipative Vereinbarung durch viele; synthetische, musterorientierte, proaktive Problemlösung; Moderation

Der Umgang mit bzw. das Managen der Diversity und Gestalten einer dementsprechenden diversity-gerechten Unternehmenskultur erfordert einen Paradigmenwechsel, weg von einem technokratischen hin zu einem mitarbeiterorientierten Führungsverständnis. Das Ziel ein integratives Diversity Management zu implementieren muss im Einklang stehen mit der Managementphilosophie und den entsprechenden Interpretationen der Umwelt durch das Management (Bleicher 1996, Pless 1999). Tendenziell ist für die Implementierung eines Diversity Managements eine holistische Sicht der Umwelt erforderlich. In der Tab. 4 werden die wichtigsten Merkmale reduktionistisch und holistisch orientierter Managementphilosophien beschrieben. Bei Betrachtung der Tab. 4 wird ersichtlich, dass die Interpretation der „lebensweltlichen

Grundlagen“, insbesondere das grundlegende Menschen- und Mitarbeiterbild, das Strukturbild und Führungsverständnis, entscheidende Einflussgrößen bei der Umsetzung einer vielfaltschätzenden Unternehmenskultur sind. Anhand der Zuordnungen in Tab. 4 lassen sich die Anforderungen an ein diversity-gerechtes, kulturprägendes Führungsverhalten konkretisieren. Die Führungskraft muss den Mitarbeiter mit seiner sozialen Komplexität und innovativen Differenziertheit wahrnehmen. Das bedeutet, den demografischen, organisationsspezifischen, kognitiven sowie affektiven Merkmalen und denen der formellen, individuellen Expertise Rechnung zu tragen und die entsprechenden Potenziale zu fördern (vgl. Kapitel 2.1).
Der einzelne Mitarbeiter wird als kreativer, innovativer Entwicklungsträger angesehen und in die Entscheidungsprozesse einbezogen. Darüber hinaus muss die Führungskraft über Moderationsfähigkeit sowie ein hohes Maß an Kulturorientierung und – sensibilität verfügen. Sie muss Werte vorleben, um Verhalten und Einstellungen langfristig zu verändern.
Mit dieser Sichtweise sind auch Anforderungen an die Mitarbeiter verbunden: Sie übernehmen umfangreiche Verantwortung, zum einen hinsichtlich der Ausübung ihrer Tätigkeit und zum anderen bezüglich der Entwicklung ihrer Fähigkeiten und Potenziale. Letzteres ist vor allem vor dem Hintergrund der flexiblen, dynamischen unternehmensinternen und –externen Strukturen und der damit einhergehenden Veränderung der Qualifikationsprofile relevant.
Einige dieser beschriebenen Aspekte finden sich im kooperativ-delegativen Führungskonzept von Wunderer (2001) wieder. Er unterscheidet drei idealtypische Konzepte:

- Das autokratisch-zentralistische Konzept, in welchem die drei autokratischen K die Führungsfunktion charakterisieren: Kommandieren, Kontrollieren und Korrigieren;
- das kooperative Teamkonzept, in dem die entsprechenden K Kooperieren, Kommunizieren und Koordinieren lauten und
- das erwähnte kooperativ-delegative Konzept, in dem die zentralen Führungsfunktionen durch drei F symbolisiert werden können: Fordern, Fördern und Feedback geben.

In der Praxis werden Mischformen dieser idealtypischen Ausprägungen anzutreffen sein. Anzustreben ist aus der Diversity-Perspektive ein kooperativ-delegatives Konzept, welches den pluralistischen Wertvorstellungen der Mitarbeiter gerecht werden kann. Diesem Führungsverständnis folgend, übernimmt die Führungskraft bei einer Kulturanpassung oder Neuausrichtung die Rolle eines „Herausgebers". Die Führungskräfte konzentrieren sich auf die Formulierung der Mission, der Basis- bzw. Grundannahmen und die Umsetzung in konkrete Wertorientierungen. Die Mitarbeiter übernehmen im „fachlich-professionellen (operativen) Bereich die zentrale Rolle für die inhaltliche Gestaltung" (Wunderer, 2001, S. 172). An dieser Rollenzuweisung wird deutlich, dass im Rahmen dieser Prozesse „die Rolle unterschiedlicher Führungsinstrumente und der Ebenen der Unternehmensführung erkannt und nutzbar gemacht werden müssen" (Dierkes 1988, S. 561). Die oberste Führungsebene oder die Unternehmensleitung hat die Aufgabe, die Umwelt zu beobachten und zu analysieren, um gegebenenfalls eine Diskussion über eine Korrektur der (normativ vorgegebenen) Werte- und Verhaltensmuster einleiten zu können. „Führung hat damit explizit das zur Aufgabe, was sie schon immer intuitiv getan hat, nämlich einen starken und weitgehend geteilten Konsens über Grundwerte zu schaffen, diese aber nicht auf ewig festzuschreiben, sondern an die Veränderung im Umfeld des Unternehmens anzupassen" (Dierkes, 188, S. 561). Voraussetzung sind organisationale, strukturelle Bedingungen, die gegebenenfalls eine Überarbeitung im Sinne einer strategischen Kurskorrektur zulassen und Führungskräfte, die in der Lage sind, die normativ vorgegebenen Werte in den operativen Bereichen umzusetzen (Lynn 1986).

Wichtige Handlungsfelder einer dementsprechenden Führung sind der Aufbau und die Pflege eines effektiven Kommunikationssystems, die Einstellung, die Motivation und die Erhaltung der Leistungsfähigkeit der Beschäftigten (Barnard 1938 zitiert nach Wolf 2005). Diese hergeleiteten Einflussbereiche, die der systemischen Perspektive entsprechen (vgl. Kapitel 4.2), können als die relevanten Handlungsfelder der Führung im Rahmen eines erfolgreichen Diversity Managements bezeichnet werden:

- Aufbau eines effektiven Informations- und Kommunikationssystem, das alle Mitarbeiter erreicht, unabhängig von ihrer Diversität.
- Einstellung von Mitarbeitern unter Berücksichtigung aller diversen Fähigkeiten, unabhängig von sozialen Kategorisierungen und Zuschreibungen.
- Erhalt, Nutzung und Entwicklung der individuellen Kompetenzen und Fähigkeiten der Mitarbeiter.
- Motivation durch entsprechende Gestaltung vielfaltberücksichtigender Zielbildungsprozesse und sozialer Interaktionen.

Die ersten beiden Punkte werden an dieser Stelle nicht weiter unter dem Aspekt „Führung“ behandelt, da es sich hierbei nicht originär um die Wertschätzung der Individualität der Mitarbeiter durch das konkrete Führungsverhalten handelt, sondern um die Anlage struktureller Rahmenbedingungen für die Umsetzung eines Diversity Managements bzw. einer diversity – gerechten Unternehmenskultur. Nach Wunderer (2001) sind die ersten beiden Aufgabenblöcke der „indirekten, strukturell-systemischen Führung“ zuzuordnen, die sich darauf konzentriert, effizienzfördernde Rahmenbedingungen für Vorgesetzte und Mitarbeiter zu schaffen. Die letzten beiden beiden Punkte können der „direkten, personal-interaktiven Führung“ zugerechnet werden, die „über die direkte, situative und häufig auch individualisierte Kommunikation Einfluss auf die Mitarbeiter ausübt“ (ebd. S. 4, 9, 12 und 71).

Die formellen Informations- und Kommunikationsstrukturen, d.h. nicht die individualisierte oder informelle Kommunikation, werden im Rahmen dieser Arbeit als vom interaktiven Führungsverhalten weitestgehend unabhängige Variable gesondert betrachtet (vgl. Kapitel 6.3). Wie die bisherigen Ausführungen deutlich gemacht haben, ist das Management auf normativer, strategischer und operativer Ebene neben der direkten Führung der Mitarbeiter zum einen für die Umsetzung eines Diversity Managements, zum anderen für die Gestaltung der Kultur zuständig.

Im nächsten Abschnitt wird diskutiert, inwieweit vorhandene Führungstheorien den neuen Erwartungen an Führung gerecht werden können.

6.2.3 Erklärungswert vorhandener Führungstheorien für eine diversity-gerechte kulturgestaltende Führung

Eine ausführliche Diskussion der Führungstheorien würde den Rahmen dieser Arbeit sprengen und auch nicht der Zielsetzung gerecht werden. Daher wird in diesem Abschnitt skizziert, welche führungstheoretischen Ansätze relevante Aspekte für ein diversity-gerechtes Führungsverhalten beinhalten. Eine aktuelle und ausführliche Darstellung des Forschungsstandes der Führungstheorien findet sich beispielsweise bei Neuberger (2002) und Wunderer (2001).

Die Konzeptionalisierung der kulturgestaltenden Führung wird in den Führungstheorien nur in sehr geringem Ausmaß und auch nur indirekt in Form sozialer Wirkungen thematisiert. Aufgrund des interdisziplinären Charakters des Diversity Managements sind eine Annäherung aus verschiedenen Perspektiven und die Berücksichtigung von Elementen unterschiedlicher Theorien sinnvoll.

Hinzu kommt, dass bis heute keine Theorie in der Lage ist, das komplexe, dynamische Konstrukt Führung allein zu erklären (Wunderer 2001, Neuberger 2002). Sollen die beschriebenen Anforderungen an ein diversity-gerechtes Führungsverhalten den Führungstheorien zugeordnet werden, ist es zunächst sinnvoll, die vorhandenen Forschungsansätze zu klassifizieren. In Anlehnung an Wunderer (2001) können die Ansätze in vier Kategorien eingeteilt werden: in die personenorientierten, positionsorientierten sowie interaktionsorientierten Theorien und die Situationstheorie der Führung. Abb. 17 visualisiert diese Einteilung.

Sowohl die **positionsorientierten** als auch die **ökonomischen Theorien** der Führung stellen institutionelle Bedingungen in den Vordergrund, weniger die soziale Beziehung zwischen Führungskraft und Mitarbeiter. Deshalb bieten beide Richtungen auf den ersten Blick wenig Erklärungsbeitrag für eine diversity-gerechte Führung. Betrachtet man aber den kulturgestaltenden Aspekt von Führung, gewinnt die **Transaktionskostentheorie** an Bedeutung. Sie könnte grundsätzlich nicht nur den ökonomischen Ansätzen, sondern durchaus auch den interaktiven Theorien zugeordnet werden.

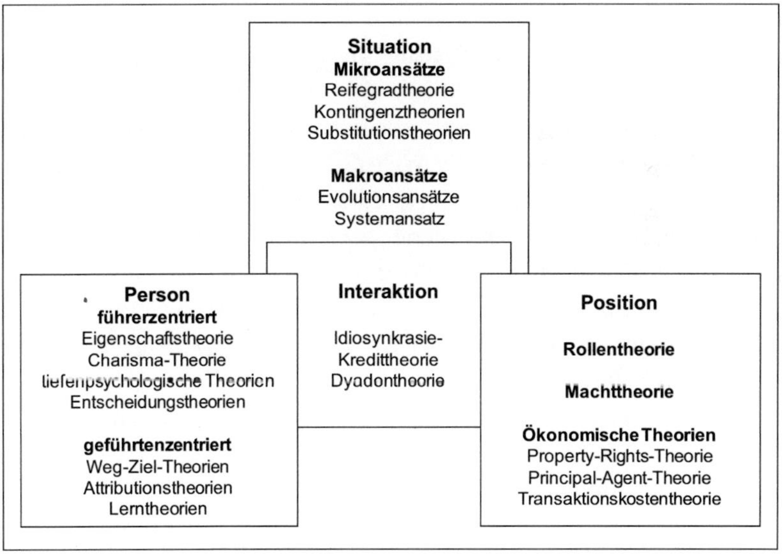

Abb. 17 Kategorisierung der Führungstheorien (Wunderer 2001, S. 274)

Denn im Mittelpunkt steht die Reduzierung der Interaktionskosten (Kommunikations-, Informations-, Vereinbarungs-, Kontrollkosten etc.) zwischen

Mitarbeiter und Führungskraft. Gelingt es, einheitliche Werte und Verhaltensmuster bei den Mitarbeitern zu platzieren sowie in die Handlungsmuster zu integrieren, sinken die Notwendigkeit von Anweisungen und damit die Interaktionskosten (Picot 1995).

Innerhalb der **interaktionsorientierten Ansätze** bietet die **Idiosynkrasie-Kredittheorie** wichtige Hinweise auf das Entstehen von Führerschaft und die Legitimation derselben in (autonomen) Gruppen sowie Interaktionsbeziehungen. Dies ist insbesondere in heterogenen Gruppen von Bedeutung, damit die Führungskraft über die entsprechende anerkannte Autorität verfügt, die in Kapitel 3.3.2 beschriebenen Wertkonflikte auf eine Sachebene zu transformieren. In der **dyadischen Führungstheorie** wird die Relevanz der Beziehungsqualität zwischen Vorgesetztem und Mitarbeiter für die Integration sowie Motivation herausgestellt. „Führung (wird) als wechselseitiger, dynamischer Kooperationsprozess mit hohem Verhandlungscharakter verstanden“ (Wunderer 2001, S. 309). Dieser Ansatz geht von einem differenzierten Führungsverhalten aus und bietet somit eine Begründung für die Führungskraft, sich auf die unterschiedlichen Mitarbeiter im Rahmen eines Diversity Managements einstellen zu müssen.

Da aus der Perspektive des Diversity Managements die Wertschätzung der individuellen Persönlichkeit des Mitarbeiters im Vordergrund steht, versprechen auch die **personenorientierten,** insbesondere die **geführtenorientierten Ansätze**, Erklärungspotenzial. Die **Weg-Ziel-Theorie** beschäftigt sich mit der Wahrnehmung des Führungsverhaltens durch die Geführten und kann auch als situativ orientierte Motivationstheorie bezeichnet werden (Wunderer 2001). Grundsätzlich ist innerhalb des Diversity Konzeptes die Wahrnehmung des Führungsverhaltens durch den einzelnen Mitarbeiter wichtig. Dabei darf aber nicht, wie in diesen Ansätzen üblich, von einem rationalen, kalkulierenden Verhalten der Geführten ausgegangen werden, sondern von unterschiedlichen, durch kulturelle diversity geprägten Bedürfnisstrukturen (Elmerich 2007).

Einen weitaus größeren Beitrag zur Erklärung diversity-gerechter Führung liefern die **Attributionstheorien** und die soziale Lerntheorie der Führung. Erstere liefern Erklärungsansätze für das Verhalten, die Erwartungen sowie Zuschreibungen von Führungskräften und Geführten gleichermaßen. Denn die Attributionstheorien können auch aus einer führerorientierten Perspektive angewendet werden. Im Mittelpunkt steht die zentrale Annahme, dass Führung erst durch die Zuschreibungen und Erwartungen der Mitarbeiter entsteht (Calder 1977). Demnach wird eine Führungskraft nur dann als Autorität anerkannt, wenn ihre Verhaltenweisen mit den Vorstellungen der Mitarbeiter bezüglich eines angemessenen Verhaltens einer Führungskraft übereinstimmen. Aus der führerzentrierten Perspektive geht es um die Leistungsbeurteilung der Mitarbeiter, die umso positiver ausfällt, je höher die Beziehungsqualität zwischen Führungskraft und Geführtem ist. So liefert diese Forschungsrichtung einen wichtigen Beitrag für die Analyse von Motivationsprozessen, reicht allein aber nicht aus, um das komplexe Führungsverhalten zu erklären oder vorherzusagen. Genauso unzureichend als eigenständiger Erklärungsansatz ist die **soziale Lerntheorie** anzusehen, auch wenn sie einen wichtigen Beitrag hinsichtlich des Diversity Managements liefert. Denn sie gibt Erklärungen und Gestaltungsmöglichkeiten für Selbstlern- und Selbststeuerungsprozesse, in denen der Vorgesetzte „situationsgerechte Rückmeldungen und soziale Verstärkungen" bieten und eine Vorbildrolle hinsichtlich formulierter Werte und Verhaltensmuster übernehmen muss. Nachdem das Erklärungspotenzial der geführtenorientierten Ansätze skizziert wurde, werden nun die führerorientierten Theorien hinsichtlich ihres Beitrages zu einer diversity-gerechten Führung dargestellt.

Die **Eigenschaftstheorie**, die nach Delhees (1995) als individualpsychologisch bezeichnet werden kann, sieht den Führungserfolg als Ergebnis der persönlichen Eigenschaften des Führenden. Auch wenn dieser Sichtweise in der Praxis nach wie vor Bedeutung zukommt, wird sie der Komplexität einer diversity-gerechten Führung nicht gerecht (House et. al 1991). Neben den intra- und extraorganisationalen Rahmenbedingungen wie Struktur, Organisation und Kultur müssen die Eigenschaften der Mitarbeiter berücksichtigt werden. Denn gerade über die Kernkompetenzen wie die „Gestaltungs-, Umsetzungs- und Sozialkompetenz" können Mitarbeiter in gleichem Maße wie Führungskräfte verfügen (Wunderer 2001, S. 276). Eine unzureichende Berücksichtigung der Geführten ist auch in den **entscheidungstheoretischen Ansätzen**, zu denen u. a. der Ansatz von Vroom und Yetton (1973, Neufassung 1988 von Vroom und Jago) zählt, zu beobachten. Insbesondere die stark normative Variante mit vorgegeben Entscheidungsregeln und Situationsaspekten von Vroom und Yetton kommt für die Erklärung der Führung „angesichts der real bestehenden Komplexität und nicht zuletzt sozialen Vernetztheit der Problemstrukturen an ihre Grenzen" (Wilpert 1987, Sp. 763).

Weder die Rolle der Rahmenbedingungen noch die der Geführten wird in den **tiefenpsychologischen Ansätzen** thematisiert. Diese Konzepte sind weniger eine eigenständige theoretische Ausrichtung als Hilfskonstrukte für eine

differenziertere Wahrnehmung der Eigenschaften von Führungspersönlichkeiten in den anderen Ansätzen. Denn sie bieten „Kategorisierungsschemata zur Klassifikation von Führungskräften“ (Wunderer 2001, S. 280).
Im Zusammenhang mit dem Kulturansatz erleben das „emotional getragene Führertum und die **charismatische Führung**“ eine Wiederentdeckung (Krell 1994, S. 259). Nach House und Shamir (1995) vermitteln charismatische Führer Visionen. Sie gestalten Werte und Verhalten und können so umfassenden Wandel initiieren. Insbesondere in Krisensituationen, Transformationsprozessen und bei angestrebten Innovationen wirkt sich charismatische Führung positiv aus. In empirischen Untersuchungen zeigte sich der Erfolg charismatischer Führung in einer erhöhten Aktivität und Leistungsqualität der Geführten (House und Shamir 1995). Nachteil einer charismatischen Perspektive der Führung ist die überhöhte Bedeutung, die der Führungskraft zugeschrieben wird (Wunderer 2001). Dies läuft vor allem den Bestrebungen nach mehr Partizipation und Autonomie der Mitarbeiter entgegen. Sinnvoller ist daher eine Anlehnung an die Ausführungen von Bass (1985), in dessen Theorie der **transformierenden Führung** Charisma eine Komponente von mehreren anderen ist. Einige Autoren verwenden die Begriffe charismatische und transformierende Führung synonym (Neuberger 2002), was aber der mitarbeiterorientierten Komponente der transformierenden Führung nicht gerecht wird. Denn in ihrer idealtypischen Ausprägung berücksichtigt sie die individuellen Bedürfnisse der Mitarbeiter. Gegenstand der transformierenden Führung sind die Förderung und Motivation der Mitarbeiter, die Anliegen der Gemeinschaft, die soziale Identifikation, eine lernende Organisation sowie die Etablierung von Systemen als auch Verfahren, die einer kontinuierlichen Prüfung unterzogen werden (Neuberger 2002). Führungskräfte übernehmen in der Rolle von Moderatoren eine Orientierungs- und Motivationsfunktion. Führung erfordert, neben einem kooperativen sowie delegierenden Führungsstil zunehmend soziale und persönliche Kompetenz und damit ein gewisses Charisma. Neben dem Charisma werden drei weitere Techniken der transformierenden Führung von Bass und Aviolo (1990) beschrieben. Dabei handelt es sich um Inspiration, intellektuelle Stimulation und individualisierte Fürsorge. Hinsichtlich eines Diversity Ansatzes kommt vor allem dem letzten Aspekt Bedeutung zu. Die transformierende Führung besitzt hinsichtlich einer kulturgestaltenden Führung mit dem Ziel, die Mitarbeiter über gemeinsame Sach- und Oberziele in das Unternehmen einzubinden, einen hohen Erklärungswert. Damit ist nicht gemeint, die Mitarbeiter alle anzugleichen und zu homogenisieren, aber das Bekenntnis zu gemeinsamen zentralen Werten ist,

wie die Ausführungen in Kapitel 3.3.2 zeigen, unabdingbar. Aretz und Hansen (2002, S. 38) beschreiben dies mit der Möglichkeit, trotz der Unterschiedlichkeiten „eine Art von Ähnlichkeit, wahr(zu)nehmen, wenn die kontextspezifische Funktionalität kultureller Andersartigkeit nachvollzogen und verstanden werden kann."

Alle bisher vorgestellten Theorieansätze bieten Erklärungen für Teilaspekte einer diversity-gerechten Führung. Vor allem bezüglich der Austauschbeziehung zwischen Geführten und Führendem sowie der Wahrnehmung des Führungsverhaltens von Seiten der Mitarbeiter finden sich viele Beschreibungen. Unberücksichtigt bleibt aber der situative Gesamtkontext, der für die Diversity-Perspektive unabdingbar ist. Es handelt sich dabei um ein Phänomen, welches primär von außen durch veränderte Rahmenbedingungen, neue Herausforderungen für die Führungskräfte bietet. Dieses wird in den **situationsorientierten Ansätzen**, insbesondere in den **makrosituationalen Konzepten** berücksichtigt. Braedel-Kühner (2005) diskutiert die Führungstheorien hinsichtlich ihrer grundsätzlichen Relevanz für ein individualisiertes, an den Bedürfnissen der Mitarbeiter orientiertes Führungskonzept. Sie konzentriert sich auf das Diversity-Merkmal Alter und kommt zu dem Ergebnis, dass ein situatives, individuelles Führungsverhalten bevorzugt wird, um den Bedürfnissen älter werdender Mitarbeiter gerecht zu werden.

In den situationsbezogenen Theorien werden „Einflussvariablen auf der Mikro- und Makroebene auf den Führungserfolg" betrachtet (Wunderer 2001, S. 309). Dabei stehen in den Mikroansätzen organisationale Strukturvariablen im Mittelpunkt. Zu dieser Richtung lassen sich die Reifegradtheorie von Hersey und Blanchard (Lindstädt 2004), das Kontingenzmodell von Fiedler und die Theorien über die Substitution direkter sowie indirekter Führung zählen (Fiedler 1967). In den Makroansätzen situativer Führung wird der Kontingenzrahmen um organisationsexterne Einflussvariablen erweitert, was hinsichtlich möglicher extern bedingter Motive für ein Diversity Management wichtig ist. Neben den **evolutionstheoretischen Ansätzen**, in denen die Veränderungs- sowie Entwicklungsprozesse in und von Organisationen thematisiert werden, sind dieser Kategorie noch die **neueren Systemansätze** zuzuordnen. In diesen Ansätzen wird von einer wechselseitigen Einflussbeziehung zwischen Organisation und Umwelt ausgegangen. „Führung bedeutet in diesem Zusammenhang in erster Linie die Schaffung von Rahmenbedingungen, in denen die Organisationsmitglieder eigenverantwortlich und selbstorganisierend agieren können"

(Wunderer 2001, S. 318). Diese Perspektive ist somit in guter Weise geeignet, den Gegenstand diversity-gerechter, kulturgestaltender Führung zu beschreiben. Zusammengefasst kann festgestellt werden, dass in einigen führungstheoretischen Konzepten Erklärungen für die diversity-gerechte Führung enthalten sind. Aufgrund der Bedeutung der Rahmenbedingung „veränderte Umweltsituation“ für das Diversity Management ist eine systemisch-situativ orientierte Betrachtung des Führungsverhaltens besonders zielführend. In dieser Forschungsrichtung wird Führung als komplexes, multidimensionales, reflexives und dynamisches Phänomen begriffen, was allerdings die empirische Erfassung nicht erleichtert.

Trotz der in Kapitel 6.2.1 vorgenommenen ergebnisorientierten Definition der Führung ist eine direkte Zuordnung des Führungsverhaltens zum Unternehmenserfolg schwierig. Auf der operativen Ebene kann der Erfolg in Form des wahrgenommenen Führungsverhaltens und der empfundenen Wertschätzung indirekt durch einen geeigneten Indikator erfasst werden (vgl. Kapitel 6.5). Aus der Perspektive des Diversity Managements ist es wichtig, inwieweit der Vielfalt tatsächlich im Miteinander des Tagesgeschäftes Rechnung getragen wird. Die Führungskraft muss dem Mitarbeiter das Gefühl geben, seine individuellen Kompetenzen und Fähigkeiten nutzen bzw. sie bei seiner täglichen Arbeit im Sinne einer übergeordneten Zielerreichung einsetzen zu können. Darüber hinaus gilt es unter Berücksichtigung der individuellen Ressourcen, die persönlichen Entwicklungen zu fördern. Zusammengefasst muss es dem Vorgesetzten gelingen, die persönlichen Motive der Mitarbeiter anzusprechen und im Sinne der unternehmerischen Zielerreichung zu aktivieren.

Die Generierung der Indikatoren sowohl für die diversity-orientierte Führung als auch für das grundlegende Leitbild erfolgt in Kapitel 6.5 dieser Arbeit. Zunächst wird nun die Rolle der formellen Kommunikations- und Informationsstruktur für die Kulturgestaltung beschrieben. Wie die bisherigen Ausführungen verdeutlichen, kommt dieser Einflussgröße sowohl für eine erfolgreiche Leitbildumsetzung, als auch für die Gestaltung der Führung und Kultur eine wichtige Bedeutung zu.

6.3 Gestaltungsfaktor Kommunikation

Hinsichtlich des Diversity Managements sind drei Aspekte der Kommunikation zu betrachten. Zum einen ist die strukturelle und formelle Ausgestaltung der internen sowie auch externen Kommunikation zu analysieren, die grundsätzlich darüber entscheidet, ob sich sämtliche Empfänger, unabhängig von ihrer kulturellen Diversity, wirklich angesprochen fühlen und erreicht werden. Die Ausprägung der Kommunikation kann als Merkmal für die Organisationsform auf dem in Kapitel 4.2 erläuterten Kontinuum zwischen mono- und multikulturellen Organisationen herangezogen werden. Und zum anderen gilt es, die (strategische) Rolle der Kommunikation in Leitbilderstellungs-, Diffusions- und Kulturtransformationsprozessen zu berücksichtigen. Im Zusammenhang mit der kulturgestaltenden Wirkung von Kommunikation müssen zusätzlich die informellen Kommunikationsprozesse und Netzwerke berücksichtigt werden. Dysfunktionalitäten und Kommunikationsbarrieren, die sowohl struktureller als auch sozialer, persönlicher Art sein können, gilt es frühzeitig zu erkennen und zu reduzieren. Bevor auf die kulturellen Aspekte der Kommunikation eingegangen werden kann, ist zunächst eine Konkretisierung des Begriffes der betrieblichen Kommunikation erforderlich.

6.3.1 Definition und Aspekte betrieblicher Kommunikation aus der Diversity-Perspektive

Grundsätzlich kann unter Kommunikation ein wechselseitiger Austausch von Informationen verstanden werden. Dabei geht es nicht nur um das (Mit-) Teilen (communicare, lat. = etwas mit jemandem teilen) von Informationen, sondern auch von Emotionen, Vorstellungen, Meinungen und Verhalten (Scholz 1989, Blom und Meier 2002). So gesehen kann Kommunikation als von der individuellen Wahrnehmung abhängiger, komplexer, psychischer Prozess aufgefasst werden (Franken 2004). Nach Watzlawick et al. (1972) ist Kommunikation eine Interaktion zwischen zwei oder mehr Personen, wobei als Interaktion der wechselseitige Austausch von Mitteilungen zu verstehen ist. Im betriebswirtschaftlichen Sinne werden Mitteilungen und Nachrichten dann zu Informationen, wenn sie zweckorientiertes Wissen beinhalten (Wittmann 1959). In der kommunikationstheoretischen Literatur wird unterschieden zwischen der technischen-organisatorischen Kommunikation, die maßgeblich durch die Arbeiten von Shannon und Weaver (1949, zit. nach Staehle 1994, S. 280) bestimmt wurde und der verhaltenswissenschaftlichen, sozialen Kommunikation, die auf dem grundlegenden Beitrag von Watzlawick (1985) beruht. Gegenstand der Theorien über die technischen Aspekte der Kommunikation ist die quantitative Erfassung und Beschreibung der Struktur der Informationsübermittlung. Mit der sozialen Kommunikation hingegen sind der „zwischenmenschliche Austausch von Mitteilungen, Gedanken und Gefühlen (auch nichtverbaler Art), sowie die Fähigkeiten von Menschen in Gruppen soziale

Beziehungen zu unterhalten“ (Staehle 1994, S. 281) gemeint. Die technische Richtung konzentriert sich folglich auf den rationalen Inhaltsaspekt, die soziale auf die menschlichen Verhaltensweisen in Kommunikationsprozessen. Die Arbeiten von Schulz von Thun (1981 und 2003) und Wahren (1987) weisen auf die vorrangige Bedeutung der verhaltenswissenschaftlichen Komponente der Kommunikation für Managementprobleme hin, die lange unterschätzt wurde. Dabei darf aber nicht übersehen werden, dass die „physikalisch-technische Situationsgestaltung“ elementare Voraussetzungen für die Kommunikation in Arbeitsgruppen schafft (Gebert und v. Rosenstiel 2002, S. 154). Die Organisationsstruktur beeinflusst über die Hierarchie und die Arbeitsteilung maßgeblich die Wahl der Kommunikationskanäle, Kommunikationshäufigkeit sowie Inhalte, somit auch die Ver- und Entschlüsselung (Gebert und v. Rosenstiel 2002). Die Kommunikationshäufigkeit beeinflusst die Gruppenkohäsion. Deren Bedeutung für das Diversity Management wurde in Kapitel 3.3.1 dieser Arbeit erläutert. Die sozialen Komponenten der Kommunikation beruhen auf der Nutzung verschiedener Kommunikationsmedien, wie Sprache, Zeit, Raum, Gegenstände und Körper (Staehle 1994). Kommunikation kann über verbale, para- oder nonverbale Kanäle stattfinden (Franken 2004). So soll im Rahmen dieser Arbeit Folgendes unter betrieblicher Kommunikation verstanden werden:

Menschliche Kommunikation mit unternehmensinternen und externen Partnern ist eine wechselseitige Interaktion in verbaler oder non verbaler Form mittels unterschiedlicher Medien. Sie hat ein gemeinsames Verständnis über den Kommunikationsgegenstand (Nachricht oder Information) zum Ziel und wird von individuellen Wahrnehmungsunterschieden beeinflusst.

Die Kommunikation spielt in Unternehmen eine große Rolle. Aus empirischen Studien ist bekannt, dass Manager über 60 % ihrer Arbeitszeit mit verbaler Kommunikation verbringen (Kurke und Aldrich 1983), dennoch fühlt sich ein Großteil der Mitarbeiter unzureichend informiert, wie demoskopische Untersuchungen zeigen (Nölle-Neumann und Strümpel 1984). Diese Diskrepanz ist mit der Abhängigkeit der Wirkung der Kommunikation vom Verständnis des Empfängers zu erklären. „Erfolgreiche Kommunikation entsteht erst dann, wenn die Botschaft, so wie sie vom Sender gemeint wurde, auch vom Empfänger verstanden wird“ (Blom und Meier 2002, S. 74). Es muss unterschieden werden zwischen der „Verteilung von Informationen im Einwegverfahren und echter, menschlicher Kommunikation, die letztlich nur auf dem Weg des Dialogs im direkten Gespräch der Menschen miteinander stattfinden kann“ (Doppler und

Lauterburg, 2002, S. 337). Doch auch die direkte Kommunikation führt nicht immer zur gewünschten Informationsaufnahme. Aufgrund unterschiedlicher kultureller Prägungen der Kommunikationspartner kann es zu Missverständnissen kommen. Fehldeutungen entstehen durch sprachliche Probleme sowie Wahrnehmungsunterschiede. Informationsüberlastungen können kognitive und emotionale Dissonanzen verursachen (Lindstädt 1999).

Wahrnehmungsunterschiede sind besonders prekär, wenn die kulturelle Diversität gering ist und nicht offensichtlich (Blom und Meier 2002). Auch geringe Unterschiede in der Wahrnehmung erfordern sensible Rückkoppelungsprozesse zwischen Sender und Empfänger über das erzielte Verständnis der ausgetauschten Informationen. Mit zunehmender Arbeitsteilung bzw. Funktionsdifferenzierung erhöhen sich die Kommunikationsstörungen (Lawrence und Lorsch 1967). Eine diversity-bedingte Perspektivenvielfalt ist zum einen mit einem Kreativitätspotenzial, zum anderen aber auch mit Kommunikationsbarrieren verbunden (Lorsch et al. 1974). In Abb. 18 werden der Kommunikationsprozess und die möglichen Störungen durch Wahrnehmungsfilter dargestellt.

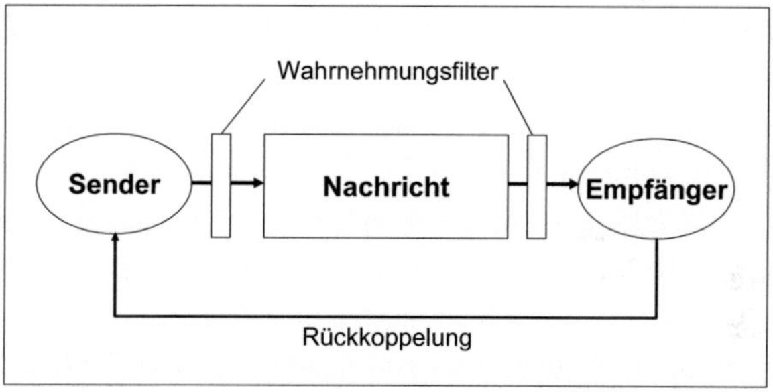

Abb. 18 Sender-Empfänger-Modell der Kommunikation in Anlehnung an Franken (2002, S. 149)

Die Nachricht wird vom Sender über Worte oder andere Signale verschlüsselt. Der Empfänger entschlüsselt die Nachricht, wenn er den Code des Senders versteht (Blom und Meier 2002). Sowohl dieses Verstehen als auch das Codieren an sich hängt neben dem sprachlichen Verständnis von den persönlichen Merkmalen (Erfahrungen, Interessen, Alter, Geschlecht, Wissen, Bildung etc.) und den kulturellen Prägungen der Kommunikationspartner ab. Zusätzlich werden die spezifischen Wahrnehmungsfilter durch die jeweiligen Ziele, Einstellungen und Einschätzungen von Sender und Empfänger, z.B. in Form von Stereotypen und Vorurteilen, beeinflusst (Franken 2004, Blom und Meier 2002). Die Nähe oder Distanz zwischen den Kommunikationspartnern wird auch durch die Sprachen und das gebrauchte Vokabular beeinflusst. „Our accent within [...] language identifies our social class or place of origin, and our choice of vocabulary links us to certain subgroups" (Josselson 1992, S. 180). Mit der Rückkoppelung über die ausgetauschte Information oder Nachricht wird dem Sender die Möglichkeit gegeben, zu überprüfen, ob seine Botschaft richtig verstanden worden ist. In diesem Feedback – Prozess werden die Rollen zwischen Sender und Empfänger getauscht.

Watzlawick et al. (1972) unterscheiden in diesem Zusammenhang zwischen dem Beziehungs- und Inhaltsaspekt der Kommunikation. Mit dem Inhaltsaspekt verbinden sie die Ebene des (rationalen) Verstandes, der sachlichen Fakten und der Ergebnisse, mit dem Beziehungsaspekt die emotionale Ebene, auf der sich das Verhältnis zwischen den Kommunikationspartnern abspielt. Durch die emotionale Komponente wird zu einem großen Teil bestimmt, wie die Botschaft vom Empfänger wahrgenommen und verstanden wird. Häufig weichen die Aussagen von Inhalts- und Beziehungsebene voneinander ab, beispielsweise wenn nonverbales und verbales Verhalten voneinander abweichen. Die Körpersprache drückt das Empfinden gegenüber dem Kommunikationspartner u. U. ehrlicher aus als die Worte. Nonverbale Signale ergänzen die gesprochenen Worte, manchmal ersetzen sie diese sogar. Besondere Bedeutung kommt diesem Aspekt bei vorhandener kultureller Diversity zu. Gesten, Mimik, Körperdistanz, Kleidung, Blickkontakt, Stimmregulation und Gesprächsregulierung besitzen in unterschiedlichen Kulturräumen verschiedene Stellenwerte und Bedeutungen (Henderson 1994, Blom und Meier 2002). In Westeuropa ist es üblich, seine Zustimmung durch Blickkontakt auszudrücken, Amerikaner tun dies eher mit einem Kopfnicken. Missverständnisse entstehen auch im verbalen Bereich bei eigentlich angenommenem „Beherrschen" einer Fremdsprache: In Russland bedeutet „Freiheit" die Freiheit in Gruppen, in Amerika ist damit die individuelle und politische Freiheit gemeint. Im Rahmen eines Diversity Managements muss Sensibilität für diese möglichen Fehlerquellen in expliziten und impliziten Kommunikationsprozessen berücksichtigt werden. Führungskräfte und Mitarbeiter müssen auf diese Kommunikationsbarrieren in Form von Wahrnehmungsfiltern hingewiesen werden. Sie haben zu lernen, „how to [...] communicate effectively with colleagues who are becoming more diverse" (Kikoski und Kikoski 1996, S. 7), damit alle Beteiligten besser miteinander kommunizieren (auch Argyris 1999). Dies gilt sowohl für die mündliche als auch für die schriftliche Kommunikation, die hinsichtlich der Vermittlung eines Leitbildes und einer Kulturtransformation wichtig ist.

Zur Vermittlung der Unternehmenskultur wird von Scholz (1989) zwischen der schriftlichen und mündlichen Kommunikation unterschieden. Die schriftliche Kommunikation der zentralen Werte kann beispielsweise in Form „hausinterner Mitteilungen, Memos und Artikel in der Betriebszeitung" geschehen (Scholz 1989, S. 424). Kennzeichen der mündlichen Kommunikation sind soziale Nähe und ein wechselseitiger Informationsaustausch. In Vorträgen und Präsentationen kann vielen Mitarbeitern gleichzeitig die Kultur vermittelt werden. Durch die Form der Darstellung können die Inhalte verstärkt werden. Gleichwohl sind informelle Gespräche in Kleingruppen bezüglich der Kulturvermittlung sehr effektiv. Denn in dieser Situation ist eine sofortige Rückkoppelung zwischen Sender und Empfänger möglich, was, wie ausgeführt, zu einer besseren inhaltlichen Transparenz und damit zum Verständnis beiträgt (Scholz 1989). Auch kann in der direkten, verbalen Kommunikation die Wirkung ebenfalls durch nonverbale Akzente verstärkt werden. Mehrabian (1982) zeigte, dass sich der Gesamteinfluss einer Botschaft zu 7 % auf die Worte, zu 38 % auf die Gesprächsregulierung sowie Stimmintonation und zu 55 % auf nonverbale Signale zurückführen lässt. So wird auch verständlich, warum Menschen durch direkte Kommunikation besonders gut und schnell lernen sowie ihr Verhalten ändern (Doppler und Lauterburg 2002).

Zusammengefasst ist eine diversity-gerechte Kommunikation durch eine hohe Sensibilität für kulturelle Unterschiede im Kommunikationsverhalten gekennzeichnet. Zur Vermeidung kultureller Kommunikationsbarrieren sind Rückkoppelungen in den Kommunikationsprozessen erforderlich. Dabei sind die vielfältigen kulturellen Diversitäten und damit verbundenen Interpretationsmuster und Wahrnehmungsfilter zu berücksichtigen. Nachdem nun die diversity-relevanten Aspekte der Kommunikation erläutert worden sind, wird im folgenden Abschnitt die Einflussbeziehung zwischen Kommunikation und einer diversity-gerechten Unternehmenskultur konkretisiert, um eine Einordnung in das integrative Gesamtkonzept vornehmen zu können.

6.3.2 Einordnung der Kommunikation in das integrative Gesamtkonzept

Der Kommunikation kommt in Veränderungsprozessen eine wichtige Aufgabe zu (Doppler und Lauterburg 2002, Kieser et al. 1998; Hauser und Werani 2001, Steinle et al. 2001). „Der Austausch von Informationen und Meinungen gehört zu den wichtigsten Voraussetzungen einer erfolgreichen Zusammenarbeit – Kommunikation wird damit zum konstituierenden Merkmal jeder Unternehmenskultur“ (Fehlau 1997, S. 26). Die Umsetzung eines Leitbildes zur Initiierung einer Kulturveränderung kann als Kommunikationsprozess verstanden werden (Kieser et al. 1998). Die Ausführungen über das Leitbild haben die Vorbildfunktion der Führungskräfte in diesem Prozess verdeutlicht (vgl. Kapitel 6.1.3). „Eine Vision (oder ein Leitbild) kann nicht durch die Ausübung von Zwang oder Macht in einer Organisation etabliert werden. Es ist mehr ein Akt der Überzeugung“ (Bennis et al. 1995, S. 60). Grundlage jedes organisatorischen Wandels ist, laut des organisationalen Lernansatzes von Kim (1993), eine kollektive Veränderung mentaler und kognitiver Modelle, um die Wahrnehmung (-sfilter) zu verändern. Dieser Ansatz kann aus der kommunikationstheoretischen Perspektive dem Konzept von Watzlawick (1974) zugeordnet werden. Das Leitbild bietet in einem derartigen Prozess Interpretationsschemata und vermittelt neue Sinnzusammenhänge (Kieser et al 1998). Zu Beginn des Veränderungsprozesses ist eine vage Kommunikation in Form von Metaphern und Symbolen hilfreich. Im Verlauf des Prozesses muss sie aber konkreter werden und an den Kommunikationsbedürfnissen der einzelnen Adressaten (-gruppen) orientiert werden. „It is critically important to communicate to all employees in specific terms precisely what the corporate value system is, especially in periods of change” (Tunstall 1983, S. 23). Der Kommunikationsprozess zur Leitbildeinführung darf nicht auf einem einseitigen Sender-Empfänger-Modell basieren, sondern erfordert einen mehrstufigen Prozess mit Möglichkeiten zu Rückkoppelung. Nur in einem intensiven Dialog können gemeinsame Überzeugungen mit den Mitarbeitern erarbeitet und Akzeptanz für das Leitbild erreicht werden (Witzer 1992, Dieschburg und Maintz 2000, Hauser und Werani 2001). Die Art und Weise der Kommunikation ist erfolgsentscheidend für die Umsetzung des Leitbildes und damit auch der Kultur (Ledford 1996). „Der erste Schritt, eine gemeinsame Vision (oder Leitbild) zu erreichen, besteht in der Bereitschaft, mit anderen über deren Anwendung im lokalen Kontext zu kommunizieren“ (Fairhurst und Sarr 1996, S. 51). Dieses Zitat spricht indirekt die Bedeutung der horizontalen Kommunikation für die Umsetzung und das Verständnis des Leitbildes an. Durch einen horizontalen Austausch können positive Erfahrungen, die in einzelnen Bereichen des Unternehmens mit dem neuen Leitbild bereits gewonnen wurden, auf andere Abteilungen übertragen werden. So kann eine bereits in einigen Teilbereichen gelebte „Unternehmenskultur […] dazu beitragen, Kommunikationsbarrieren abzubauen und wechselseitiges Vertrauen zu schaffen. Nur wenn Informationen weitergegeben und Entscheidungsprozesse transparent gemacht werden, kann sich eine Atmosphäre entwickeln, die einen angstfreien Austausch von Meinungen und Ideen möglich macht" (Fehlau 1997, S. 26). Wichtig ist folglich eine horizontal und vertikal durchlässige Kommunikationsstruktur. Die Verzahnung der Managementebenen bezüglich der inhärenten kommunikativen Prozesse gelingt beispielsweise über entsprechende Zielvereinbarungen (Steinle et al. 2001). „Beispielhaft kann in diesem Zusammenhang eine Kommunikationskette angeführt werden, in der die auf der Unternehmungsebene intendierte und im Leitbild festgehaltene offene Kommunikationskultur zu einem intensiven bereichsübergreifenden Kommunikationsfluss führt (und) eine nachhaltige Interaktion (über alle Unternehmensebenen hinweg) bewirkt" (Steinle et al. 2001, S. 356).

Übertragen auf das integrative Gesamtkonzept des Diversity Managements, kann die Kommunikation als Einflussfaktor zwischen Führung und Unternehmenskultur eingebunden werden. Grundsätzlich sind aufgrund der gegenseitigen Abhängigkeit der Konstrukte auch andere Konstellationen denkbar. Explizit zu erwähnen ist in diesem Zusammenhang die direkte Beziehung zwischen Leitbild und Kommunikation, wenn im Leitbild ausdrücklich Aussagen zur angestrebten Kommunikation getroffen werden. Untersuchungen von Steinle et al. (2001) zeigen allerdings einen stärkeren Einfluss der Unternehmenskultur auf die Kommunikation. Daher ist die in Abb. 19 dargestellte Anordnung aufgrund der bisherigen Ausführungen durchaus schlüssig. Wegen der besseren Übersichtlichkeit wurde in Abb. 19 auf die erneute Darstellung der Ebenen in der Grafik verzichtet. Auf der oberen Ebene geht es um (normative) Aussagen der Unternehmensleitung zum angestrebten Ausmaß und der technisch-organisatorischen Struktur der Kommunikation.

Ein klares Bekenntnis der Unternehmensleitung zu flachen, bereichsübergreifenden Kommunikationsstrukturen ist hinsichtlich der Berücksichtigung der Diversity sinnvoll. Symbol können hierfür beispielsweise „offene Türen" der Geschäftsleitung für alle Mitarbeiter sein, dem Symbol müssen aber adäquate Verhaltensweisen folgen. Diese Festlegungen bzgl. der angestrebten Kommunikation müssen im Einklang mit dem Leitbild, der angestrebten Unternehmenskultur, dem Führungsverhalten und dem angestrebten Umgang mit der Diversität stehen. Auch werden auf dieser normativen Ebene Aussagen zur externen Kommunikation mit Kunden, Lieferanten und Shareholdern getroffen. Ziel der externen Kommunikation sind neben der schon beschriebenen Legitimationsfunktion (vgl. Kapitel 3.1 und 6.1.2) zum einen die Informationsbeschaffung, d.h. das Erkennen der Bedürfnisse der Märkte, der

Veränderungen auf den Märkten und der eigenen Akzeptanz auf den Märkten, zum anderen die Mitteilung der eigenen Leistungen und des angestrebten Profils (Doppler und Lauterburg 2002).

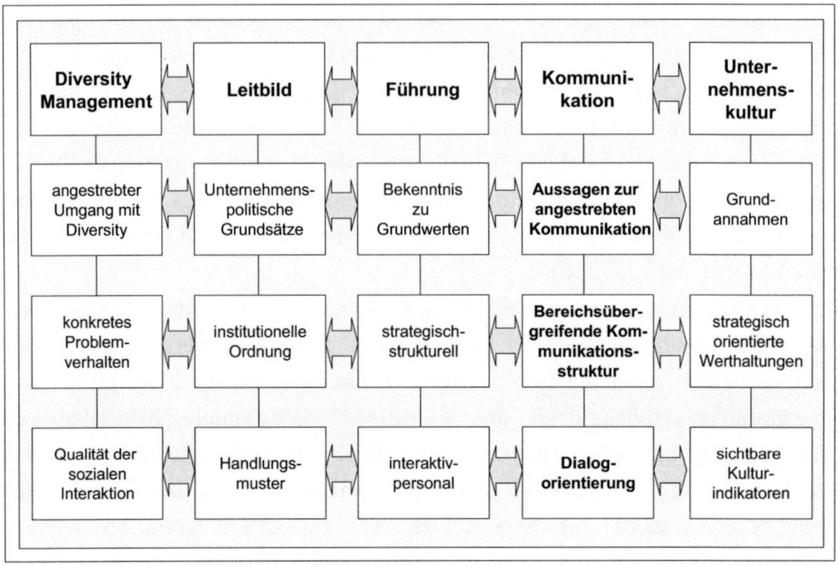

Abb. 19 Neues integratives Gesamtkonzept des Diversity Managements unter Berücksichtigung der Gestaltungsfaktoren Leitbild, Führung und Kommunikation

Die angestrebte bereichsübergreifende, flache Kommunikationsstruktur gilt es sowohl auf der strategischen Ebene in vertikaler als auch horizontaler Hinsicht umzusetzen. Dies ist verbunden mit der Einführung „offener, flexibler und innovativer Kommunikationsmuster“ (Steinle et al. 2001, S. 356), mit denen sich alle Mitarbeiter unabhängig von ihrer kulturellen Diversity identifizieren können.

Die Dialogorientierung auf der operativen Ebene meint zum einen non-direktive Mitarbeitergespräche, die auf tatsächlichen Austausch gerichtet sind, und zum anderen das bewusste Schaffen von „Freiräumen für die informelle Kommunikation der Mitarbeiter untereinander“ als Elemente einer offenen Unternehmenskultur (Steinle et al. 2001, S. 358). Um insgesamt eine offene, diversity-gerechte Kommunikation mit entsprechenden Strukturen einzuführen, ist die Förderung der kommunikativen

Fähigkeiten aller Führungskräfte und Mitarbeiter erforderlich. Die vorhandenen Kommunikationsprozesse und Strukturen sind bezüglich ihrer Durchgängigkeit zu überprüfen. Die Identifikation der Mitarbeiter mit der Kommunikations- und Unternehmenskultur kann durch eine gezielte Gestaltung des Organisationsklimas unterstützt werden. Dies zeigen die Ausführungen im nächsten Abschnitt.

6.4 Gestaltungsfaktor Diversity Klima

Bevor der Begriff des Diversity Klimas hergeleitet und die Beziehungen zwischen Organisations- bzw. Diversity Klima und Unternehmenskultur konkretisiert werden, soll zuerst zwischen den Begriffen Organisations- versus Betriebsklima differenziert werden. Auch wenn die Begriffe häufig synonym verwendet werden, gibt es doch in der neueren Literatur eindeutige Abgrenzungen (Simon 2000).

6.4.1 Begriffliche Abgrenzung von Organisations- und Diversity Klima

Krulis-Randa (1984) und Bleicher (1986) verwenden in ihren Ausführungen den Begriff des Betriebsklimas. Sie verstehen darunter einen Abgleich der individuellen Wahrnehmung der organisationalen Gegebenheiten mit den individuellen Bedürfnissen und Ansprüchen. In dieses Begriffsverständnis fließen affektiv-evaluative Komponenten ein, weshalb das Betriebsklima nach Gebert (1991) auch als Organisationszufriedenheit bezeichnet werden kann. „Es sollen Bewertungen der betrieblichen Realität aus Sicht des sozialen Kollektivs erfasst werden“ (Gebert 1991, Sp. 1500). In der gegenwärtigen Organisationsklimaforschung wird der Abgleich individueller Bedürfnisse und Erwartungen aus dem Klimakonzept ausgegliedert und den Arbeitszufriedenheitskonzepten zugeordnet, d.h. von Bewertungen wird abgesehen, es geht um die Beschreibung der Realität (Sydow und Conrad 1982). Historisch betrachtet ist das Betriebsklimakonzept der Vorläufer des Organisationsklimakonzepts (Bögel 1995). Die frühen Beiträge sind Dahrendorf (1959) sowie Roethlisberger und Dickson (1939) zuzuordnen.

Hinter dem Betriebsklimakonzept verbirgt sich eine in der Praxis vielfach verwendete harmoniestiftende Technik, die sich auf die Gestaltung sozialer Beziehungen fokussiert. Mit Hilfe dieses Konzeptes wurde versucht, Bewertungen der betrieblichen Gegebenheiten gezielt zu beeinflussen ohne inhaltlich etwas an der Realität zu verändern (Gebert 1991). Das Organisationsklimakonzept hingegen ist Grundlage für Organisations- und Personalentwicklungsmaßnahmen und kann über entsprechende Maßnahmen in diesen Bereichen beeinflusst werden (Conrad und Sydow 1991, Staehle 1994). Conrad und Sydow (1991) verstehen unter dem Organisationsklima ein „hypothetisches Konstrukt", welches „die Beschreibung organisationaler Wirklichkeit aus der Sicht der diese Realität (mit-) konstituierenden und (mit-) konstruierenden Organisationsmitglieder" zum Gegenstand hat (Conrad und Sydow, 1991, S. 98). Angelehnt an diese Definition wird das Diversity Klima wie folgt definiert:

Das Diversity Klima einer Unternehmung ist ein Teilaspekt des Organisationsklimas. Es beschreibt die organisationale Berücksichtigung der individuellen Unterschiede in den Systemen und Prozessen aus Sicht der Beschäftigten.

Die weiteren Ausführungen zur Konkretisierung des Organisationsklimas können uneingeschränkt auf den Teilaspekt des Diversity Klimas übertragen werden.

Das Organisationsklima reflektiert die subjektive Reaktion von Personen auf die objektive betriebliche Realität (Neuberger 1980). Nach Kaschube (1993) befasst sich das Organisationsklima „als relativ stabiles Phänomen mit subjektiven Beschreibungen [...] realer Tatbestände in der Organisation" (Kaschube 1993, S. 108). So bildet die individuelle Wahrnehmung der Arbeitssituation durch das Organisationsmitglied die Basis für die Entstehung des Organisationsklimas. Das Konstrukt „Organisationsklima" steht zwischen den „objektiven Merkmalen der Organisation und dem Verhalten der Mitarbeiter", es kann durch folgende Merkmale charakterisiert werden (Bögel 1995, S. 663):

Das Organisationsklima ist

- typisch für eine Organisation oder Organisationseinheiten,
- mehrdimensional,
- längerfristig stabil,
- kollektiv wahrnehmbar,
- messbar und
- gestaltbar,
- und beeinflusst das Verhalten der Mitarbeiter.

Für die Erfassung oder das Messen des Organisationsklimas sind zahlreiche Instrumente entworfen worden, die verschiedenste Dimensionen des Konzeptes abzubilden versuchen. Eine umfassende Zusammenstellung der empirischen Untersuchungen findet sich bei Conrad und Sydow (1984). Im Zusammenhang dieser Arbeit ist insbesondere die Methode der Facettenanalyse, die nach Bögel

(1995) und Rosenstiel et al. (1982) keinesfalls nur eine formallogische Bedeutung hat, von Relevanz. Sie kann in einem Untersuchungsinstrument zur Erfassung einzelner Dimensionen des Organisationsklimas, wie beispielsweise des Diversity Klimas, mit entsprechenden Items auf quantitativer Ebene operationalisiert werden. Dabei ist die Analyseeinheit das soziale Kollektiv, das Analyseelement die Organisation, und die entsprechenden Messungen sind deskriptiver Natur (vgl. Kapitel 11.1). Eine ausführliche Darstellung und Diskussion der Facettenanalyse bieten Rosenstiel et. al. (1982). Schwierig bleibt die ganzheitliche Erfassung der Mehrdimensionalität des Organisationsklimas. „Die Probleme einer methodisch adäquaten (ganzheitlichen) Erfassung des Organisationsklimas sind noch ungelöst“ (Conrad und Sydow, 1991, S. 99). Hier ist insbesondere die Entwicklung und Anwendung von multiplen, auch qualitativen Forschungsmethoden, in Verbindung mit deskriptiven Items anzustreben (ebd.).

Aus interaktionstheoretischer Perspektive entsteht das Organisationsklima aufgrund von gegenseitigen, dynamischen Interaktionen zwischen Einflussfaktoren der Situation und individuellen, persönlichen Merkmalen wie Motivation oder Zugehörigkeitsdauer zum Unternehmen. Dabei hat die symbolische Interaktion der Organisationsmitglieder untereinander eine besondere Bedeutung. Die Wirklichkeit wird als sozial konstruiert aufgefasst. Die Zuweisung und Annahme von sozialen Rollen entscheidet über das soziale Leben in der Organisation. So wie der Einzelne seine Rollen versteht, lebt und entsprechend interagiert, nimmt er auch aus dieser gelebten Perspektive das Organisationsklima, die konstruierte Wirklichkeit wahr (Gergen 2002) und beeinflusst diese wiederum. „Jedes wahrnehmende Individuum besitzt demnach eigene Beobachtungs- und Beschreibungskategorien, um die soziale Realität zu erfassen und kreiert somit sein eigenes […] (Bild der Dinge)“ (Elmerich 2007, S. 47). Aus dieser Sicht wird das Organisationsklimakonzept dem der Kulturforschung sehr ähnlich, ohne dabei den Anspruch der Objektivität aufzugeben (Conrad und Sydow, 1984, 1991). Auf die Beziehung zwischen diversitygerechter Kultur und Organisations- bzw. Diversity Klima wird im nächsten Abschnitt eingegangen.

6.4.2 Die Unternehmenskultur-Klima-Beziehung und deren Einbindung in das integrative Gesamtkonzept

Eine Abgrenzung von Unternehmenskultur und Organisationsklima bzw. eine Konkretisierung der Beziehung zwischen den Konstrukten ist erforderlich.

Beide Konzepte haben eine lange Tradition in der Forschung, allerdings nehmen die Vertreter der Konzepte voneinander wenig Notiz. Ashforth (1985) sieht eine Vereinnahmung der Klimaforschung durch die Kulturforschung. Zum Verhältnis der beiden Konzepte sind für den deutschsprachigen Raum als wichtigste Arbeiten die von Conrad und Sydow (1984 und 1991), von Rosenstiel et al. (1982), Krulis-Randa (1984), Neuberger und Kompa (1987) sowie Bleicher (1986) zu nennen. Auch im angelsächsischen Sprachraum liegen nur wenige Arbeiten vor, die zur Klärung des Verhältnisses beitragen, hierzu sind die Arbeiten von Allaire und Firsirotu (1983), Ashforth (1985) sowie Schein (1985) zu zählen.

Handelt es sich bei der Unternehmenskultur um die Umsetzung latenter Verhaltensmuster, so ist unter dem Organisationsklima „die gesamthafte Wahrnehmung und kognitive Verarbeitung organisationaler Stimuli (Situationen) durch das Individuum zu verstehen“ (Staehle, 1994, S. 469). Conrad und Sydow (1991) weisen auf eine enge konzeptionelle und empirische Beziehung zwischen Unternehmenskultur und Organisationsklima hin, die in der bisherigen Forschung nur unzureichend berücksichtigt wird.

Sowohl der Unternehmenskultur als auch dem Organisationsklima wird eine „verhaltenssteuernde Funktion in einem System gemeinsamer Kognitionen zugeschrieben, wobei der empirische Nachweis [...] oft nur schwer zu erbringen ist“ (Kaschube, 1993, S. 108f).

Die Unternehmenskultur geht über das Organisationsklima bzw. die Beschreibung der organisationalen Realität hinaus, denn sie bezieht sich auf die Gesamtheit der Normen und Werte, die als Grundlage für Verhaltensmuster und Interaktionen dienen. Die Unternehmenskultur bietet den Orientierungsrahmen, in dem sich das Organisationsklima entwickelt. Das Organisationsklima bestimmt sich durch das messbare Erleben und Verhalten der Unternehmensmitglieder, während dies bei der Kultur aufgrund der tief liegenden, oft nur sehr schwer wahrnehmbaren Grundannahmen nicht möglich ist. Die Kultur wird in allen Forschungsrichtungen als eine bestimmende, verhaltensbeeinflussende Komponente beschrieben, das Organisationsklima wird als Größe für die Ist-Analyse organisationaler Strukturen als Basis von Veränderungsprozessen angesehen (Kaschube, 1993).

„Die Kultur arbeitet eine Ebene unter den anderen (Konzepten) und determiniert sie zu einem großen Teil. Klima, Werte und Philosophie können gemanagt werden im traditionellen Sinne des Managements; aber [...] es ist alles andere als klar, ob das auch auf die darunter liegende Kultur zutrifft. Die Kultur muss verstanden werden, um zu bestimmen, welche Arten von Klima, Werten und Philosophie für eine bestimmte Organisation überhaupt möglich und wünschenswert sind“ (Schein, 1985, S. 341)

Die häufig anzutreffende Konkurrenz zwischen Klima- und Kulturansätzen basiert nicht auf methodischen Bedenken, daher ist eine gegenseitige Ergänzung der Ansätze sinnvoll und möglich (Bögel, 1995). Conrad und Sydow (1991) erhoffen sich von einem „Quervergleich von Annahmegefügen verschiedener Konstrukte der verhaltenswissenschaftlichen Organisationsforschung“, insbesondere bezogen auf die Unternehmenskulturforschung und verwandte Konzepte, einen „Beitrag zur Lösung der für die empirische Organisationsforschung typischen (Daten-) Aggregationsprobleme“ (ebd. S. 94). Sie halten eine Integration des Organisationsklimas in das Kulturkonzept für sinnvoll und betrachten das Organisationsklima als eine „Manifestationsform“ der Unternehmenskultur (ebd. S. 101). Das Organisationsklima kann somit als Indikator für definierte Kulturaspekte herangezogen werden. Und es ist möglich, durch eine bewusste Gestaltung des Klimas Einfluss auf die Kultur zu nehmen.

In Abb. 20 wird der beschriebene Zusammenhang zwischen der Interaktion von Individuum und Situation, der Wahrnehmung sowie dem daraus resultierenden, kollektiv beschreibbaren Organisationsklima visualisiert. Die Unternehmenskultur bildet den Rahmen für die Prozesse und wird gleichzeitig durch das Organisationsklima manifestiert, sichtbar und beeinflusst.

Hinsichtlich einer diversity-gerechten Unternehmenskultur geht es nun darum, für das jeweilige Unternehmen eine ideale Ausprägung eines Diversity Klimas festzulegen. Es müssen die für das Unternehmen relevanten Merkmale der zunehmenden Heterogenität definiert werden. Mit entsprechenden Items kann dann ein erreichter Ist-Zustand erfragt werden und gegebenenfalls können notwendige Maßnahmen zur Korrektur des von den Mitarbeitern wahrgenommenen Klimas ergriffen werden. Die Operationalisierung mittels geeigneter Items wird in Kapitel 11.1 dieser Arbeit ausführlich beschrieben. Mittel- bis langfristig kann so die Kultur diversity-gerecht angepasst werden. Für die beschriebenen Abläufe und etwaige Kurskorrekturen ist das Führungsverhalten sowohl hinsichtlich des Klimas als auch der Kultur von großem Belang.

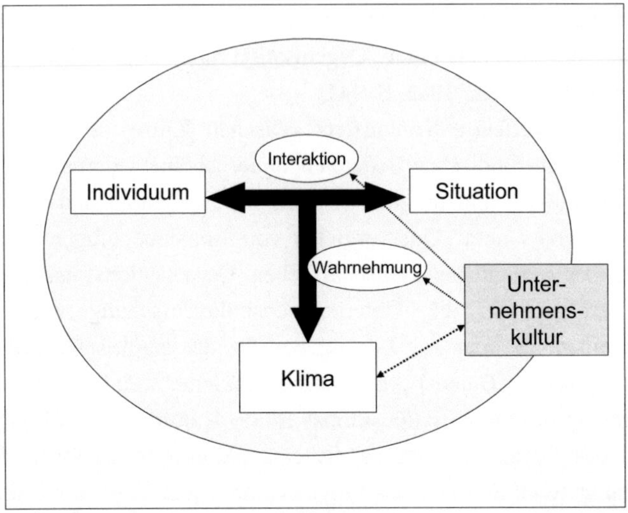

Abb. 20 Integration des Organisationsklimas in die Unternehmenskultur

Dementsprechend kann das Organisationsklima, wie in Abb. 21 vorgenommen, in das Gesamtkonzept eingefügt werden. Auf der normativen Ebene wird, wie beschrieben, ein Sollzustand für das angestrebte diversity-gerechte Organisationsklima festgelegt. Die Abstimmung der Maßnahmen aller Handlungsfelder (Führung, Leitbild, Kommunikation, Diversity Klima) mit den Zielen des Diversity Managements und der Kultur erfolgt auf der strategischen Ebene. Und auf der operativen Ebene kann der erreichte Zustand mittels individueller Beschreibungen, die im Rahmen der beschriebenen Facettenanalyse erfasst werden können, abgebildet werden. Es wird nicht möglich sein, das Klima und indirekt die Kultur von heute auf morgen zu verändern. Das ist ein mittel- bis langfristiges Vorhaben, dessen vollständige Realisierung mehrere iterative Anpassungsprozesse zwischen Soll- und Ist-Zustand erfordern wird.

Über das Konstrukt der Wahrnehmung durch die Mitarbeiter ist es möglich, auch die anderen Gestaltungsfaktoren bzw. deren Wirkung auf der operativen Ebene abzubilden. Dies wird im folgenden Abschnitt genauer beschrieben.

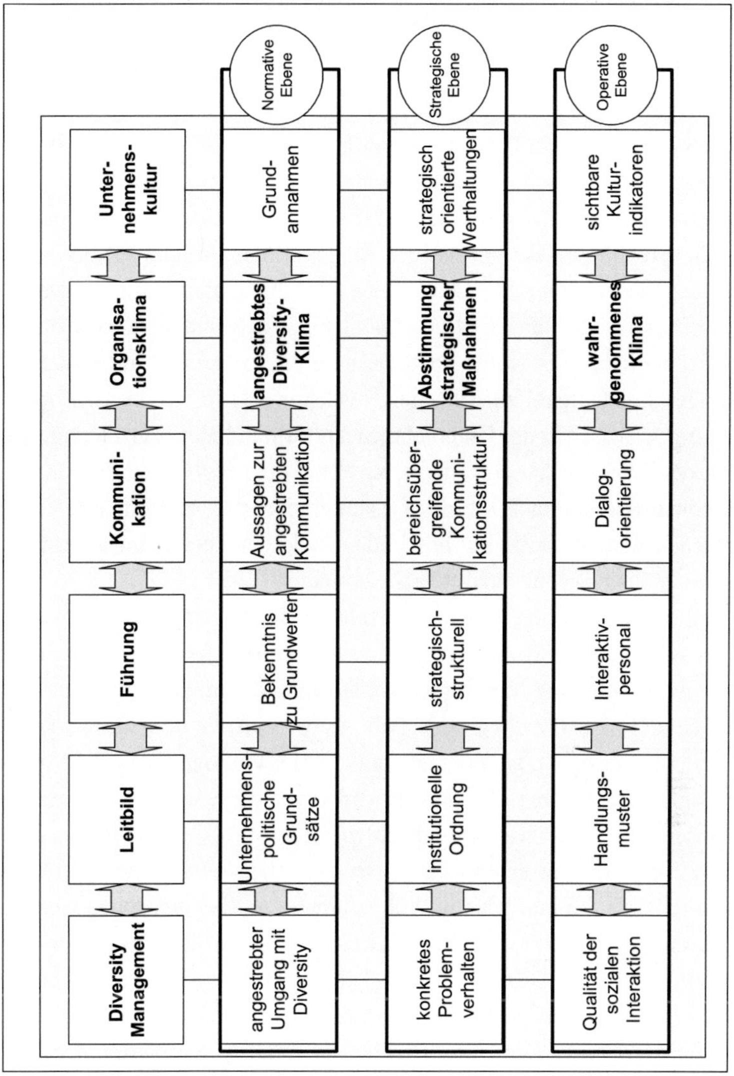

Abb. 21 Integratives Gesamtkonzept des Diversity Managements unter Berücksichtigung der Gestaltungsfaktoren Leitbild, Führung, Kommunikation und Organisationsklima

6.5 Generierung der Indikatoren und Zusammenfassung des neu entwickelten theoretischen Gesamtkonzepts

Wie die Ausführungen über die Kulturgestaltungsfaktoren gezeigt haben, sind Unternehmensleitbilder, Führung, Kommunikation und das Organisationsklima Instrumente, mit denen die Unternehmenskultur im Sinne eines Diversity Managements langfristig zielgerichtet beeinflusst werden kann. Die Maßnahmen sind dabei sowohl auf der normativen, strategischen als auch auf der operativen Ebene anzusiedeln. Die drei Ebenen der Gestaltungsfaktoren bzw. Handlungsfelder gilt es in vertikaler und horizontaler Hinsicht aufeinander abzustimmen bzw. zu integrieren. Es wurde deutlich, dass die Konstrukte untereinander über vielfältige Abhängigkeiten verfügen, welche sich u. a. in den rekursiven Beziehungen zwischen der Unternehmenskultur und jedem einzelnen Instrument ausdrücken. Diese Abhängigkeiten erschweren die Möglichkeit der Messung der Einzelkonstrukte als auch die des Gesamtergebnisses in Form einer diversity-gerechten Unternehmenskultur erheblich. Lediglich das Organisationsklima gilt im Rahmen einer Facettenanalyse als messbar.

Hinsichtlich der Wirkung auf den einzelnen Mitarbeiter, seine Integration und Identifikation sowie auf die Gruppenleistung wurde die Bedeutung der individuellen Wahrnehmung der betrieblichen Realität aufgezeigt. Nun wird im empirischen Teil der vorliegenden Arbeit überprüft werden, ob es möglich ist, über ein Hilfskonstrukt, nämlich die individuelle Wahrnehmung der Mitarbeiter, unabhängige Indikatoren als Maß für den diversity-relevanten Führungserfolg, die Umsetzung eines diversity-gerechten Leitbildes, einer diversity-gerechten internen Kommunikation und eines Diversity Klimas zu erfassen. Wobei zu betonen ist, dass die individuelle Wahrnehmung nur herangezogen werden kann zur Beschreibung der diversity-relevanten und nicht aller Aspekte einer Unternehmenskultur. Denn da das Ziel des Diversity Managements die Wertschätzung, der mit der individuellen Vielfalt verbundenen Kompetenzen und damit Kreativitätsvorteilen der Beschäftigten ist kann dieser Aspekt durch Beschreibung von Seiten der Individuen abgebildet werden. So ermöglicht die Dreiteilung der schwer messbaren Unternehmenskultur und des Diversity Managements sowie der Einflussgrößen in Anlehnung an Schein (1985) und Bleicher (1996) die Entwicklung eines Ansatzes für die quantitative Erfassung. Die erreichte Ausprägung der diversity-gerechten Unternehmenskultur wird auf der operativen Ebene in Form unabhängiger Faktoren, die über die Aggregation der individuellen Wahrnehmungen gebildet werden, erfasst.

In Abb. 22 wird das integrative Gesamtkonzept für das Diversity Management zur Veranschaulichung in den eingangs in Kapitel 1.2 dargestellten Bezugsrahmen eingebunden. Das entwickelte Gesamtkonzept konkretisiert auf den horizontalen Ebenen die Abhängigkeiten der Gestaltungsfaktoren des Diversity Managements. In vertikaler Richtung werden die Beziehungen zwischen der normativen, strategischen und operativen Handlungsebene abgebildet. Es werden **vier Indikatoren** dargestellt: Die **Wahrnehmung des Führungsverhaltens** bezieht sich auf die Wertschätzung, die der Mitarbeiter durch seine Führungskraft empfindet. Diese Wertschätzung drückt sich beispielsweise in Förderung der individuellen Fähigkeiten, der Anerkennung von Leistungen oder der Vereinbarung individueller Ziele aus.

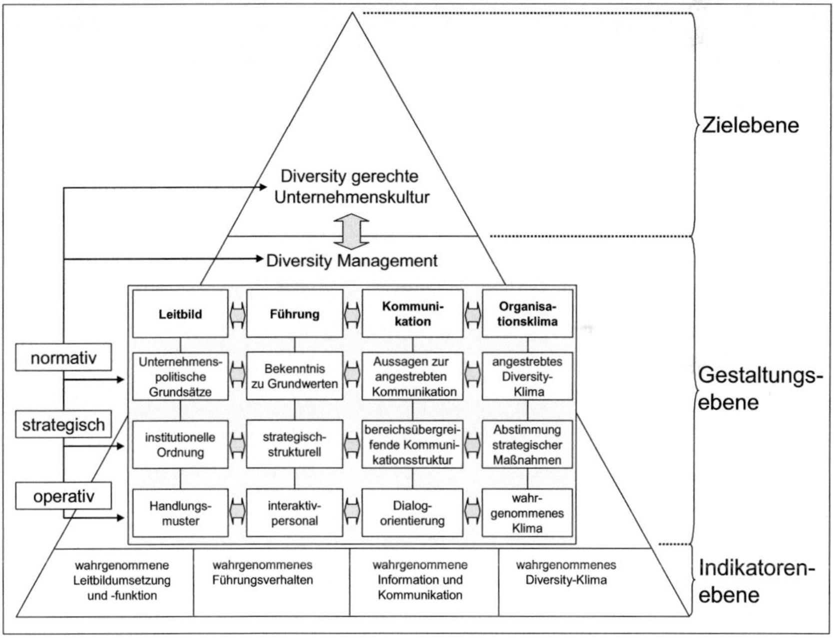

Abb. 22 Einbindung des neuen integrativen Gesamtkonzepts des Diversity Managements in den Bezugsrahmen

Die von Seiten des Mitarbeiters **wahrgenommene Leitbildumsetzung und –funktion** beschreibt, inwieweit der Mitarbeiter das gelebte Leitbild als für seine eigene Identifikation sowie Integration erlebt und sich überhaupt von dem Leitbild angesprochen fühlt.

Parallel dazu wird durch die **wahrgenommene Kommunikation** das Empfinden des Mitarbeiters ausgedrückt, inwieweit er sich in die Kommunikationsstrukturen, in relevante formelle und informelle Dialoge eingebunden sowie implizit ausreichend informiert fühlt. Das vom Mitarbeiter beschriebene **Diversity Klima** bildet ab, ob und in welchem Ausmaß der Heterogenität aus Sicht des Mitarbeiters Rechnung getragen wird, d.h. welche Bedeutung der Vielfalt im Unternehmen grundsätzlich aus Mitarbeiterperspektive zukommt. Die Aggregation der einzelnen, individuellen Wahrnehmungen bzw. Beschreibungen der betrieblichen Wirklichkeit kann dann als quantitatives Maß für die Umsetzung einer diversity-gerechten Unternehmenskultur herangezogen werden. Dieser Bezugsrahmen dient als Gerüst für die nun folgende Formulierung der Forschungsfragen, die zunächst auf qualitativer Ebene mittels der Interviewergebnisse und einer Dokumentenanalyse beantwortet werden. Darauf aufbauend werden dann die Forschungshypothesen für die quantitative Untersuchung generiert.

7 Generierung der Forschungsfragen

Aufbauend auf der Entwicklung des neuen integrativen Diversity Management-Konzeptes sowie der Gestaltungsfaktoren einer entsprechenden diversity-gerechten Unternehmenskultur und der entsprechenden Indikatoren für die Umsetzung ergeben sich folgende Forschungsfragen:

Forschungsfrage 1: Inwiefern besitzen das dieser Arbeit zugrunde liegende integrative Verständnis des Diversity Managements und die theoretisch generierten Gestaltungsfaktoren (Führung, Leitbild, Kommunikation, Organisationsklima) einer diversity-gerechten Kultur eine Relevanz in der Praxis?

Diese Forschungsfrage bezieht sich auf die Auffassungen und Sichtweisen, die mit einem Diversity Management in der Praxis verbunden sind. Dabei liegt der Fokus sowohl auf den Begründungen, sich mit dieser Thematik zu beschäftigen, als auch auf der Bedeutung, die den einzelnen Diversity-Merkmalen in den Unternehmen zugemessen wird. Darüber hinaus wird im Rahmen dieser Frage geklärt, welche Gestaltungsfaktoren genutzt werden und ob sich einzelne Maßnahmen den verschiedenen Managementebenen (normativ, strategisch, operativ) zuordnen lassen. Es wird die Existenz der theoretisch hergeleiteten Elemente der Gestaltungsfaktoren in der Praxis untersucht. In diesem Zusammenhang werden auch das Verständnis über die angestrebte Unternehmenskultur und deren diversity-gerechte Ausprägung untersucht.

Forschungsfrage 2: Lässt sich die Bedeutung der generierten Indikatoren für unterschiedliche Ausprägungen diversity-gerechter Unternehmenskulturen in verschiedenen Unternehmen zeigen?

Diese Frage bezieht sich auf die individuellen Wahrnehmungen der Mitarbeiter und deren Beschreibung der betrieblichen Wirklichkeit hinsichtlich des Umgangs mit der Diversity sowie der empfundenen Umsetzung der Gestaltungsfaktoren.

Forschungsfrage 3: Lässt sich ein Zusammenhang zwischen der Qualität der vertikalen und horizontalen Verknüpfungen der Elemente des Gesamtkonzeptes mit der erfolgreichen Umsetzung einer diversity-gerechten Unternehmenskultur aufzeigen?

Die Forschungsfrage 3 ist eng mit der Forschungsfrage 2 verbunden; denn die Qualität der Beziehungen zwischen den Gestaltungsfaktoren zu analysieren, ist nur dann sinnvoll, wenn diese Bedeutung besitzen.

Forschungsfrage 4: Lässt sich der vermutete Zusammenhang zwischen der tatsächlichen Wirkung eines Leitbildes und dessen Erstellungs- und Umsetzungsprozesses nachweisen?

Diese vierte Forschungsfrage zielt auf die Beschreibung der Ursache-Wirkungs-Beziehung von Leitbildern als schriftlich formulierte Sollvorstellung der angestrebten Kultur, von deren Detaillierungsgrad sowie der Art und Weise der Umsetzung und der jeweils gelebten Unternehmenskultur ab.

Nachdem die Forschungsfragen formuliert worden sind, werden im folgenden Kapitel die verwendeten Methoden und das Forschungsdesign beschrieben.

8 Methoden der empirischen Untersuchung

In diesem Kapitel wird zunächst die Vorgehensweise bei den empirischen Untersuchungen vorgestellt. Daran anschließend werden die verwendeten Methoden sowie das Untersuchungsfeld und die jeweiligen Stichproben beschrieben.

8.1 Vorgehensweise bei der empirischen Untersuchung

Die Herleitung der Gestaltungsfaktoren und der entsprechenden Indikatoren ermöglichen eine methodische Annäherung an die Unternehmenskultur sowohl aus qualitativer als auch quantitativer Perspektive. Darüber hinaus wird eine Kombination direkter und indirekter Methoden möglich, was die Interpretation der Ergebnisse erleichtert und Verzerrungen durch erwünschte Werthaltungen vermeidet (Drumm 1991, Osterloh 1991). Die Verbindung qualitativer und quantitativer Methoden lässt eine Hypothesengenerierung und anschließende Überprüfung derselben zu (Lamnek 1995, Karl 2005). Da für die vorliegende Arbeit zwei unabhängige Datensätze in verschiedenen Unternehmen erhoben werden konnten, ist des Weiteren eine zusätzliche Plausibilitätsprüfung des Konzeptes möglich.

Die qualitative Analyse umfasst den Entwurf eines Merkmalskatalogs für eine Dokumentenanalyse der Leitbilder der zu untersuchenden Unternehmen.

Aufbauend auf der Leitbildanalyse erfolgt die Entwicklung eines halbstrukturierten Interviewleitfadens, die Durchführung eines Pretests (2 Teilnehmer) sowie der Experteninterviews (N=32).

Für die quantitative Analyse werden unter Berücksichtigung der qualitativen Ergebnisse ein Fragebogen für eine so genannte Klassenzimmerbefragung entwickelt, ein Pretest (N=19) und die Befragungen (N=949) an sich durchgeführt. Bei einer Klassenzimmerbefragung füllen einzelne Gruppen der Probanden den Fragebogen gemeinsam in einem Raum, der einem Klassenzimmer ähnlich ist unter Beisein eines Mitgliedes des Teams der Untersuchenden aus. Dadurch ist es möglich (Verständnis-) Fragen zu klären, und es wird eine hohe Datendichte und –qualität erzielt.

Die Ergebnisinterpretation der Untersuchungen ermöglicht die Formulierung praxisrelevanter Handlungsempfehlungen. In Abb. 23 wird die Vorgehensweise im empirischen Teil der Arbeit grafisch dargestellt.

Im Rahmen der sich an die Leitbildanalyse anschließenden Interviews wird der explorativ gewonnene Eindruck bezüglich der angestrebten Ausprägung einer

Diversity-Orientierung der Unternehmenskultur vervollständigt werden. Darüber hinaus ist es mit der qualitativen Analyse möglich das Verständnis sowie die Wahrnehmungen bezüglich des Diversity Managements zu beschreiben. Des Weiteren lässt sich ein erster Eindruck hinsichtlich der relevanten Merkmale und Gestaltungsfaktoren in den untersuchten Unternehmen erheben.

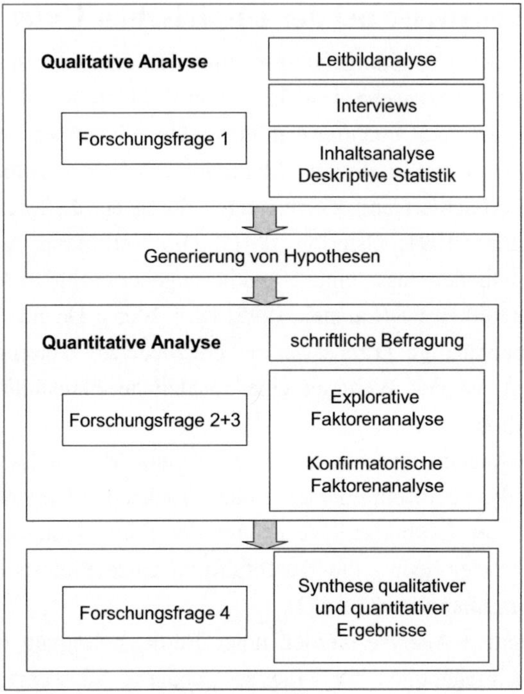

Abb. 23 Ablauf der empirischen Untersuchung

Auf dieser Basis werden dann die Hypothesen für die anschließende quantitative Untersuchung formuliert. Die Hypothesenüberprüfung erfolgt mittels explorativer und konfirmatorischer Faktorenanalysen; wobei zunächst das theoretisch hergeleitete Konzept anhand des Datensatzes eines Unternehmens konkretisiert wird, um dann die Gültigkeit an dem zweiten Datensatz zeigen zu können.
So kann die Vorgehensweise insgesamt den Ansätzen des „Comparative Managements", welche sich u. a. mit dem interorganisatorischen „cross cultural" Vergleich beschäftigen, zugeordnet werden (Staehle 1994, S. 474). Explorative Studien dienen der Bildung von Theorien und Hypothesen, die anhand standardisierter Methoden wissenschaftlich überprüfbar sind (Bortz und Döring 2002).

Abschließend wird versucht, den Zusammenhang zwischen normativem Leitbild, dessen Umsetzung und der Wirkung in Form gelebter Kultur empirisch aufzuzeigen und so die vierte Forschungsfrage zu beantworten.

8.2 Qualitative Analyseverfahren

Qualitative Analyseverfahren ermöglichen das Erheben von strukturellen Merkmalen eines Untersuchungsfeldes sowie von deren Zusammenhängen. Sie versuchen, den Untersuchungsgegenstand in seiner ganzen Komplexität zu erfassen (Flick et al. 2000, Mayring 2003). Innerhalb der qualitativen Verfahren gewinnt das Interview zunehmend an Bedeutung (Lamnek 1995). Die Ergebnisse sind „[…] nicht einfach Produkt einer unabänderlichen Auffassung, Meinung oder Verhaltensweise, sondern sie sind prozesshaft generierte Ausschnitte der Konstruktion und Reproduktion von sozialer Realität“ (Lamnek 1995, S. 62). Diese Perspektive ist insbesondere sinnvoll für die Beschreibung der individuell wahrgenommenen Leitbildfunktion und –umsetzung sowie der angestrebten Unternehmenskultur (vgl. Kapitel 6.4.2).
Ein Interview ist „[...] ein planmäßiges Vorgehen mit wissenschaftlicher Zielsetzung, bei dem die Versuchsperson durch eine Reihe gezielter Fragen oder mitgeteilter Stimuli zu verbalen Informationen veranlasst werden soll“ Scheuch 1973). Die Form des Interviews, standardisiert oder halbstandardisiert, ist nach dem jeweiligen Einsatz zu wählen. „Aus den jeweiligen Vorteilen dieser beiden Befragungsformen können deren unterschiedliche Funktionen erschlossen werden: Während das standardisierte Interview vornehmlich der Messung relevanter Merkmale (zumeist im Endstadium einer Untersuchung) dient, verfolgt das nicht-standardisierte Interview insbesondere die Exploration von Sachverhalten und die Ermittlung von Bezugssystemen der Befragten zu Beginn einer Untersuchung“ (Lamnek, 1995, S.56). Die Wahl des Befragungsverfahrens kann aber nicht pauschal beantwortet werden, sondern muss im Einzelfall an die Intention der Untersuchung angepasst werden. Um ein möglichst umfassendes und breites Verständnis des Untersuchungsgegenstandes zu erhalten, wurde eine halbstandardisierte, problemzentrierte Vorgehensweise gewählt. „Unter dem Begriff problemzentriertes Interview, der von Witzel (1982) geprägt wurde, sind verschiedene Elemente einer leitfadenorientierten und teilweise offenen Befragung zusammengefasst“ (Friebertshäuser 1997, S.379). Vier Instrumente unterstützen die Durchführung des problemzentrierten Interviews (PZI):

- Kurzfragebogen,
- Leitfaden,

- Tonaufzeichnung des Gesprächs und
- Postskriptum.

Der Kurzfragebogen dient der Erfassung persönlicher und demografischer Daten. Im Leitfaden sind vorformulierte Fragen enthalten und das Postskriptum, enthält zum Beispiel Anmerkungen zu situativen und nonverbalen Aspekten des Interviews (Witzel 2000).

Das Besondere an dieser Form ist, dass der Forscher durch den Leitfaden zwar über ein vorläufiges theoretisches Konzept verfügt, dieses aber nicht offen legt. Durch die Kombination der Methoden stellt das problemzentrierte Interview eine Verbindung zwischen den qualitativen und quantitativen Methoden dar. Auf diese Art wird versucht, die „Prädetermination durch den Forscher" (Lamnek 1995, S.56) zu verhindern und sich somit im „Relevanzsystem des Betroffenen" (Lamnek 1995, S.64) zu bewegen. Das problemzentrierte Interview als besondere Form einer halbstandardisierten Vorgehensweise ist in der Durchführung flexibel. Gleichzeitig bietet es aber auch eine gewisse Vergleichbarkeit der ermittelten Daten. Die Vorteile lassen sich auch mittels der drei grundlegenden Eigenschaften des PZI beschreiben. Dabei handelt es sich um die Problemzentrierung, die Gegenstandsorientierung und die Prozessorientierung. Mit der Problemzentrierung ist das Anknüpfen an vorher theoretisch erarbeitete Problemstellungen, mit der Gegenstandsorientierung die Flexibilität der Methode gegenüber den unterschiedlichen Anforderungen des untersuchten Gegenstands, und mit der Prozessorientierung sind das Anstreben von neuen Aspekten oder Korrekturen im Gesprächsverlauf gemeint (Witzel 2000).

Die Auswertung problemzentrierter Interviews erfolgt im Rahmen einer Inhaltsanalyse nach Mayring (2000). Das Ziel der qualitativen Inhaltsanalyse ist die systematische Bearbeitung des Materials, das durch die Interviews gewonnen wurde. Sie bezieht auch Kommunikationsinhalte mit ein, die nicht ausdrücklich erwähnt wurden.

Mayring unterscheidet drei Formen der qualitativen Inhaltsanalyse (Mayring 2000, S. 58):

- Zusammenfassende Inhaltsanalyse: Reduktion des Materials unter Erhaltung der wesentlichen Inhalte. Ziel ist, „durch Abstraktion einen überschaubaren Corpus zu schaffen, der immer noch Abbild des Grundmaterials ist" (Mayring 2000, S.58).
- Explikative Inhaltsanalyse: Inhalte durch das Herantragen zusätzlichen Materials zu entsprechenden Textstellen verständlicher machen.

- Strukturierende Inhaltsanalyse: Bestimmte Aspekte werden aus dem Material herausgefiltert, oder das Material wird aufgrund bestimmter Kriterien eingeschätzt, die durch theoretische Vorüberlegungen bestimmt wurden.

In dieser Arbeit wird die zusammenfassende Inhaltsanalyse verwendet, die auf einem festgelegten Ablaufmodell basiert, welches aus 7 Schritten besteht und in der Abb. 24 dargestellt wird (Mayring 2000).

	Inhalt der Analyseschritte
1. Schritt	Bestimmung der Analyseeinheiten (Heraussuchen der relevanten Textstellen)
2. Schritt	Paraphrasierung der inhaltstragenden Textstellen (Umschreiben in eine verkürzte, auf den Inhalt beschränkte Form)
3. Schritt	Bestimmung des angestrebten Abstraktionsniveaus (Generalisierung, Verallgemeinerung auf ein bestimmtes Niveau)
4. Schritt	Reduktion durch Streichung bedeutungsgleicher Phrasen
5. Schritt	Reduktion durch Bündelung, Konstruktion, Integration von Paraphrasen auf dem angestrebten Abstraktionsniveau (weiteres Zusammenfassen der erstellten Paraphrasen)
6. Schritt	Zusammenstellung der neuen Aussagen als Kategoriensystem
7. Schritt	Rücküberprüfung des zusammenfassenden Kategoriensystems am Ausgangsmaterial

Abb. 24 Phasen der Inhaltsanalyse nach Mayring (2000, S. 60)

Die Schritte drei bis sechs können bei größeren Datenmengen zusammengefasst werden. Das Kategoriensystem wird in der vorliegenden Arbeit induktiv, das heißt während der Auswertung am vorliegenden Material hergeleitet (Mayring 2000). Die Herleitung erfolgt theoriegeleitet anhand der im Vorfeld festgelegten Forschungsfragen. Ziel der Interpretation ist es, Hypothesen zu formulieren. Diese bilden dann den Ausgangspunkt für die quantitativen Befragungen.

8.3 Quantitative Analyseverfahren

Somit ist das Ziel der quantitativen Methoden gegenüber den qualitativen Verfahren die Überprüfung von Hypothesen. Bei den quantitativen Methoden wird zwischen den univariaten und multivariaten unterschieden. Häufig, wie auch für die vorliegende Arbeit, ist eine Kombination der Verfahren sinnvoll.

Univariate Verfahren betrachten jeweils nur einzelne Variable. Deren Häufigkeiten, Mittelwerte und Standardabweichungen dienen der deskriptiven Beschreibung der Datenmenge. Sie dienen in dieser Arbeit für einen ersten Vergleich der beiden betrachteten Unternehmen (vgl. Kapitel 8.4.3).
Bei einer multivariaten Analyse werden mehrere Merkmale gleichzeitig betrachtet. Sie bilden eines der „Fundamente der empirischen Forschung in den Realwissenschaften" (Backhaus et al. 2003, S. 2). Für die quantitative Untersuchung werden die explorative sowie konfirmatorische Faktorenanalyse und die Varianzanalyse herangezogen. Die explorative Faktorenanalyse dient zur Aufdeckung von hypothetisch vermuteten Zusammenhängen zwischen Variablen und kann zur Hypothesengenerierung genutzt werden. Die konfirmatorische Faktorenanalyse kann für die Überprüfung dieser Hypothesen verwendet werden, wenn ein zweiter Datensatz zur Verfügung steht (Bühner 2003, Backhaus et al. 2003). Fabrigar et al. (1999) empfehlen, beide Methoden an unterschiedlichen Stichproben anzuwenden. So kann zunächst die Struktur der Daten und in einer zweiten Analyse das explorativ ermittelte Modell konfirmatorisch getestet werden. Denn die konfirmatorische Faktorenanalyse gibt Auskunft über die „Beziehung zwischen direkt beobachtbaren Variablen und dahinter stehenden, nicht beobachtbaren Faktoren" (Backhaus et al. 2003, S. 330). Die Verfahren und die Voraussetzungen für deren Anwendung werden im Folgenden vorgestellt.

8.3.1 Explorative Faktorenanalyse

Die explorative Faktorenanalyse gehört zu den strukturentdeckenden Verfahren (Backhaus et al. 2003). Sie hat das Ziel, Zusammenhänge zwischen Items ursächlich zu erklären. Ihr liegt die Annahme zugrunde, dass „Eigenschaften, Merkmale oder Fähigkeiten einer Person [...] durch einen gewichteten Faktorwert und einen Fehler beschrieben werden (können)" (Bühner 2004, S. 152). Als wichtigste Methoden für die Durchführung einer Faktorenanalyse sind die Hauptkomponenten- sowie Hauptachsenanalyse und Maximum-Likelihood-Methode (ML) zu nennen. Sowohl die Hauptachsenmethode als auch die Maximum-Likelihood-Methode kommen für eine kausale Interpretation der Variablenzusammenhänge in Frage. Die Hauptkomponentenanalyse verfolgt in erster Linie die Datenreduktion (Bühner 2003). Bei entsprechender Eignung der Daten (hohe Reliabilitäten und Kommunalitäten sowie annähernde Normalverteilung) sind die Ergebnisse der verschiedenen Methoden nahezu identisch (Bühner 2003). Bei gleichzeitiger Anwendung von explorativer und konfirmatorischer Analyse ist die Verwendung der gleichen Methode sinnvoll. Da die Voraussetzungen für die ML-Methode bei den erhobenen Datensätzen erfüllt sind, wie im Folgenden ausgeführt wird, und darüber hinaus mit dieser Methode Populationsparameter geschätzt werden, was für die Erfassung des Kulturphänomens sinnvoll ist, wird diese Methode angewendet. West et al. (1995) empfehlen bei einer Stichprobengröße von N > 100 und multivariater Normalverteilung die Durchführung der ML-Methode als Standard; wobei die Annahme der Normalverteilung in einem gewissen Ausmaß verletzt sein darf: Die Schiefe sollte kleiner 2 und der Excess kleiner 7 sein. Bei beiden für diese Arbeit untersuchten Datensätzen liegt die Schiefe der Items bei maximal 1,3 und der Excess bei 2,0. Die ML-Methode wird als „ausgesprochen robust gegenüber Verletzungen der Normalverteilungsannahme“ bezeichnet (Bühner 2003, S. 201). Eine Normalverteilung liegt weder nach dem Kolmogorov-Smirnov- noch nach dem Shapiro-Wilks-Test bei den vorliegenden Daten vor. Die trendbereinigten Q-Q-Diagramme lassen jedoch auf eine Gleichartigkeit der Verteilung schließen (Brosius 2004).

Nach der Entscheidung für die anzuwendende Methode gilt es, die weitere grundsätzliche **Eignung der Datensätze für die Faktorenanalyse** zu überprüfen. Hierfür können nach Backhaus et al. (2003) neben einem metrischen Skalenniveau (mindestens Intervallskalierung) und einer Fallzahl, die wenigstens dreimal so groß wie die Variablenzahl ist, statistische Kriterien, die eine Überprüfung der Korrelationskoeffizienten erlauben, herangezogen werden. Hierzu zählen das Signifikanzniveau der Korrelationen, die Inverse der Korrelationsmatrix, der Bartlett-Test, die Anti-Image-Kovarianz-Matrix und das Kaiser-Meyer-Olkin-Kriterium (Leonhart 2004, Brosius 2004). Grundsätzlich sollen die Variablen, die auf keinerlei Zusammenhang mit anderen Variablen aufgrund niedriger, nicht signifikanter Korrelationen hinweisen, von der weiteren Analyse ausgeschlossen werden. Gleiches gilt für Variable, deren Korrelationen mit anderen aus theoretischen Überlegungen keinen Sinn geben. Die Berechnung der Korrelationsmatrix erfolgt mit dem Korrelationskoeffizienten nach Pearson mit zweiseitigem Signifikanztest. Dieser Koeffizient kann, auch wenn keine Normalverteilung vorliegt, angewendet werden. Voraussetzung ist aber, dass die Korrelationen nicht zur direkten Hypothesentestung herangezogen werden (Brosius 2004).

Die Inverse der Korrelationsmatrix sollte eine Diagonalmatrix darstellen, in der die Nicht-Digonal-Elemente möglichst nahe an Null sind. Der Bartlett-Test kann nur bei Normalverteilung angewendet werden. Die Anti-Image-Kovarianz-

Matrix sollte ebenfalls eine Diagonalmatrix darstellen, deren Nicht-Diagonal-Elemente möglichst Null sind. Der Anteil der Elemente, die ungleich Null sind, darf nicht über 25 % liegen. Auf Basis dieser Matrix wird das Kaiser-Meyer-Olkin-Kriterium berechnet, welches auch als MSA-Kriterium (measure of sampling adequacy) und als bestes Prüfverfahren für die Eignung der Korrelationsmatrix für eine Faktorenanalyse in der Literatur bezeichnet wird (Brosius 2004, Backhaus 2003, Leonhart 2004). Das MSA-Kriterium kann Werte zwischen Null und Eins annehmen, dabei ist ein Wert von wenigstens 0,8 erstrebenswert. Die Überprüfung der Eignung der für diese Arbeit erhobenen Datensätze wird in Kapitel 11.2 beschrieben. Die Durchführung der Faktorenanalyse orientiert sich an dem grundlegenden Schema von Backhaus et al. (2003), welches im Weiteren erläutert wird.

Für die anfänglichen Kommunalitäten werden bei der Anwendung der ML-Methode von SPSS die quadrierten multiplen Korrelationen eingesetzt (Bühner 2003). Da der Anteil der fehlenden Werte in beiden Unternehmen bei ca. 6% und somit im üblichen Rahmen einer sozialwissenschaftlichen Untersuchung liegt, wurden die fehlenden Werte als systemdefiniert fehlend behandelt (Nittner 2003). Die Bestimmung der **Anzahl der zu extrahierenden Faktoren** kann zum einen nach dem subjektiven Ermessen des Anwenders erfolgen, zum anderen aber mittels verschiedener Kriterien, wie beispielsweise dem **Kaiser-Guttmann-Kriterium** oder dem **Scree-Test nach Cattell** (Backhaus 2003, Bühner 2003, Leonhart 2004, Brosius 2004). Das Kaiser-Guttmann-Kriterium entspricht dem Eigenwert > 1 Kriterium. Es geht davon aus, dass ein Faktor, dessen Eigenwert (die Summe der quadrierten Ladungen aller Items auf einen Faktor) größer Eins ist, mehr Varianz aufklärt als eine einzelne Variable. Nach Bühner (2003) sollte dieses Kriterium in erster Linie angewendet werden, wenn eine „besonders differenzierte Aufgliederung des Merkmalsbereiches" angestrebt wird und die „Reliabilität der Items" im Vorfeld bekannt ist (Bühner 2003, S. 162). Beim Scree-Test werden die Eigenwerte „der Größe nach in einer Grafik abgetragen" (Scree-Plot). Meist tritt ein Knick auf, wenn man die Punkte miteinander verbindet. Vor diesem Knick „liegen die Faktoren, die substantielle gemeinsame Varianz wiedergeben" (Leonhart 2004, S. 379). Obwohl diese Methode sich grundsätzlich bewährt hat, wird sie aufgrund ihrer Subjektivität häufig kritisiert.

Im Anschluss an die Berechnung der Faktoren wird die Reliabilität und Validität geprüft. Die **Prüfung der Reliabilität** erfolgt zum einen über die erklärte Varianz, die Höhe der Faktorladungen und Cronbachs-Alpha (Bühner 2003,

Homburg und Giering 1996, Backhaus 2003). Ein ermittelter Faktor muss demnach mindestens 50 % der Varianz der Variablen, die auf den Faktor laden, erklären. Die Höhe der Ladungen der einzelnen Items auf einen Faktor soll mindestens 0,5 betragen, ansonsten ist das Item auszuschließen. Eine Reliabilität der Gesamtskala liegt vor, wenn Cronbachs-Alpha > 0,7 ist. Ist der Wert kleiner, sind die Items auszuschließen, deren Korrelation der Variable an sich mit der Summe aller Variablen, die auf diesen Faktor laden (Item-to-Total-Korrelation), am niedrigsten ist. Wobei nach Bühner (2003) Cronbachs-Alpha „erst dann als unbedenklich zu interpretieren (ist), wenn […] die Items einen Faktor mit ähnlich hohen Faktorladungen bilden, Eindimensionalität vorliegt und keine korrelierten Fehlervarianzen vorliegen“ (Bühner 2003, S. 124). Deshalb wird empfohlen, zusätzlich eine konfirmatorische Faktorenanalyse durchzuführen, um die Skala auf Eindimensionalität zu testen und korrelierende Fehlergrößen ausschließen zu können.

8.3.2 Konfirmatorische Faktorenanalyse

Der Vorteil der konfirmatorischen Faktorenanalyse besteht darin, dass sie gegenüber der explorativen Faktorenanalyse keine Mehrfachladungen zulässt. Sie kann als Spezialfall von Strukturgleichungsmodellen angesehen werden (Backhaus et al. 2003, Homburg und Giering 1996) und dient dazu, theoretisch und oder empirisch fundierte Modelle auf ihre Güte zu testen (Homburg und Giering 1996). So wird primär keine Datenreduktion angestrebt, sondern ein reduziertes oder sparsames Modell wird auf seine Übereinstimmung mit den erhobenen Daten getestet. Als Weiterentwicklung der explorativen Faktorenanalyse ermöglicht sie die Abbildung so genannter latenter Variablen und deren kausale Abhängigkeit von den einzelnen Items (Bühner 2003). Die Zusammenhänge zwischen den latenten Variablen werden in Form von Korrelationen und die relative Bedeutung eines Items für einen Faktor (Ladung) als partielle Regressionsgewichte angegeben (Kline 1997). Zu Beginn der Analyse werden ein Modell spezifiziert und mit einem entsprechenden Schätzverfahren die Abweichung der Korrelations- oder Kovarianzmatrix des Modells von der Stichprobenkorrelation oder –kovarianz bestimmt. Dies geschieht in mehreren Iterationsprozessen. Nach jeder Iteration wird die implizierte Kovarianz- oder Korrelationsmatrix mit der beobachteten anhand der Residualmatrix verglichen (Hoyle 1995). In der vorliegenden Arbeit wird in Anlehnung an Backhaus et al. (2003) die Korrelationsmatrix verwendet.

In Abb. 25 wird als Beispiel ein **Struktur- und das entsprechende Messmodell** für zwei latente Variablen (LV) und die abhängigen Items dargestellt. Das Messmodell beschreibt die Beziehungen zwischen beobachteten und latenten Variablen. Das Strukturmodell bildet die aufgrund sachlogischer und theoretischer Überlegungen aufgestellten Beziehungen zwischen hypothetischen Konstrukten ab. Das Strukturmodell an sich bestimmt das Abhängigkeitsverhältnis der latenten Variablen, der doppelte Pfeil beschreibt in diesem Fall einen ungerichteten Zusammenhang. Im Messmodell wird die Korrelation zwischen den Items jeweils auf die latente Variable zurückgeführt. Die Items 1-6 weisen bestimmte Ladungen auf die latenten Variablen auf, die Fehler e stehen für den Varianzanteil der Items, der nicht durch die latente Variable bestimmt werden kann.

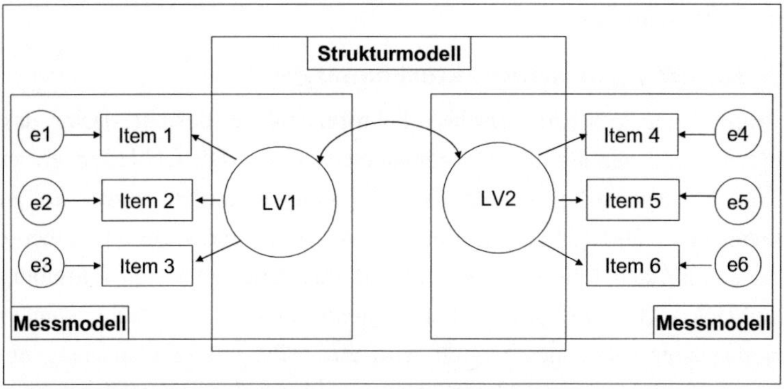

Abb. 25 Darstellung eines Mess- und Strukturmodells für zwei latente Variablen (LV) in Anlehnung an Bühner (2003, S. 211), e = Fehler

Jedes Messmodell muss über mehr bekannte als geschätzte Parameter verfügen und jede latente Variable muss eine Metrik aufweisen. Indem bei jeder latenten Variablen ein Pfad zu einem Item auf Eins gesetzt wird, lässt sich eine Metrik erzielen. In der Regel wird das Item, welches vermutlich am höchsten lädt, gewählt. Darüber hinaus wird empfohlen, mindestens drei Items pro latenter Variable zu spezifizieren. Und das Verhältnis zwischen Itemzahl und Stichprobengröße sollte 1:5, besser 1:10 betragen.

Für die **Schätzungen** stehen verschiedene Verfahren zur Verfügung, unter anderem die bereits bei der explorativen Faktorenanalyse beschriebene ML-Methode. Die Voraussetzungen für ihren Einsatz sind die gleichen wie im Fall einer explorativen Analyse. Die Maximum-Likelihood-Funktion berechnet die

Wahrscheinlichkeit, dass die beobachteten Zusammenhänge (wiederholt) eintreten, wenn das entworfene Modell gilt (Bühner 2003).

Die Passung des Modells oder der **exakte Modell-Fit** wird anhand der Überprüfung mit einem χ^2-Test der Nullhypothese getestet:

H 0: Das Modell passt zur Datenstruktur

H 1: Das Modell weicht von der Datenstruktur ab

Ein Problem in der Anwendung des χ^2-Tests besteht in seiner Sensitivität gegenüber der Stichprobengröße. Dies führt unter Umständen bei großen Stichproben bei einer nur kleinen Abweichung von einem exakten Modell-Fit zu einer Ablehnung der Nullhypothese. Deshalb ist es sinnvoll, den χ^2-Wert als deskriptives Anpassungsmaß in Form des Quotienten aus χ^2 und der Anzahl der Freiheitsgrade anzuwenden. Dieser Wert sollte kleiner oder gleich 2,5 sein (Homburg und Baumgartner 1985). Außerdem müssen aus diesem Grund weitere Fit-Indizes neben dem χ^2-Test zur Beurteilung des **approximativen Modell-Fits** herangezogen werden (Bühner 2003, Backhaus et al. 2003, Homburg und Giering 1996). In der Literatur wird kontrovers diskutiert, welche der Maße für den Modell-Fit genutzt werden sollen. Eine umfangreiche Übersicht findet sich bei Bühner (2003) und Schermelleh-Engel et al. (2003). Einigkeit besteht darüber, dass die Wahl der Schätzmethode Einfluss auf die Aussagekraft der Indizes hat.

In Kombination mit der ML-Methode sollten sinnvoller Weise neben dem χ^2-Test der RMSEA (Root-Mean-Square-Error-of-Approximation), der TLI (Tucker-Lewis-Index), der CFI (Comparative-Fit-Index) sowie der RNI (Relative-Noncentrality-Index) verwendet werden. Häufig werden auch der GFI (Goodness-of-fit-Index) oder der AGFI (Adjusted-Goodness-of-fit-Index) gebraucht (Homburg und Giering 1996). Dabei ist aber zu beachten, dass beide Indizes stichprobengrößenabhängig sind und so beim Vergleich der Passung eines Modells für verschiedene Stichproben unterschiedlicher Größe mit Vorsicht zu interpretieren sind (Bühner 2003). In Anlehnung an Backhaus et al. (2003), Bühner (2003), Homburg und Giering (1996) sowie Homburg und Baumgartner (1985) gelten die in Tab. 5 beschriebenen Anforderungen an die Gütemaße. Ein guter Modell-Fit weist auf eine Übereinstimmung der Daten mit der Modellstruktur hin, nicht aber auf eine Allgemeingültigkeit des Modells, die Validität. Diese kann auf zwei Arten überprüft werden: Zum einen indem alternative Modellstrukturen am gleichen Datensatz ausprobiert werden, zum anderen durch die Überprüfung des Modell-Fits für einen unabhängigen erneut erhobenen Datensatz.

Tab. 5 Gütemaße für den Modell-Fit der konfirmatorischen Faktorenanalyse

Anpassungsmaß	**Anforderung**
χ^2/df Chi-Quadrat/Anzahl der Freiheitsgrade	≤ 2,5
GFI Goodness-of-fit-Index	≥ 0,9
AGFI Adjusted-Goodness-of-fit-Index	≥ 0,9
RMSEA Root-Mean-Square-Error-of-Approximation	≤ 0,05
TLI Tucker-Lewis-Index	≥ 0,9
CFI Comparative-Fit-Index	≥ 0,9

Nachdem die verwendeten Methoden skizziert worden sind, erfolgt nun eine Beschreibung der Stichproben. Anschließend werden die Instrumente sowie Ergebnisse der qualitativen und quantitativen Untersuchung detailliert vorgestellt.

8.4 Untersuchungsfeld

Die untersuchten Unternehmen beschäftigen sich beide direkt oder indirekt mit Aspekten des Diversity Managements. Unternehmen 1, ein inhabergeführtes deutsches Handelsunternehmen, beschäftigt sich nicht ausdrücklich mit einem Diversity Management, aber unter einem anderen Begriff werden Aktionen subsumiert, die in ihrer Intention und Ausprägung den Maßnahmen eines Diversity Managements entsprechen. Unternehmen 2, ein international tätiger amerikanischer Hersteller von Konsumgütern, beschäftigt sich ausdrücklich mit der Umsetzung eines Diversity Managements, wobei der Fokus in Europa auf der Förderung von Frauen in Führungspositionen liegt. Die konkreten Diversity-Aspekte werden für beide Unternehmen im Rahmen der Ergebnisse der Leitbildanalyse sowie der Interviews dargestellt. Tab. 6 bietet einen Überblick über die Größenordnungen der beiden Unternehmen. Unternehmen 1 hat in Deutschland wesentlich mehr Beschäftigte, da im Handel sehr viel Teilzeit- und Aushilfsstellen besetzt werden als in produzierenden Unternehmen.

In beiden Unternehmen gehören eine ähnliche Anzahl Mitarbeiter zur Geschäftsführung bzw. erweiterten Geschäftsleitung, nämlich in Unternehmen 1 neun und in Unternehmen 2 sieben Mitarbeiter. Die hierarchischen Strukturen sind ähnlich flach ausgeprägt, bevorzugt wird in beiden Unternehmen eine Politik der offenen Türen.

Tab. 6 Größenvergleich der untersuchten Unternehmen

	Unternehmen 1 (Geschäftsjahr 04/05)	**Unternehmen 2** (Geschäftsjahr 03/04)
Umsatz Deutschland	2,4 Mrd. €	2,6 Mrd. €
Mitarbeiterzahl Deutschland	14.538	6.900
Mitarbeiterzahl Ausland	8.587	ca. 90.000

Aufgrund dieser Strukturen sind die Geschäftsleitungsmitglieder in beiden Unternehmen sowohl für normative, visionäre Ziele als auch für die strategische Umsetzung zuständig. Alle Führungskräfte sind ergänzend als Bereichsleiter für verschiedene Einheiten zuständig und verfügen über engen Kontakt zu den Mitarbeitern auf der operativen Ebene. Beide Unternehmen sind an den befragten Standorten schon mehr als 30 Jahre ansässig. In beiden Unternehmen wurden jeweils zwei in Deutschland ansässige Unternehmensbereiche in die Untersuchung einbezogen, um die Wahrnehmung des Leitbildes, der Führung, der Kommunikation und des Diversity Klimas aus verschiedenen Perspektiven zu beleuchten. Im Folgenden werden die Stichproben aus jedem Unternehmen beschrieben. Dabei ist zu bemerken, dass keine Vergleichbarkeit der Unternehmen gegeben sein soll. Denn ein Ziel ist die Überprüfung der Gültigkeit der Indikatoren für unterschiedliche Unternehmen und deren Kulturen.

8.4.1 Stichproben der qualitativen Erhebung

Unternehmen 1

Die Geschäftsführung besteht aus neun Personen, zwei Frauen und sieben Männern. Davon nahmen sechs Männer und eine Frau an den persönlichen Interviews teil. Außerdem sind noch neun Männer und zwei Frauen aus der zweiten Führungsebene interviewt worden, um eine möglichst vollständige Sicht über die Gestaltungsfelder Führung, Leitbild, Kommunikation und Diversity Klima zu erhalten. Insgesamt nahmen somit 19 Personen an den Interviews teil.

Der Hauptteil der interviewten Personen (n = 10) befindet sich im Alter von 41-50 Jahren, gefolgt von sieben Personen, die 31-40 Jahre alt sind. Lediglich zwei Personen sind zwischen 51-60 Jahre alt. Ohne feste(n) Partner(in) leben vier

Personen, der Rest in einer festen Partnerschaft. Zehn Personen haben Kinder, neun Personen keine Kinder. Es wird ausschließlich Vollzeit gearbeitet, und außer einer Person besitzen alle die deutsche Staatsbürgerschaft. In den meisten Fällen (n = 13) wird länger als zehn Jahre bei dem derzeitigen Arbeitgeber gearbeitet. Vier Personen arbeiten zwischen einem und fünf Jahren bei ihrem derzeitigen Arbeitgeber. Bei zwei Personen besteht dieses Beschäftigungsverhältnis seit sechs bis zehn Jahren. Bezüglich der Bildung ist die interviewte Personengruppe heterogener. So verfügen sieben Personen über einen Universitätsabschluss, fünf Personen über einen Fachhochschulabschluss, vier Personen über Abitur und drei Personen über eine abgeschlossene Berufsausbildung.

Unternehmen 2

In Unternehmen 2 besteht die Geschäftsführung aus sieben Personen, darunter sind eine Frau und sechs Männer. An den Interviews nahmen außer den Mitgliedern der Geschäftsführung noch vier Männer und zwei Frauen aus der zweiten Führungsebene teil. Somit nahmen aus Unternehmen 2 insgesamt 13 Personen an den Interviews teil. Der Hauptteil der interviewten Personen (n = 7) befindet sich im Alter von 31-40 Jahren, vier Personen sind 41-50 Jahre alt, zu den Altersgruppen von 51-60 und 21-30 Jahren gehört jeweils nur eine Person. Bis auf zwei Personen leben alle in einer festen Partnerschaft und haben Kinder. Alle Personen besitzen die deutsche Staatsbürgerschaft, arbeiten in Vollzeit, und 11 Personen arbeiten länger, mindestens seit sechs Jahren bei dem derzeitigen Arbeitgeber. Sieben Personen haben einen Universitätsabschluss, drei Personen einen Fachhochschulabschluss und drei Personen verfügen über eine abgeschlossene Berufsausbildung.

8.4.2 Stichproben der quantitativen Erhebung

Tab. 7 Soziodemografische Daten der Stichproben

	Unternehmen 1	**Unternehmen 2**
Gesamt N	442 (100%)	399 (100%)
Geschlecht		
weiblich	292 (66,1%)	81(20,3%)
männlich	137 (31%)	247 (55%)
Altersverteilung		
20 Jahre oder jünger		
21-30 Jahre	124 (28,1%)	66 (16,5%)
31-40 Jahre	179 (40,5%)	135 (30,1%)
41-50 Jahre	106 (24%)	120 (30,1%)
51-60 Jahre	24 (5,4%)	60 (15%)
älter als 60 Jahre	1 (0,2%)	1 (0,25%)
ethnische Herkunft		
Deutsch	369 (83,5%)	275 (69%)
Westeuropa	13 (2,9%)	37 (2,3%)
Osteuropa	33 (7,5%)	38 (9,5%)
Nordeuropa	5 (1,1%)	4 (1%)
Asien	4 (0,9%)	7 (1,75%)
Südamerika	1 (0,2%)	
Afrika	7 (1,6%)	7 (1,75%)
Nordamerika		1 (0,25%)
Nationalität		
Deutsch	408 (92,3%)	291 (73%)
Westeuropa	9 (2%)	36 (9%)
Osteuropa	5 (1,1%)	4 (1%)
Nordeuropa	3 (0,7%)	3 (0,75%)
Asien		3 (0,75%)
Südamerika	1 (0,2%)	1 (0,25%)
Afrika	1 (0,2%)	6 (1,5%)
Nordamerika		1 (0,25%)
Fremdsprachenkenntnisse		
eine	195 (44,1%)	171 (42,9%)
zwei oder mehr	64 (14,8%)	56 (13,9%)

	Unternehmen 1	Unternehmen 2
Familienstand		
mit festem Partner	304 (68,8%)	271 (67,9%)
ohne festen Partner	127 (28,7%)	106 (26,6%)
Kinder		
keine	232 (52,5%)	148 (37,1%)
Kinder im Haushalt lebend	198 (44,8%)	230 (57,6%)
Arbeitszeit		
Vollzeit	412 (93,2%)	370 (93%)
Teilzeit	23 (5,3%)	9 (2,3%)
Beschäftigungszeit bei derzeitigem Arbeitgeber		
weniger als 1 Jahr	20 (4,5%)	23 (5,8%)
1-5 Jahre	157 (35,5%)	82 (21%)
6-10 Jahre	139 (31,4%)	51 (12,8%)
länger als 10 Jahre	119 (26,9%)	224 (56,1%)
Beschäftigungszeit in derzeitiger Tätigekeit		
Durchschnitt	4,6 Jahre	8,8 Jahre
Einschätzung der Erfahrung		
nicht erfahren	3 (0,7%)	
kaum erfahren	8 (1,8%)	7 (1,75%)
teilweise erfahren	221 (49,2%)	157 (39,4%)
sehr erfahren	136 (30,3%)	111(27,8%)
keine Antwort	74 (16,5 %)	124 (31,1)
Bildungsabschluss		
Haupt- oder Volksschulabschluss	49 (11%)	90 (22,6%)
abgeschlossene Berufsausbildung	188 (41,9%)	200 (50,1%)
Abitur oder Fachhochschulreife	82 (18,3%)	39 (9,8%)
Fachhochschul-abschluss	44 (9,8%)	12 (3%)
Universitätsabschluss	2 (0,4%)	21 (5,26%)
Religion		
gläubig	185 (41,9%)	173 (43,4%)
nicht geantwortet	13 (2,9%)	34 (8,5%)

In der Tabelle 7 werden die soziodemografischen Daten der Stichproben dargestellt. In Unternehmen 1 nahmen 442 Mitarbeiter an den schriftlichen Befragungen teil, in Unternehmen 2 insgesamt 399.

8.4.3 Vergleich der Stichproben hinsichtlich der Kategorien der Diversity-Merkmale

In einem Vergleich der beiden Unternehmen anhand der in Kapitel 2.1 vorgestellten Merkmalskategorien des Diversity Managements kann festgestellt werden, ob eine pauschale Aussage über ein mehr oder weniger an Heterogenität in einem der beiden Unternehmen möglich ist. Dabei zeigt sich folgendes Bild:

Unterschiede zwischen den beiden Unternehmen bezüglich der wahrnehmbaren, angeborenen oder nicht veränderbaren Merkmale

In dieser Merkmalskategorie wurden das Alter, das Geschlecht, die ethnische Herkunft und die Kinderzahl abgefragt. In der Abb. 26 werden diese Daten in aggregierter Form dargestellt. Beispielsweise wird bei der ethnischen Herkunft nur deutsch oder nicht deutsch abgebildet, nicht aber jede einzelne Region und beim Alter wird nur zwischen jünger 40 oder älter 40 Jahren unterschieden. Der Vergleich der beiden Unternehmen zeigt, dass sie sich hinsichtlich der Alters- und Geschlechterverteilung unterscheiden.

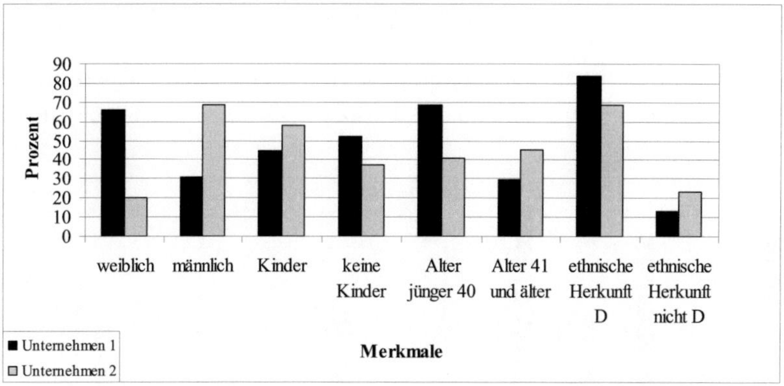

Abb. 26 Unternehmensvergleich: Nicht veränderbare Diversity-Merkmale

In Unternehmen 1 arbeiten wesentlich mehr weibliche Beschäftigte als in Unternehmen 2, dennoch kann nicht von einer größeren Geschlechterheterogenität in einem der beiden Unternehmen gesprochen werden, da der Männeranteil in Unternehmen 2 in etwa gleich hoch ist wie der Frauenanteil in Unternehmen 1. Auch bezüglich des Merkmals Kinder liegt kein nennenswerter Unterschied zwischen den Unternehmen vor, die Heterogenität ist vergleichbar.

Die Variabilität hinsichtlich der ethnischen Herkunft ist in Unternehmen 2 größer als in Unternehmen 1. Die Altersstruktur in Unternehmen 1 ist allerdings heterogener als in Unternehmen 2, wie das Boxplot in Abb. 27 verdeutlicht.

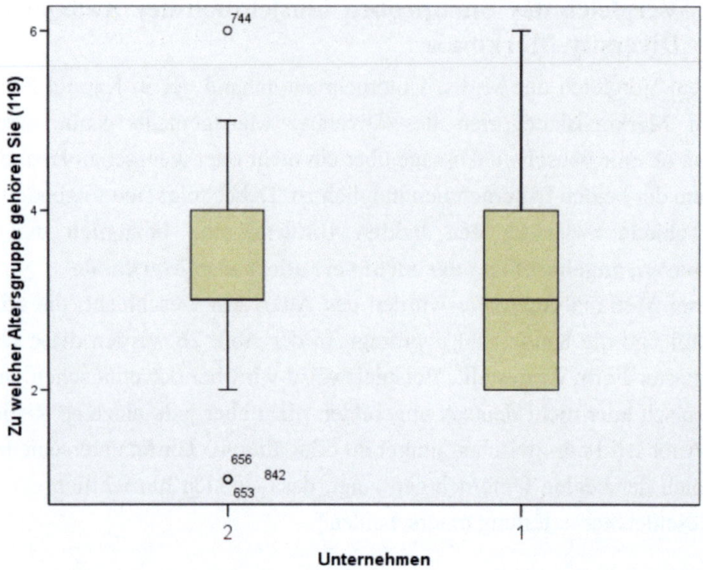

Abb. 27 Boxplot Altersverteilungen, Item 119 (Größenachse = Altersgruppen, 1= jünger 20, 2 = 20-30, 3 = 31-40, 4 = 41-50, 5 = 51-60, 6 = älter 60)

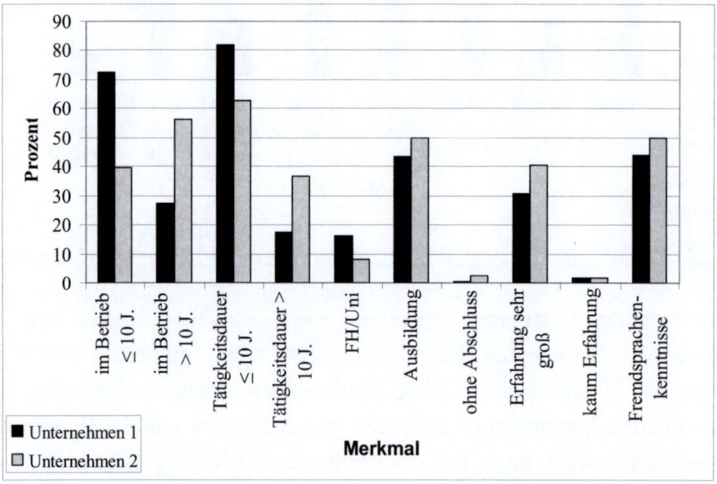

Abb. 28 Unternehmensvergleich: Erworbene, veränderbare Diversity-Merkmale

Unterschiede zwischen den beiden Unternehmen bezüglich der kaum wahrnehmbaren, schwer veränderbaren, stabilen Merkmale

Zu dieser Kategorie gehört die direkte Frage, ob sich die Mitarbeiter als religiös und gläubig bezeichnen. Die Abfrage nach sonstigen Werteinstellungen erfolgte indirekt (vgl. Kapitel 11.1). Hinsichtlich des Merkmals der religiösen Einstellung der Beschäftigten unterscheiden sich die Unternehmen nicht wesentlich. In Unternehmen 1 bezeichnen sich 41,9% als gläubig, in Unternehmen 2 treffen diese Aussage 43,4%.

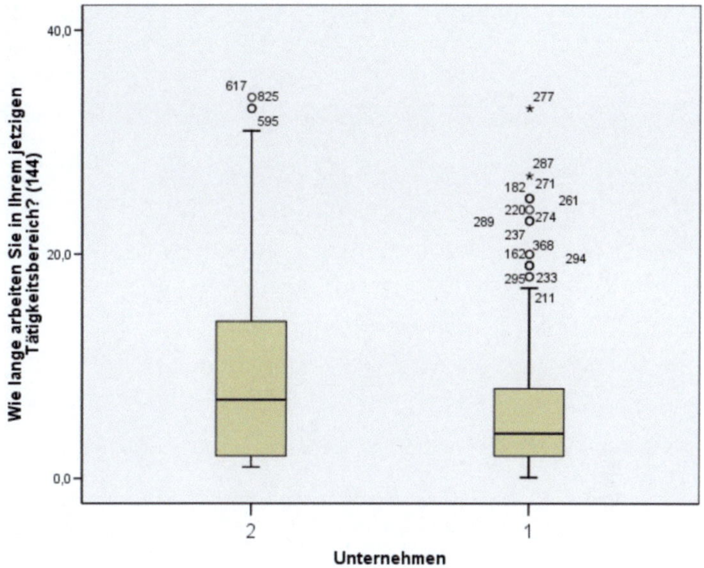

Abb. 29 Boxplot: Dauer der Ausübung der Tätigkeit, Item 144, Größenachse = Jahre

Unterschiede bezüglich der kaum wahrnehmbaren, erworbenen, veränderbaren Merkmale

Zu dieser Merkmalskategorie gehören die Bildung, die Sprachkenntnisse, die Tätigkeitsdauer sowie die Betriebszugehörigkeit und die Einschätzung der Erfahrung. Abb. 28 (S. 140) zeigt eine Übersicht über diese Kategorien. Aufgrund der unterschiedlichen Altersverteilung in den Unternehmen waren die Ergebnisse hinsichtlich der Heterogenität bezüglich der Betriebszugehörigkeit, Tätigkeitsdauer und Einschätzung der Erfahrung zu erwarten. Diese Werte sind in Unternehmen 2 höher als in Unternehmen 1. Wie ein Vergleich der Boxplots (Beispiel Abb. 29) zeigt, kann Unternehmen 2 hinsichtlich der nicht veränderbaren sowie veränderbaren Diversity-Merkmale insgesamt als etwas heterogener bezeichnet werden als Unternehmen 1, wobei diese Unterschiede als sehr gering zu betrachten sind.

Nachdem nun die Stichproben beschrieben worden sind, wird im Rahmen der folgenden Darstellung der qualitativen Untersuchung auf die Analyse der Leitbilder, im Anschluss auf die Ergebnisse der Interviews eingegangen.

9 Qualitative Untersuchung

In diesem Kapitel wird zunächst das Instrument für die Leitbildanalyse vorgestellt, um dann die Ergebnisse in Anlehnung an die entwickelten Strukturierungskriterien vorstellen zu können. Anschließend werden der Interviewleitfaden und die Auswertung der Interviews vorgestellt.

9.1 Erhebungsinstrument Leitbildanalyse

In der Literatur existieren bereits verschiedenste theoretische Ansätze zur inhaltlichen **Strukturierung von Unternehmensleitbildern**, die in Aufbau, Umfang und Gliederungstiefe zum Teil sehr stark variieren (u. a. Körner 1990, Gabele und Kretschmar 1986, Brauchlin 1984, Dierkes et al. 1997, Dietrich 1999). Die Anwendung dieser Gliederungskriterien zur Analyse der ausgewählten Leitbilder hinsichtlich der Berücksichtigung von Diversity-Aspekten ist allerdings nicht ausreichend, weshalb ein neues Instrument entwickelt wurde (vgl. hierzu und zum Folgenden Watrinet et. al. 2005 und Elmerich und Watrinet 2006).

Ziel der Leitbildanalyse ist die Entdeckung relevanter Formulierungen, insbesondere hinsichtlich des angestrebten Wertegerüstes und des zugrunde liegenden Menschenbildes. Das hierbei neu erarbeitete Gliederungskonzept und die zugehörigen Strukturierungskriterien stellen sich wie folgt dar:

Orientierungs- und Zielelemente

- Sinn und Zweck der Unternehmung
- Potenziale des Unternehmens
- Ziele und Visionen des Unternehmens (Leistungs-, Markt- und Ertrags- bzw. finanzwirtschaftliche Ziele)
- Funktion des Leitbildes

Aussagen zum Führungskonzept

- Personalführung (Festlegung der Mitarbeiterziele, Delegation, Führungsstil)
- Anforderungen und Erwartungen an die Mitarbeiter
- Förderung und Einsatz der Mitarbeiter
- Kommunikation

Kernaussagen und Unternehmenswerte

- Kernaussagen zu Stakeholdern (Mitarbeiter, Kunden, Aktionäre)
- Unternehmenswerte (allgemein, sozial, ökonomisch, ökologisch, technologisch)

In die Kategorie der Orientierungs- und Zielelemente lassen sich zum einen die Leitbildaussagen einordnen, die über die Tätigkeitsschwerpunkte des Unternehmens und die Funktionen, die für unterschiedliche interne und externe Anspruchsgruppen erfüllt werden, Auskunft geben. Zum anderen sind dieser Kategorie Angaben über die Potenziale des Unternehmens, dessen Stärken und Vorteile gegenüber der Konkurrenz, die Fähigkeiten und Kompetenzen der Mitarbeiter oder die Flexibilität des Unternehmens ebenso zuzuordnen wie Aussagen über dessen kurz- und langfristige Ziele sowie Erläuterungen über die Funktion, die das Leitbild an sich erfüllen soll.

In den Bereich des Führungskonzeptes lassen sich Aussagen über den intendierten Führungsstil, die Anforderungen und Erwartungen an die Mitarbeiter, die Personalentwicklung und die Kommunikations- und Informationsstrukturen aus der Perspektive der individuellen Vielfalt einordnen.

Die dritte und letzte Kategorie (Kernaussagen und Unternehmenswerte) enthält Angaben darüber, in welchem Verhältnis das Unternehmen zu seinen verschiedenen Anspruchsgruppen steht, wie es sie wahrnehmen und die Interaktionen mit ihnen gestalten möchte. Eine weitere Untergruppe bilden allgemeine Leitbildaussaussagen zu Werten und Normen, die für das Unternehmen wichtig sind und die die Grundlage für Verhaltensrichtlinien innerhalb des Unternehmens bilden. Dieser Kategorie kann für die Leitbildanalyse im Rahmen dieser Arbeit eine besondere Bedeutung zugesprochen werden, da hier explizite Aussagen über die Ausgestaltung eines Diversity Managements zu finden sind. In den anderen Aspekten sind die Elemente eines Diversity Managements zum Teil nur implizit enthalten, wie die Ergebnisse der Analyse im nächsten Kapitel zeigen.

9.2 Ergebnisse der Leitbildanalysen

In Tab. 8 werden die Leitbildinhalte der beiden Unternehmen dem Strukturierungsleitfaden entsprechend dargestellt. In ihrer Grundintention unterscheiden sich die Leitbilder nicht wesentlich, Mitarbeiter und Kunden sind wichtige Adressaten. In beiden Leitbildern wird das Anstreben einer guten Marktposition angesprochen. Unternehmen 1 möchte besser als die Konkurrenz sein, Unternehmen 2 konkretisiert dies, indem Ertrags-, Erfolgs- und Umsatzstreben explizit benannt werden. Beide Unternehmen möchten mit ihren Produkten und Leistungen überzeugen. In beiden Leitbildern werden die Mitarbeiter direkt oder indirekt als wichtigstes Kapital beschrieben.

Tab. 8 Vergleich der Unternehmensleitbilder

Orientierungs- und Zielelemente		
	Unternehmen 1	**Unternehmen 2**
Sinn & Zweck der Unternehmung	Wirtschaftsgemeinschaft, Herausforderungen des Wandels mit Gestaltung begegnen, Kundenbdürfnisse befriedigen, Mitarbeitern Entwicklungsmöglichkeiten bieten, Verantwortung für das Umfeld	Markenprodukte, Dienstleistungen von überlegener Qualität und hohen Nutzwert anbieten, Leben der Verbraucher in aller Welt verbessern,
Potenziale des Unternehmens	die Menschen, Marketinginstrumente, Profilierung gegenüber Wettbewerbern	Mitarbeiter/innen größtes Kapital
Ziele & Visionen des Unternehmens (Leistungs, Markt- und Ertrags- bzw. finanzwirtschaftliche Ziele)	Stammkundschaft gewinnen, mit Waren-, Produkt- und Dienstleistungsangebot überzeugen	Spitzenumsätze, wachsende Erträge, Streben nach Erfolg, die Besten sein, im Markt gewinnen
Funktion des Leitbildes	nicht dem Leitbild zu entnehmen	für alle Handlungen verbindliches Orientierungsinstrument
Führungskonzept		
Personalführung (Ermittlung der Mitarbeiterziele, Delegation, Führungsstil)	dem Mitarbeiter helfen, Umfang und Struktur des Unternehmens zu erkennen und jedem die Gewissheit geben, in seiner Aufgabe objektiv wahrgenommen zu werden	Verantwortung übernehmen, Strategien umsetzen, Ressourcen einsetzen, organisatorische Schranken abbauen, ehrlich über Leistungen sprechen
Anforderungen und Erwartungen an die Mitarbeiter	sich selbst zu erkennen und entwickeln zu wollen, einander als Mensch zu begegnen, die Individualität des anderen anerkennen, sich mit den gestellten Aufgaben verbinden, Bereitschaft zur Arbeit in Gruppen	Arbeitsabläufe verbessern, effektiver arbeiten, als Eigentümer handeln, stets das Richtige tun, die Besten sein, gute Büger sein, meisterliche Beherrschung des Fachgebietes, Verantwortung für die eigene Entwicklung und der Kollegen

Führungskonzept		
Förderung und Einsatz	gemeinsam voneinander lernen	ermutigen und ermöglichen den Mitarbeitern, hochgesteckte Ziele, Standards und Ziele zu erreichen
Kommunikation	Transparenz, Geradlinigkeit	Offenheit, Ehrlichkeit
Kernaussagen / Unternehmenswerte		
Kernaussagen zu Stakeholdern (Mitarbeiter, Kunden, Aktionären, ...)	mit allen Partnern langfristig, zuverlässig und fair zusammenzuarbeiten, Zielsetzungen gemeinsam verwirklichen	Vertrauen als Grundlage für die Zusammenarbeit, Vertrauen auf Fähigkeiten und gute Absichten, Mitarbeiter sollen sich wie Eigentümer verhalten, Orientierung nach Außen, Kundenbedürfnisse verstehen, produktive Beziehungen zu Lieferanten und Kunden, hervorragende Kontakte zu allen, die zur Erfüllung des Firmenzieles beitragen, auch Regierungen, Universitäten und Verwaltungen über alle Ländergrenzen hinweg
Unternehmenswerte (allgemein, sozial, ökonomisch, ökologisch, technologisch)	Erkennen seines Wesens, Anerkennen seiner Eigentümlichkeiten	Vertrauen, Ehrlichkeit, Streben nach Erfolg, Unterschiede positiv bewerten, persönliche Kompetenzen schätzen
Formalia		
Titel	Unternehmensphilosophie und Grundsätze	Leitsatz, Grundwerte und Prinzipien
Umfang	122 Wörter	735 Wörter
Format	6-seitige Broschüre, 9 x 21 cm	3-seitige DIN A 5 Broschüre
Adressaten	Darstellung aus Perspektive 1. Person Plural, Mitarbeiter, Kunden	Darstellung aus Perspektive 1. Person Plural; Mitarbeiter, Kunden, Lieferanten, sonst. Gesellschaftl. Institutionen

Die Funktion des Leitbildes an sich wird nur von Unternehmen 2 beschrieben. Das Leitbild wird als konkretes Orientierungsinstrument für sämtliche Handlungen angesehen. In logischer Folge sind auch die Aussagen zur Personalführung von Unternehmen 2 wesentlich konkreter. Unternehmen 1 beschränkt sich darauf, den Mitarbeitern zu helfen, in die Strukturen und damit in die Aufgaben sowie Anforderungen hineinzuwachsen. Darüber hinaus sollen die Mitarbeiter in ihren Funktionen und Positionen geschätzt werden. Implizit steht dahinter die Sichtweise, den Mitarbeiter als Leistungsträger zu betrachten. Unternehmen 2 drückt dieses explizit aus, die Mitarbeiter sollen Ressourcen (schonend) nutzen, Strategien umsetzen und Verantwortung übernehmen. Parallel verläuft die Formulierung der Anforderungen und Erwartungen an den Mitarbeiter. Im Leitbild 1 werden diese wesentlich abstrakter formuliert als in Leitbild 2. Unternehmen 1 erwartet, dass die Mitarbeiter ihre Potenziale erkennen sowie verbessern, sich mit den Aufgaben identifizieren und letztendlich so befähigt werden, diese zu lösen. Unternehmen 2 hingegen erwartet konkret Effizienzsteigerungen und Verbesserungen der Arbeitsabläufe. Die Mitarbeiter sollen Verantwortung für ihre Entwicklung übernehmen und ihre Fachgebiete beherrschen, darüber hinaus wie Eigentümer handeln.
Beide Leitbilder sprechen die Zusammenarbeit der Mitarbeiter an. Unternehmen 1 drückt dies mit der Bereitschaft zur Gruppenarbeit aus, Unternehmen 2 schreibt von der Verantwortung für die Entwicklung der Kollegen.
Die Kernaussagen zu den Stakeholdern werden von Unternehmen 1 wiederum allgemeiner gehalten als von Unternehmen 2. Unternehmen 1 setzt auf langfristige, faire Zusammenarbeit und gemeinsame Zielerreichung. Unternehmen 2 beschreibt dies wesentlich umfangreicher, dabei wird auf Vertrauen und produktive Beziehungen für die Erreichung der Firmenziele gebaut.
So wird auch in den allgemeinen Unternehmenswerten von Unternehmen 2 das Erfolgsstreben explizit genannt. In beiden Unternehmensleitbildern wird die Wertschätzung individueller Vielfalt benannt. Unternehmen 2 benutzt ausdrücklich die Begrifflichkeit des Diversity Managements, nämlich „die positive Bewertung von Unterschieden". Unternehmen 1 beschreibt das gleiche Ansinnen indirekt mit „dem Erkennen seines Wesens" und dem „Anerkennen seiner Eigentümlichkeiten".
Zusammengefasst kann festgehalten werden, dass beide Unternehmen in ihrem Leitbild auf normativer Ebene dem Gedankengut des Diversity Managements entsprechen. Die unterschiedlichen Fähigkeiten der Mitarbeiter werden als Wettbewerbsfaktor sowie Potenzial angesehen, sollen genutzt und gefördert

werden, um die Unternehmensziele zu erreichen, wobei das Leitbild von Unternehmen 1 wesentlich allgemeiner, freier und offener verfasst ist. Der Mensch bzw. Mitarbeiter steht eindeutig im Vordergrund. Auch wenn Unternehmen 2 den Mitarbeiter als Potenzialträger bezeichnet, kommt dabei indirekt eine sehr leistungs- und aufgabenorientierte Perspektive zum Ausdruck. In beiden Leitbildern werden Aussagen bezüglich der Gestaltungsfaktoren der obersten (normativen) Ebene des integrativen Gesamtkonzeptes (vgl. Abb. 30, S. 149) explizit getroffen. In den Leitbildern werden Aussagen zu einem angestrebten Umgang mit der Diversity, zu den unternehmenspolitischen Grundsätzen, dem Bekenntnis der (Personal-) führung zu bestimmten Grundwerten und zur angestrebten Kommunikation getroffen. Aussagen zu einer angestrebten Diversity Kultur und einem Diversity Klima sind implizit enthalten, d.h. durch die im Leitbild formulierten Werte kann indirekt auf die Grundannahmen der angestrebten Unternehmenskultur und des Diversity Klimas geschlossen werden. Insofern kann die Relevanz der einzelnen Elemente des Gesamtkonzeptes auf der normativen Ebene bestätigt werden (Elemente 1-6, gekennzeichnet mit den nummerierten Kreisen in der Abb. 30, S. 149). Über die Qualität (Stärke und Richtung) der horizontalen Beziehungen zwischen den Elementen lassen sich an dieser Stelle noch keine konkreten Aussagen treffen.

Nun gilt es, im Rahmen der weiterführenden qualitativen Untersuchung festzustellen, inwieweit diesen normativen Intentionen auf strategischer und operativer Ebene Rechnung getragen bzw. wie die Umsetzung von den Führungskräften und Mitarbeitern beurteilt wird. Dabei stehen die Bedeutung der einzelnen Elemente des integrativen Gesamtkonzeptes sowie deren vertikale und horizontale Abhängigkeiten im Mittelpunkt der Betrachtungen. Ein wichtiger Aspekt ist dabei zu untersuchen, inwieweit der einzelne Mitarbeiter sich in Abhängigkeit von seinen Diversity-Merkmalen von dem jeweiligen Leitbild angesprochen fühlt. Dabei wird auch analysiert, wie die Implementierung der Leitbilder durchgeführt wurde und der Stand der Diffusion zu beurteilen ist.

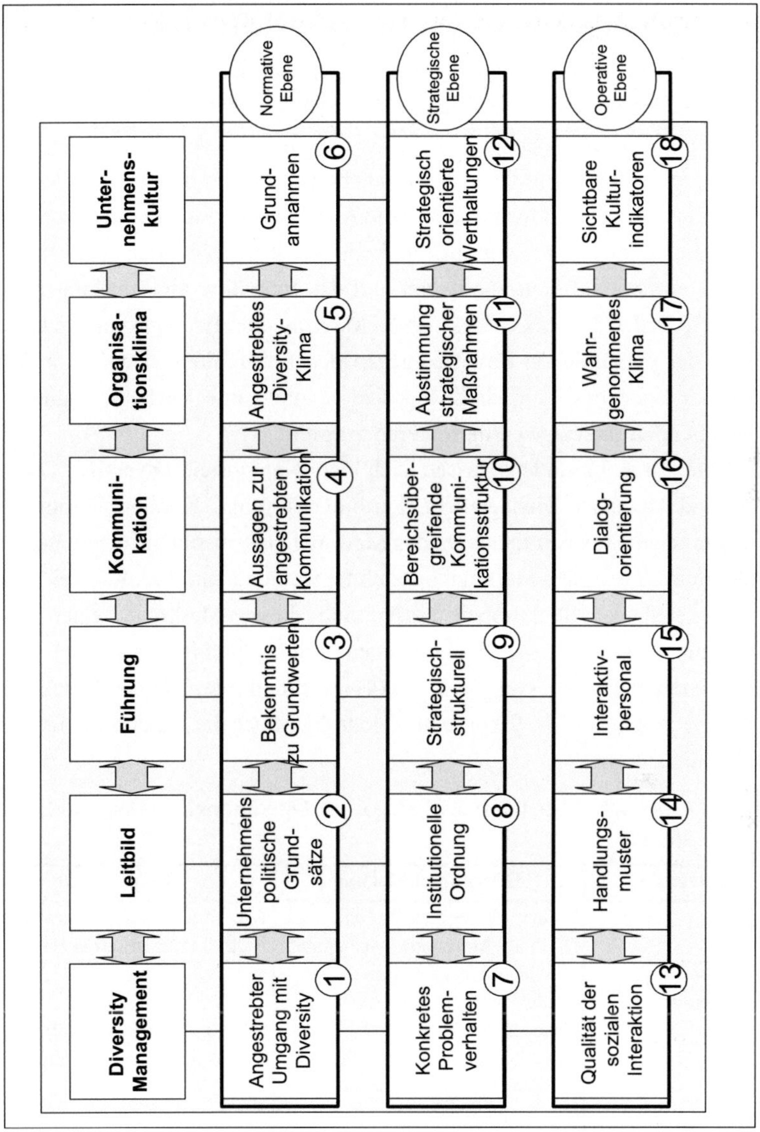

Abb. 30 Neues integratives Gesamtkonzept des Diversity Management mit allen für die Ergebnisdarstellung durchnummerierten 18 Elementen der Gestaltungsebenen

9.3 Erhebungsinstrument Interviewleitfaden

Auf der Basis theoretischer Überlegungen wurde ein teilstandardisierter, problemzentrierter Interviewleitfaden entwickelt, der sowohl offene als auch geschlossene Fragen, Aussagen zu denen das Ausmaß der Zustimmung erfragt wird, und einen umfangreichen Kurzfragebogen zu den demografischen Daten enthält. Der Aufbau und insbesondere die Abfolge der Fragen orientieren sich an Empfehlungen aus der Literatur, und zielen darauf ab, den Redefluss des Interviewpartners aufrecht zuerhalten und das Interview abwechslungsreich zu gestalten (Girtler 1984, Lamnek 1995, Mayring 2000). Allerdings wurde die Abfrage der persönlichen Daten entgegen den Empfehlungen von u. a. Witzel (1985) am Ende des Leitfadens angesiedelt, um keine Vorbehalte und Hemmungen bei den Interviewpartnern hervorzurufen.

Die Fragen des Leitfadens lassen sich den Kategorien Diversity, Diversity Klima und Diversity Management, Leitbild, Führung, Kommunikation sowie Unternehmenskultur zuordnen. Da das Merkmal Geschlecht als originäres, nicht veränderbares Diversity-Merkmal bezeichnet werden kann (vgl. Kapitel 2.1) und der Vergleich der Stichproben hinsichtlich dieses Merkmals einen großen Unterschied zwischen den Unternehmen zeigte, werden zusätzlich mittels standardisierter Fragen von Bem (1974) eventuell vorhandene Geschlechter-Stereotype erhoben. Tab. 9 gibt einen Überblick über die Kategorien und deren Operationalisierung.

Tab. 9 Übersicht über Interviewkategorien, Operationalisierung und Beispielitems

Kategorie	Operationalisierung	Beispielitems
Diversity **Diversity-Management**	Wahrnehmung von Vielfalt, Diversity-Merkmale, Maßnahmen und deren Umsetzung zur Berücksichtigung von Vielfalt, Chancengleichheit, Gleichberechtigung, Vielfalt im Leitbild, Frauenförderung, relevante Unterschiede für ein Diversity-Klima, Begriff des Diversity-Managements, Gründe für das Beschäftigen mit Diversity-Management, Wahrnehmung von Geschlechterstereotypen	Was verstehen Sie unter der Vielfalt ihrer Mitarbeiter? Gibt es konkrete Maßnahmen zur Berücksichtigung von Vielfalt? Haben individuelle Unterschiede unter den Mitarbeitern Einfluss auf das Betriebsklima?

Kategorie	Operationalisierung	Beispielitems
Leitbild	Entwicklung (Partizipation), Zielsetzung, Inhalte, Adressaten, Verbreitung, Bekanntheit, Umsetzung auf den unterschiedlichen Ebenen (spürbares Erleben, Identifikation, Integration, Handlungsleitung), Leitbild-Kultur-Kongruenz, sichtbare Artefakte	Haben Sie eine Vorstellung, wie vielen Mitarbeitern das Leitbild bekannt ist?
Führung	Selbstwahrnehmung als Führungskraft, eigener Führungsstil, im Unternehmen angestrebte Führungskultur, Leitbild als Führungsinstrument, Delegation	Welchen Führungsstil bevorzugen Sie?
Kommunikation	Art der Kommunikation, Mittel, Wege, Formen, Strukturen, Besprechungskultur, Informationspolitik, formelle versus informelle Kommunikation, Kennzeichen erfolgreicher Kommunikation und Information	Über welche Kommunikationskanäle und mit welchen Mitteln werden strategische Unternehmensentscheidungen den Mitarbeitern kommuniziert?
Unternehmenskultur	Einstellungskriterien, Bewertung des ersten Eindrucks, interne vs. externe Bewerbungen, Ähnlichkeit von Teammitgliedern, Kennzeichen erfolgreicher Mitarbeiter, vorhandene Inter- und Intragruppenkonflikte	Wie wichtig ist es für Sie, dass ein Mitarbeiter, der zu einem vorhandenen Team hinzukommt, den Mitarbeitern vom Typ her ähnlich ist?
Kurzfragebogen	Geschlecht, Alter, Nationalität, ethnische Herkunft, Familienstand, Betriebszugehörigkeit, Bildung, Sprachkenntnisse, Arbeitszeit, religiöse Orientierung	

Im Pretest für den Interviewleitfaden, der mit zwei Personen durchgeführt wurde, ergab sich keine Notwendigkeit zur Anpassung oder Überarbeitung des Interviewleitfadens.

9.4 Ergebnisse der Interviews

Die Ergebnisse der Interviews werden zunächst unternehmensbezogen vorgestellt, dabei bezüglich einiger zentraler Punkte verglichen und abschließend zusammengefasst. Dabei wird die Bedeutsamkeit der 18 Elemente des integrativen Gesamtkonzeptes (Abb. 30) und somit die Forschungsfrage 1 überprüft. Aufbauend auf der Zusammenfassung werden dann die Hypothesen für die quantitative Untersuchung formuliert. Die Ergebnisdarstellung der Interviews erfolgt nach der Vorstellung des grundsätzlichen Verständnisses der Diversity, des Diversity Managements sowie Diversity Klimas anhand der theoretisch hergeleiteten Gestaltungsfaktoren Leitbild, Führung sowie Kommunikation und schließt mit der Beurteilung ausgewählter Aspekte der Unternehmenskultur.

9.4.1 Beschreibung der Diversity, des Diversity Managements und Diversity Klimas

Zentraler Punkt in dieser Kategorie ist die Erfassung des **konkreten Problemverhaltens** (Element 7) der Führungskräfte bezüglich der Wahrnehmung der Diversity an sich, der Einschätzung der strategischen Maßnahmen und der Motivation bzw. der Begründungen für die Beschäftigung mit dem Diversity Management. Darüber hinaus sollen Aussagen über die Verknüpfungen mit den anderen Elementen dieser Ebene und der **Abstimmung der strategischen Maßnahmen** (Element 11) zur Erreichung eines Diversity Klimas ermöglicht werden.

In Unternehmen 1 ist der Begriff **Diversity Management** nur 3 Personen, d.h. nicht einmal 2 % der Befragten bekannt. Nach einer kurzen Erläuterung der Inhalte bestätigen aber alle Interviewpartner, dass ein derartiges Konzept unter anderem Namen bereits angewendet wird. Darunter werden aber weniger konkrete Maßnahmen als eine grundsätzliche Geisteshaltung verstanden, die allen Mitarbeitern ermöglichen soll, ihre Vielfalt einzubringen und zu entfalten. Demgegenüber ist der Begriff bei allen Interviewpartnern aus Unternehmen 2 bekannt. Sie sind der Meinung, dass darunter in Deutschland auch in ihrem Unternehmen häufig Frauenförderung verstanden wird. Grundsätzlich wird in Unternehmen 2 unter Diversity Management neben der speziellen Förderung von Frauen in Führungspositionen „Managing-Inclusion" verstanden. Damit ist die Einbeziehung aller Mitarbeiter, den Vielfaltsgedanken als Wettbewerbsvorteil berücksichtigend, gemeint. Beide Ziele sind bei den interviewten Managern in den Zielvereinbarungen enthalten.

Als **Begründungen** für die Beschäftigung mit Diversity oder Diversity Management werden von allen Interviewpartnern aus beiden Unternehmen sowohl ökonomische als auch soziale und moralische Gründe angegeben. Dabei liegt der Schwerpunkt der Begründungen in Unternehmen 1 vorrangig auf den sozialen, in Unternehmen 2 auf den ökonomischen Argumenten. Die Interviewteilnehmer aus Unternehmen 1 sehen in gemischten Teams nahezu uneingeschränkte Kreativitätsvorteile, in Unternehmen 2 wird dies kritischer betrachtet. Die Interviewpartner weisen auf eventuell schlechtere Ergebnisse der Teamarbeit hin, wenn die Vielfalt nicht geleitet wird. Allerdings wird in Unternehmen 1 zwischen Kreativitäts- und Problemlösungspotenzialen differenziert. Ein höheres Maß an Kreativität ist demnach nicht zwingend mit qualitativ besseren Lösungen verbunden (vgl. Kapitel 3.2.2).

In Unternehmen 2 lassen sich Aussagen bezüglich der Gültigkeit der im Kapitel 3.1 beschriebenen Isomorphismusprozesse finden, wie folgendes Zitat zeigt:

> *„Ich denk, was hier halt ankommt, sind die Programme „Diversity“. Sie sind ganz auf kulturelle Unterschiede bezogen, weil die Programme aus den USA kommen. Dort hat das Ganze eine andere Brisanz, auch was die Kultur und Hautfarbe angeht, als das bei uns in Europa der Fall ist“ (Interviewpartner 1, Unternehmen 2).*

Für Unternehmen 1 trifft diese Begründung nicht zu. Die Interviewpartner sehen aber Gründe für eine an der Vielfalt der Mitarbeiter und deren Tätigkeiten orientierte Kommunikation hinsichtlich der Konfliktvermeidung für notwendig an:

> *„Es gibt Gruppen [...] im Unternehmen, die ernorm viel Arbeit auslösen. Und es gibt Gruppen, die diese Arbeit immer hinnehmen müssen. Und dann tritt der Konflikt auf“ (Interviewpartner 9, Unternehmen 1).*

Um diese Konflikte, die häufig auf der Beziehungsebene angesiedelt sind, zu vermeiden oder zu reduzieren, ist aus Sicht dieses Interviewpartners ein großer Umfang an Kommunikation sowie Austausch, beispielsweise auch in Form von „job-rotation“, erforderlich (vgl. Kapitel 3.3.2).

Über die **Maßnahmen, die die Vielfalt und Chancengleichheit im Unternehmen** fördern sollen, herrscht in beiden Unternehmen ein sehr uneinheitliches Bild bei den einzelnen Interviewpartnern. In Unternehmen 1 werden vorwiegend detailliert konzipierte Maßnahmen für nicht erforderlich gehalten, sondern im Arbeitsalltag ergeben sich genügend Gelegenheiten, die Aspekte des Diversity Managements umzusetzen. Unterstützt wird dieses Vorgehen durch entsprechende Schulungen und Seminare, die die Mitarbeiter befähigen sollen, ihre Potenziale zu entdecken, weiter zu entwickeln sowie zu nutzen, wie das folgende Zitat zeigt:

> *„Also wir versuchen ja durch unsere Schulungsangebote, die ja vielfältig und breit sind, die Menschen dazu zu bewegen, sich damit (mit ihren Potenzialen) auseinander zu setzen. Und wenn sie das machen, entsteht da auch mehr, als da vorher war" (Interviewpartner 5; Unternehmen 1).*

In Unternehmen 2 sind demgegenüber alle Interviewpartner, bis auf einen der Meinung, dass es konkrete Maßnahmen gibt, aber jeder versteht darunter etwas anderes. Dies zeigen die folgenden drei Zitate, die den Antworten auf die Frage „Gibt es konkrete Maßnahmen zur Berücksichtigung von Vielfalt? Wenn ja, wie sehen diese aus?" entnommen:

Zitat 1:

> *„Und dieses Inclusion-Prinzip war in unserem Verständnis eine Evolution davon, dass wir gesagt haben, ich kann nicht unterscheiden "Männlein-Weiblein" und die dann einfach in Klassen unterteilen, sondern jedes Individuum hat persönliche Stärken und Schwächen. Und das versuchen wir rauszuarbeiten" (Interviewpartner 4, Unternehmen 2).*

Zitat 2:

> *„Ja, es gibt eine Diversity-Beauftragte" (Interviewpartner 2, Unternehmen 2).*

Zitat 3:

> *„Wir haben Vorgaben weltweit und auch für das Werk, wo wir uns bestimmte Prozentzahlen gesetzt haben, die wir erreichen wollen. Gerade beim Thema Frauen, Frauen in Führungspositionen" (Interviewpartner 3, Unternehmen 2).*

Diese unterschiedlichen Antworten sind ein Hinweis auf eine unzureichende strategische Verankerung der Maßnahmen. Die Gesprächspartner aus Unternehmen 2 halten die Maßnahmen insgesamt noch nicht für ausreichend. Die Unterstützung und die Umsetzung hängen in den Augen aller Befragten in beiden Unternehmen maßgeblich von der Einstellung des jeweiligen Vorgesetzten ab. Führung und Kommunikation werden in beiden Unternehmen als wichtige Kulturgestaltungsinstrumente angesehen.

Die Frage nach der **kostenmäßigen Erfassung der Maßnahmen** bringt ebenfalls sehr unterschiedliche Antworten. Derzeit werden in Unternehmen 1

Methoden für eine kostenmäßige Erfassung entwickelt. In Unternehmen 2 geben knapp 60 % der Befragten an, dass ihnen eine kostenmäßige Erfassung nicht bekannt ist, gut 40 %, dass es keine gibt. Auch diese unterschiedlichen Antworten lassen auf eine unzureichende strategische Verankerung der Maßnahmen zur Berücksichtigung der Vielfalt insbesondere in Unternehmen 2 schließen.
Auf die Frage nach der **Vielfalt der Mitarbeiter** nennen die interviewten Führungskräfte beider Unternehmen als erstes die Persönlichkeit (Charakter, Mentalität), dann das Geschlecht, gefolgt von der Nationalität. Die Interviewpartner aus Unternehmen 2 benennen insgesamt wesentlich mehr unterschiedliche, relevante Merkmale als die aus Unternehmen 1. Allerdings betonen die Interviewteilnehmer aus Unternehmen 1 besonders stark die persönlichen, individuellen Kombinationen, die eine Persönlichkeit ausmachen.

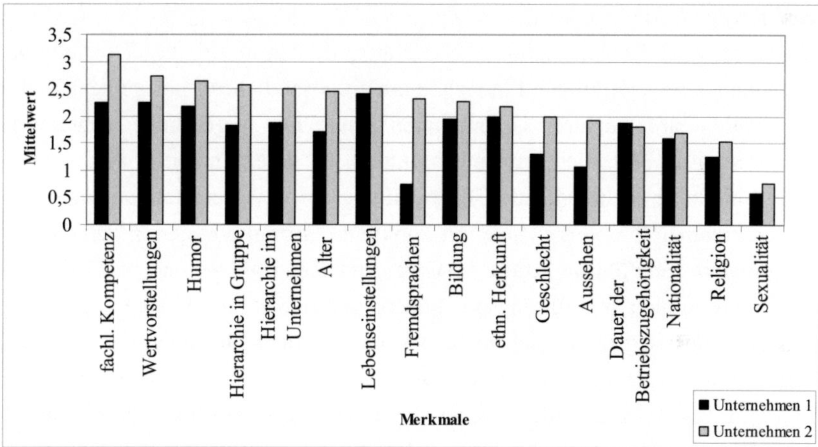

Abb. 31 Einfluss der Diversity-Merkmale auf das Klima im Unternehmen, (Skala von 1=kein Einfluss bis 5=sehr großer Einfluss auf das Klima)

Um weitere Hinweise auf das gelebte **Diversity Klima** zu erhalten, wurden die Führungskräfte, ergänzend zur Abfrage der relevanten Merkmale gebeten, vorgegebene Merkmale bezüglich der Relevanz für das Klima im Unternehmen zu beurteilen (Abb. 31).
Vergleicht man die Aussage der Abb. 31 mit den Aussagen zur Vielfalt der Mitarbeiter, so ist auffällig, dass in beiden Unternehmen der fachlichen Kompetenz und den Wertvorstellungen ein sehr großer Einfluss auf das Klima eingeräumt wird, aber diese Merkmale nicht zur Unterscheidung der Vielfalt der Mitarbeiter genannt wurden. An der Verteilung der Nennungen über die

Merkmale lässt sich die Betonung der Leistungs- und Zielorientierung von Unternehmen 2 gegenüber Unternehmen 1 erkennen, denn es wird den organisationsspezifischen sowie den Merkmalen der individuellen Expertise und Qualifikation eine relativ hohe Relevanz beigemessen. Im Vergleich zu Unternehmen 1 schätzen die Interviewpartner aus Unternehmen 2 den Einfluss aller Merkmale bis auf die Betriebszugehörigkeit stärker ein. Die Gesprächspartner aus Unternehmen 1 differenzieren deutlicher zwischen den Wirkungen einzelner Merkmale. So wird der Einfluss der Lebenseinstellung für recht groß, der des Aussehens, des Geschlechts und der Sexualität beispielsweise als sehr niedrig angesehen. Dies lässt den Schluss eines reflektierten Umgangs mit der Vielfalt in Unternehmen 1 und den doch einer recht großen angestrebten Homogenität unter den Mitarbeitern in Unternehmen 2 zu (Orientierung an einem homogenen Ideal Kapitel 5.2).

Insgesamt weist die Auswertung dieser Kategorie darauf hin, dass Diversity und die Nutzung der vielfältigen Potenziale ein grundsätzliches Management-Ziel in den beiden untersuchten Unternehmen sind. Die eigentliche strategische Verankerung erfolgt allerdings nur punktuell. In Unternehmen 1 wird dabei in erster Linie eine entsprechende Geisteshaltung bzw. Werteinstellung angestrebt. In Unternehmen 2 sind die Ziele mit konkreten Formulierungen in den Zielvereinbarungen der Führungskräfte in Form von Kennzahlen, wie beispielsweise der Anteil Frauen in Führungspositionen, verbunden. Auch wenn im Unternehmen 1 der Begriff an sich nicht bekannt ist, liegt hier doch ein originäres Verständnis bezüglich eines Diversity Managements entsprechend der Definition in Kapitel 2.2 vor, welches in erster Linie auf eine entsprechende Unternehmenskultur abzielt. Dieses Verständnis entspricht der Lern- und Effektivitätsperspektive (Parker und Dass 1999 und die Ausführungen in Kapitel 3.4); denn es wird die Möglichkeit, durch unterschiedliche Potenziale und Fähigkeiten voneinander zu lernen, betont. Gleichzeitig wird es aber auch für wichtig gehalten, mit einem derartigen Ansatz ökonomischen Anforderungen gerecht zu werden.

Für Unternehmen 2 liegt aufgrund der Betonung der wirtschaftlichen Gründe eher ein Verständnis im Sinne der Marktzutrittsperspektive vor, wie u. a. folgendes Zitat belegt:

> *„Zum einen ist es eine Marketingfirma [...], (und) wenn man aus den eigenen Reihen befördert, muss irgendwie einer besser sein als der andere, und dazu gehört auch, Dinge verkaufen zu können [...]. Da wir viele Produkte für Frauen entwickeln und herstellen, ist es not-*

wendig, Frauen zu beschäftigen, weil die ihre eigenen Wünsche am besten kennen." (Interviewpartner 10, Unternehmen 2).

Die Rolle der Führungskraft wurde in beiden Unternehmen für die Umsetzung eines Diversity Managements für außerordentlich wichtig gehalten. Zusammenfassend kann für die Führungskräfte beider Unternehmen eine Sensibilität für die Notwendigkeit eines konkreten Problemverhaltens (Element 7 des integrativen Gesamtkonzeptes) hinsichtlich des Umgangs mit der Diversity festgestellt werden. Eine strategische Abstimmung der Maßnahmen hinsichtlich eines Diversity Klimas kann für Unternehmen 2 nicht bestätigt werden. In Unternehmen 1 liegt zwar keine explizite strategische Abstimmung vor, doch kann aufgrund der einheitlichen Aussagen der Interviewpartner zum Umgang mit der Vielfalt im Tagesgeschäft und der Planung der kostenmäßigen Erfassung von einer Abstimmung ausgegangen werden. Insoweit können beide Elemente (7 und 11) bzw. deren Umsetzung für Unternehmen 1 bestätigt werden, für Unternehmen 2 gilt dies nur für Element 7.

Weniger eindeutig, als die grundlegenden Annahmen über das Problemverhalten hinsichtlich der Diversity, gestalten sich die Auffassungen über das Leitbild als Instrument für die Gestaltung einer diversity-gerechten Unternehmenskultur, wie die weiteren Ausführungen zeigen.

9.4.2 Beschreibung des Gestaltungsfaktors Leitbild

Bei den Auswertungen dieser Kategorie gilt die besondere Aufmerksamkeit der institutionellen Verankerung der Unternehmensleitbilder (Element 8).

Grundsätzlich halten die Interviewpartner beider Unternehmen (jeweils mehr als 74 %) eine Verankerung der Wertschätzung von **Vielfalt im Leitbild** für sinnvoll und notwendig. Die erste Institutionalisierung, die ein Leitbild erfährt, ist die Darstellung, d.h. die unterschiedlichen Formen der Visualisierung, die zur Verbreitung genutzt werden. Hier sind die Medien, die aus Sicht der Interviewpartner genutzt werden, sehr unterschiedlich, wie Abb. 32 zeigt. Unternehmen 1 setzt für die **Verbreitung und Visualisierung oder auch Institutionalisierung des Leitbildes** auf einen Flyer in der Begrüßungsmappe sowie auf Seminare. Unternehmen 2 bevorzugt verschiedene Aushänge in Form von Plakaten in den Gebäuden.

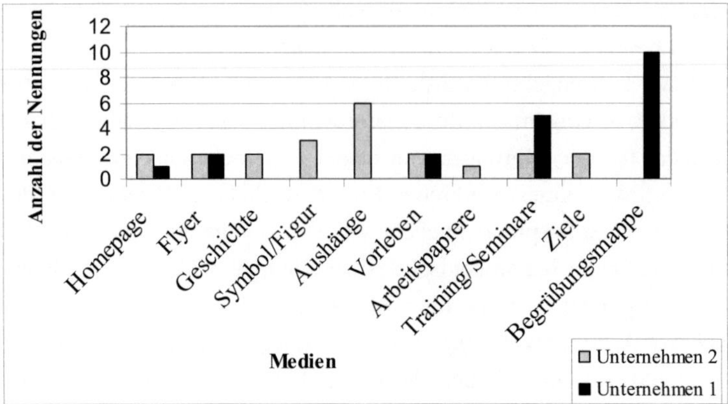

Abb. 32 Medien zur Verbreitung und Visualisierung des Leitbildes

In Unternehmen 2 gibt es eine konkrete Geschichte, die für die Umsetzung und Erklärung des Leitbildes unter Partizipation der Mitarbeiter entwickelt worden ist. In dieser Geschichte ist die Hauptfigur eine ältere Frau, die im gewerblichen Bereich tätig ist. So wird in dieser Geschichte allein durch die handelnden Personen dem Diversity-Gedanken Rechnung getragen. Das Bild dieser Frau ist an vielen Stellen im Unternehmen präsent, um das Leitbild, beispielsweise auf den Türschildern, zu visualisieren. Gleichzeitig werden die im Leitbild angesprochenen Produktions-, Ertrags- und Leistungsziele in dieser Geschichte auf die speziellen Anforderungen des Standortes herunter gebrochen, um sie den Mitarbeitern auf eine sehr direkte Weise zu vermitteln. Das eigentliche Vorleben und Umsetzen durch die Führungskräfte und Mitarbeiter untereinander wird in beiden Unternehmen nur von jeweils zwei Gesprächspartnern genannt. Dies lässt auf eine mangelnde Verknüpfung der Institutionalisierung des Leitbildes und damit der unternehmenspolitischen Grundsätze mit dem konkreten Problemverhalten des Managements (Verknüpfung Elemente 7 und 8) schließen.

Die Institutionalisierung des Leitbildes kann des Weiteren durch die **Richtung der Implementierung** und die jeweilige **Beteiligung der Mitarbeiter an der Leitbildentwicklung** (vgl. Kapitel 6.1.3) konkretisiert werden. In Unternehmen 1 verlief die Leitbildentwicklung uneingeschränkt „top-down". Die Unternehmensleitung entwickelte gemeinsam mit externen Beratern das Leitbild und die Vorgehensweise für die Implementierung bzw. Umsetzung. Begründet wird die Beteiligung eines externen Beraters mit der Notwendigkeit, ein zukunftweisendes Leitbild nur mit einer gewissen Distanz zum Tagesgeschäft entwickeln zu können:

> *„Ich würde mir da auf jeden Fall wieder einen externen, aber dem Unternehmen verbundenen Berater holen, [...] weil ich es für sehr schwer erachte, dass man sich als Mitarbeiter die Kapazitäten schafft, da einzutauchen. Ich halte es eigentlich für wichtig, dass man sich in der Erstphase vom Tagesgeschäft löst, weil man sonst permanent eigentlich in der Prüfung ist, ist das eigentlich auch machbar, umsetzbar, und ich würde es bevorzugen, dass es in einer vom Tagesgeschäft losgelösten Geschichte ist" (Interviewpartner 8, Unternehmen 1)*

Nach Meinung der Interviewpartner aus Unternehmen 1 kann eine Leitbildentwicklung nur durch die Geschäftführung, d.h. top-down erfolgen, da es sich dabei um ein Führungsinstrument handelt.

> *„Damals war die ganze Geschäftsführung beteiligt (in)Deutschland und Österreich, um ein Leitbild zu schaffen, damit wir das, was im Unternehmen sehr schnell heranwächst, auch eben in eine entsprechende Bahn lenken können" (Interviewpartner 3, Unternehmen 1).*

In Unternehmen 2 wurden die grundsätzlichen Werthaltungen und die Richtung für die Leitbildentwicklung von der Geschäftsleitung vorgegeben. An der konkreten Ausformulierung der Grundsätze für die operative Ebene wurden die Mitarbeiter aber im Rahmen eines Wettbewerbes beteiligt. Deshalb sprechen auch 83% der Gesprächspartner aus Unternehmen 2 von einer „bottom-up"-Entwicklung des Leitbildes. Dabei ist anzumerken, dass die übrigen 17% der Interviewpartner aus Unternehmen 2 genau entgegen gesetzter Meinung sind. Sie meinen, die Mitarbeiter seien nur scheinbar in den Prozess eingebunden worden und das Leitbild als auch die entsprechende Geschichte wären von oben aufgesetzt. Diese Gefahr, zwar das Wissen über die Vorstellungen der Mitarbeiter in Anspruch zu nehmen, eine authentische Partizipation aber nicht anzustreben oder zu ermöglichen, wird von Kirsch und Scholl (1981) beschrieben (vgl. Kapitel 6.1.3).

Ein Maß für die institutionelle Verankerung der Leitbilder ist der **Bekanntheits und Umsetzungsgrad des Unternehmensleitbildes**. In den Interviews wurden die Führungskräfte zu ihrer Einschätzung dieser Größen befragt. Unter einem niedrigen Bekanntheitsgrad werden Einschätzungen zusammengefasst, die davon ausgehen, dass das Leitbild weniger als 50% der Mitarbeiter bekannt ist. Ein mittlerer Bekanntheitsgrad bedeutet, dass das Leitbild zwischen 50 und 75%, und ein hoher, dass es mehr als 75 % der Mitarbeiter bekannt ist. In Abb.

33 sind die Einschätzungen der Führungskräfte abgebildet. In Unternehmen 2 schätzen demzufolge knapp 62% und in Unternehmen 1 ca. 47% der Führungskräfte, dass das Leitbild mehr als 75% der Mitarbeiter bekannt ist.

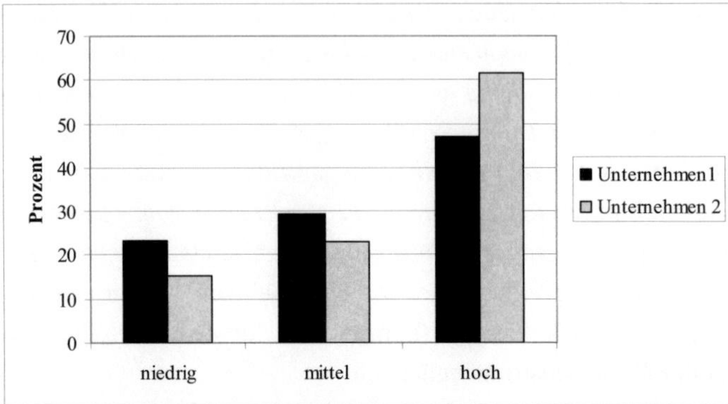

Abb. 33 Einschätzung des Bekanntheitsgrad der Leitbilder (niedrig < 50%, mittel = 50-75%, hoch > 75%)

Diese Annahmen der Führungskräfte sind insbesondere im Vergleich zu dem vermuteten Umsetzungsgrad interessant. Damit ist gemeint, von wie viel Prozent der Mitarbeiter das Leitbild im Tagesgeschäft berücksichtigt und mit Leben erfüllt wird.

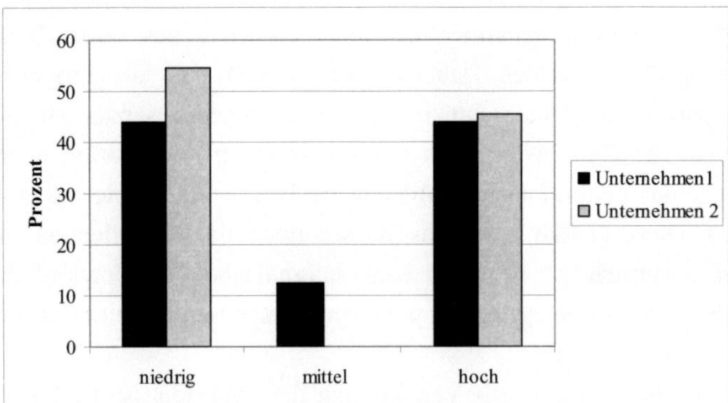

Abb. 34 Einschätzung des Umsetzungsgrades der Leitbilder (niedrig < 50%, mittel = 50-75%, hoch > 75%)

In Abb. 34 werden die von den Führungskräften geschätzten Umsetzungsgrade der Unternehmen verglichen. Obwohl die Führungskräfte aus Unternehmen 2 von einem recht hohen Bekanntheitsgrad ausgehen, schätzen sie das Umsetzen im Verhältnis dazu durchschnittlich sehr niedrig ein. Auch die Interviewpartner aus Unternehmen 1 beurteilen die Umsetzung im Verhältnis zum Bekanntheitsgrad als recht gering. Diese Diskrepanz kann verschiedene Ursachen haben, wie beispielsweise Hemmnisse im Diffusionsprozess, Verständnisprobleme oder eine zu große Differenz zwischen Ist-Zustand und der im Leitbild formulierten Sollvorstellung (vgl. Kapitel 6.1.3).

Einige Interviewpartner beider Unternehmen gehen von einem Leben des Leitbildes durch die Mitarbeiter aus, obwohl das Leitbild nicht bewusst bekannt ist, wie das folgende Zitat veranschaulicht:

> *„Ich erlebe es in der täglichen Arbeit, mit welchem Feuer und Eifer die Menschen bei ihrer Aufgabe sind, und ich denke, das geht sehr stark über die Identifikation (mit dem Leitbild und dem Unternehmen). Ob das immer bewusst stattfindet, glaube ich eher nicht" (Interviewpartner 15, Unternehmen 1).*

In Unternehmen 2 gibt es allerdings auch Führungskräfte die eine Umsetzung des Leitbildes aufgrund einer ungenauen Passung mit der Organisation für erschwert halten. Dies zeigt das folgende Zitat:

> *„Nicht in jedem Detail. Ich glaube einfach [...], dass die Vision die Organisation nicht in jedem Punkt erfasst hat." (Interviewpartner 6, Unternehmen 2).*

Gerade letztere Perspektive kann als Hinweis auf eine mangelnde Kongruenz des Leitbildes mit den Unternehmenszielen gewertet werden.

Übereinstimmung zwischen den Interviewpartnern beider Unternehmen herrscht bezüglich der Ansicht einer erfolgreichen Umsetzung des Leitbildes in Abhängigkeit von der Zugehörigkeit zur hierarchischen Ebene. Die Werte werden in beiden Unternehmen insbesondere vom Top-Management gelebt und realisiert. Entsprechend gehen in Unternehmen 1 alle Interviewpartner davon aus, dass längst nicht alle Mitarbeiter sich vom Leitbild angesprochen fühlen. In Unternehmen 2 sind 55% dieser Meinung, 45% gehen davon aus, dass sich die Mitarbeiter von dem Leitbild ausreichend angesprochen fühlen.

Die Beurteilung der **Leitbildfunktionen** durch die Interviewpartner ist recht homogen. Das Leitbild besitzt für alle eine identifizierende, integrierende sowie handlungsleitende Funktion. Heterogener ist die Einschätzung der Übereinstimmung der im Leitbild angestrebten und der tatsächlich gelebten Kultur. In Unternehmen 2 sind alle Gesprächsteilnehmer bis auf einen der Meinung, dass Leitbild und Kultur weitestgehend übereinstimmen. In Unternehmen 1 treffen diese Aussage knapp 42% der Befragten, 53% sehen das kritischer und beschreiben den Weg zur angestrebten Kultur ausdrücklich als einen länger dauernden Lernprozess. Diese Sichtweise entspricht wiederum der Lern- und Effektivitätsperspektive, so dass die vorgenommene Zuordnung an dieser Stelle bestätigt wird. In Unternehmen 1 wird die Kultur ohne Einschränkungen mit weichen Kriterien verbunden. In Unternehmen 2 wird die Erreichung der angestrebten Kultur wiederum sehr stark mit fachlichen Erfolgsgrößen verknüpft. Interessant ist an der Beurteilung in Unternehmen 2 die Wahrnehmung von Subkulturen, insbesondere im gewerblichen Bereich. Einige der Führungskräfte sehen die Ursache in den unterschiedlichen kulturellen Prägungen durch die ethnische Herkunft. Andere sehen darin eher die Notwendigkeit, aufgrund der verlangten Leistung eventuelle Kulturkonflikte auf die Sachebene transponieren zu müssen (vgl. Kapitel 3.3.2). So bilden sich zwangsläufig Teamkulturen. Folgendes Zitat belegt dieses Verständnis:

> *„Je weiter man nach unten (in der Hierarchie) an die Linie geht, desto weniger Möglichkeiten gibt es, diese Kultur auszuleben, sondern da zählt wirklich die Leistung. Und da kommt es in erster Linie darauf an, wie die Mitarbeiter untereinander umgehen [...] Solange leben die halt auch ihre persönliche Kultur oder die, die aus ihrem Herkunftsland kommt, weniger die Kultur (unseres Unternehmens)" (Interviewpartner 2, Unternehmen 2).*

In beiden Unternehmen wird von gut zwei Dritteln der Interviewpartner das **Leitbild als praxisorientiertes Führungsinstrument** eingestuft, was als Hinweis auf eine Verknüpfung der institutionellen Ordnung des Leitbildes mit strategisch-strukturellen Aspekten der Führung gewertet werden kann (Verknüpfung Elemente 8 und 9).

Die von den jeweiligen Befragten beschriebenen Inhalte und Kernfunktionen der Leitbilder decken sich mit den Ergebnissen der Leitbildanalyse. Dabei werden die Leistungs- und Ertragsziele aus dem Leitbild von Unternehmen 2 von den Führungskräften konkretisiert. Ein Ziel ist beispielsweise die Idealvorstellung einer „no touch"-Produktion, d.h. einer Produktion, die störungslos und vollautomatisch ohne menschliche Eingriffe läuft.

Insgesamt sind die Führungskräfte beider Unternehmen der Meinung, dass sich ihre Perspektiven mit den auf normativer Ebene angestrebten Werten und Zielen decken. Sie gehen von einer weitestgehenden Übereinstimmung bzw. Passung von normativer und strategischer Ebene aus, d.h. einer Verknüpfung der Elemente 2 und 8. Die Stärke der Übereinstimmung von Unternehmens- und individuellen Werten nimmt mit der Dauer der Betriebszugehörigkeit in beiden Unternehmen zu. Zusammenfassend kann für beide Unternehmen festgehalten werden, dass der institutionellen Verankerung des Leitbildes ein hoher Stellenwert auf der strategischen Ebene zugeschrieben wird. Die unterschiedliche Einschätzung, inwieweit sich die Mitarbeiter in den beiden Unternehmen von dem jeweiligen Leitbild angesprochen fühlen, weist auf verschiedene Wahrnehmungen der Diversity von Seiten der Führungskräfte hin. Den Führungskräften aus Unternehmen 1 ist die Relevanz der Diversity ihrer Mitarbeiter für die Wirkung des Leitbildes offensichtlich bewusster als den Führungskräften aus Unternehmen 2. Im Folgenden werden die Hinweise für die Umsetzung des Diversity Managements im konkreten Führungsverhalten untersucht.

9.4.3 Beschreibung des Gestaltungsfaktors Führung

Bei der Auswertung dieser Kategorie steht die strukturell-strategische Gestaltung der Führung für die Umsetzung einer diversity-gerechten Kulturgestaltung im Zentrum der Betrachtungen (Element 9). Es wird analysiert, inwieweit die Führungskräfte ein diversity-gerechtes Verhalten in ihre **strategisch-strukturellen Führungsaktivitäten** bewusst integriert haben. Einen ersten Aufschluss gibt neben der Beschreibung der bevorzugten **Führungsstile** die Selbsteinschätzung bezüglich des eigenen **diversity-gerechten Führungsverhaltens**. In Abb. 35 werden zunächst die beschriebenen Führungsstile aufgezeigt. Die Interviewpartner wurden gebeten, zu benennen welche Aspekte von Führung von ihnen eingesetzt werden. Dabei fällt zunächst auf, dass in beiden Unternehmen die Vision bzw. das Leitbild eine große Rolle als Orientierungsinstrument für die Führungskräfte spielt.

Je höher die Führungskraft in der Hierarchie des Unternehmens angesiedelt ist, desto wichtiger ist dieses Führungsinstrument, wie die Äußerungen der Interviewpartner zeigen:

> *„Wenn ich im Unternehmen weiter (nach oben) gehe, wird das Führen durch Visionen stärker. Was ich für die Hierarchieebene auch für sinnvoll erachte" (Interviewpartner 6, Unternehmen 2).*

Darüber hinaus ist auffallend, dass in Unternehmen 1 wesentlich häufiger „Führen durch Begleiten" als in Unternehmen 2 genannt wird. Umgekehrt wenden die Gesprächspartner aus Unternehmen 2 wesentlich häufiger ein „Führen mit Zielvorgaben" an. Diese Verteilungen des Antwortverhaltens entsprechen den Hauptorientierungen des jeweiligen Leitbildes. In Unternehmen

1 wird von den Führungskräften erwartet, dass sie den Mitarbeitern helfen, die Strukturen des Unternehmens zu erkennen und sie in ihrer Aufgabe objektiv wahrnehmen. In dem Leitbild von Unternehmen 2 wird unter Führung die Übernahme von Verantwortung, die Umsetzung von Strategien sowie das ökonomische Nutzen der Ressourcen verstanden (vgl. Kapitel 9.2). Insoweit kann von einem strategisch-strukturellen, leitbildkonformen Führungsverhalten gesprochen werden.

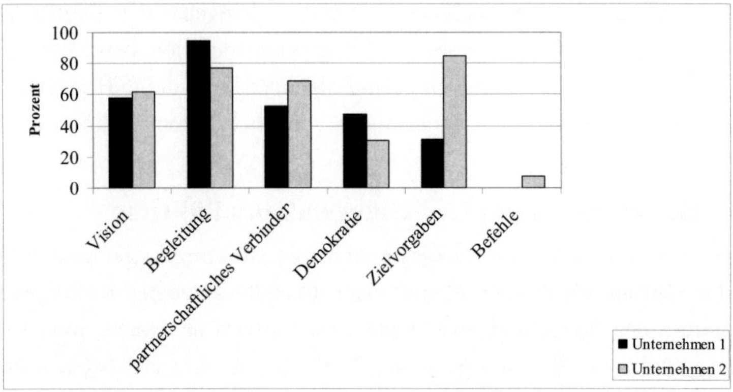

Abb. 35 Beschreibung diversity-relevanter Führungsaspekte

Grundsätzlich gehen die Gesprächspartner aus beiden Unternehmen von einer weitgehenden Übereinstimmung der bevorzugten Führungsstile innerhalb der jeweiligen Unternehmen aus, wobei in Unternehmen 1 bewusst auf eine gemeinsame Grundhaltung und davon durchaus abweichendem individuellen Verhalten hingewiesen wird, wie die folgende Äußerung zeigt.

> *„Es überwiegt nichts anderes, aber wir unterscheiden uns schon an einigen Stellen, also ich denke, das ist auch so O.K. im Unternehmen" (Interviewpartner 5, Unternehmen 1).*

Die Führungskräfte in Unternehmen 2 nehmen auch Unterschiede im Führungsverhalten wahr, streben aber eine weitere Vereinheitlichung an, was beispielsweise folgendes Zitat belegt:

> *„Ich meine, wir haben entsprechende Führungstrainings und lernen auch diese Führungsstile, die es gibt, kennen und kriegen auch beigebracht, was unser Unternehmen glaubt, was die richtigen Führungsstile sind" (Interviewpartner 7, Unternehmen 2).*

In Abb. 36 wird dargestellt, inwieweit sich das tatsächliche von den Interviewpartnern beschriebene Führungsverhalten mit den Zielvorstellungen eines

Diversity Management deckt. In Anlehnung an die Ausführungen in Kapitel 6.2.2 wurden Unterkategorien für das diversity-gerechte Führungsverhalten entwickelt (in der Abbildung Abb. 36 als Rubriken dargestellt) und diesen die vielfältigen Aussagen zum Führungsverhalten zugeordnet.

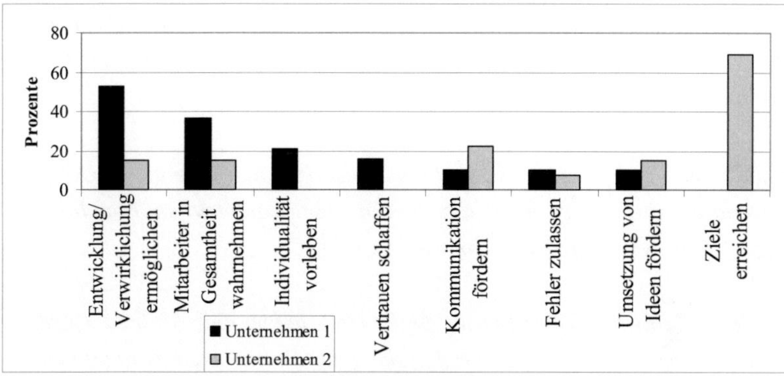

Abb. 36 Beschreibung des Führungsverhaltens

Wie die Abb. 36 verdeutlicht, steht bei den Führungskräften aus Unternehmen 1 der Mensch im Mittelpunkt, bei Unternehmen 2 die Erreichung der Ziele. Ein weiterer Hinweis für eine unzureichende Verankerung des Bekenntnisses zum Diversity Management zeigt sich in Unternehmen 2 auf der strategischen Ebene. Die grundsätzlichen Wertemuster des Diversity Managements sowie der angestrebten Kultur im Bereich der strategisch-strukturellen Führung werden nicht ausreichend umgesetzt. Das Element der strategisch-strukturellen Führung (9) ist zwar auch in Unternehmen 2 vorhanden, was die Antworten auf konkretes Nachfragen zeigen, ist aber nicht präsent bzw. wird nicht mit den Zielvorgaben des Diversity Managements verbunden. Daher kann auf eine nur unzureichende Verknüpfung mit den anderen Elementen dieser Ebene, nämlich dem konkreten Problemverhalten, der Abstimmung der strategischen Maßnahmen und den strategisch orientierten Werthaltungen ausgegangen werden (Verknüpfung Element 9 mit 7, 11 und 12). Die Qualität der Verknüpfung mit dem Element „bereichsübergreifende Kommunikation“ wird im folgenden Abschnitt betrachtet.

9.4.4 Beschreibung des Gestaltungsfaktors Kommunikation

Im Mittelpunkt der Betrachtung dieses Gestaltungsfaktors stehen der Aspekt der **bereichsübergreifenden Kommunikation** (Element 10) und die grundsätzliche **Gestaltung der Kommunikationskultur**.

Insgesamt wird die Kommunikation von allen Interviewpartnern beider Unternehmen als sehr offen und funktionell bezeichnet, wie die beiden folgenden Zitate zeigen:

Zitat 1:

> *„Da sind wir sehr schnell, und das Haus hat auch gute große Ohren, wenn ich das mal so nennen darf. Die Buschtrommeln sind auch hier gut" (Interviewpartner 6, Unternehmen 2).*

Zitat 2:

> *„Jeder Mitarbeiter hat ja die Möglichkeit, jedem eine Mail zu schreiben. Da gibt es keine Hierarchie, die sagt, ab hier geht es nicht mehr weiter. Wenn sich ein Mitarbeiter wirklich ungerecht behandelt fühlt, kommt es immer mal wieder vor, dass er den Geschäftsführer direkt anspricht" (Interviewpartner 3, Unternehmen 1).*

Dabei wird für beide Unternehmen festgestellt, dass die Mitarbeiter sich dennoch teilweise unzureichend informiert fühlen. Ein Grund dafür wird in der einseitig gerichteten Flut elektronischer Informationen gesehen, die es den Mitarbeitern erschwert, wirklich relevante Informationen herauszufiltern. Eine weitere Ursache wird in beiden Unternehmen in der manchmal unzureichenden Strukturierung der Informations- und Kommunikationswege gesehen.

> *„Ich glaube, dass es Mitarbeiter gibt, die sich immer noch nicht gut informiert fühlen, die denken immer es passiert noch viel mehr, was man selbst nicht mit bekommt. Also es gibt immer einen Kommunikationsmangel in so einem großen Unternehmen, und wir bemühen uns sicher darum, auch Punkte wie Kommunikation noch besser zu machen. Aber das kann man nie so machen. Also das ist immer eine Sache, Überkommunikation, wenn man sieht was hier alles rumhängt, kann man auch sagen, was soll ein Mitarbeiter damit anfangen" (Interviewpartner 1, Unternehmen 2).*

Neben Äußerungen ähnlichen Inhalts, ist ein weiteres Indiz für die mangelnde Strukturierung der Informationen in Unternehmen 1 die uneinheitliche Meinung der Interviewpartner bezüglich des Kommunikationskanals für wichtige strategische Entscheidungen. Insgesamt werden sechs unterschiedliche Wege benannt (Telefonat, eMail, Sitzungen, Arbeitskreise, Briefe, Meeting, Intranet). Demgegenüber geben die Gesprächspartner aus Unternehmen 2 einheitlich an, dass wichtige strategische Entscheidungen in Teammeetings oder bei besonderer Wichtigkeit in Betriebsversammlungen kommuniziert werden. Insgesamt werden die Kommunikationswege wichtiger Entscheidungen in beiden Unternehmen entlang der Hierarchie in vertikaler Richtung beschrieben, d.h. von der Geschäftleitung über die Bereichs- bzw. Abteilungsleiter bis zu den Angestellten. Bereichsübergreifende, horizontale Regelkommunikation findet in beiden Unternehmen nicht statt. Insgesamt wird die Kommunikation einmütig als besonders wichtiges Instrument für die Integration der Mitarbeiter angesehen.

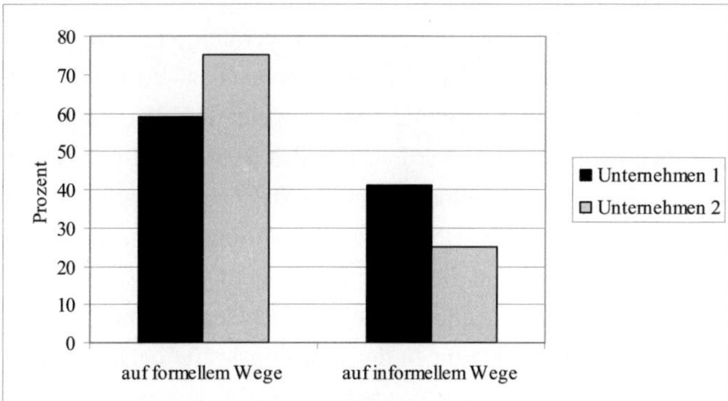

Abb. 37 Austausch wichtiger Informationen

Ein sehr wichtiger Unterschied zwischen den Kommunikationskulturen zeigt sich bei der Beschreibung des Austausches der wichtigsten Informationen. Aus der Abb. 37 wird ersichtlich, dass auch die Kommunikationskultur in Unternehmen 2 offensichtlich zu der im Leitbild propagierten zielorientierten, Kultur passt. Allerdings sehen einige Interviewpartner aus Unternehmen 2 durchaus das Problem der unzureichenden Einbindung der Mitarbeiter in die Kommunikation, d.h. wichtige Rückkoppelungsprozesse (vgl. Kap. 6.3.1), die auch für die Umsetzung des Leitbildes und der Kultur als relevant angesehen werden, finden nicht statt. Zusammenfassend kann festgehalten werden, dass in beiden Unternehmen das Element der bereichsübergreifenden, horizontalen Kommunikation (Element 10) tendenziell unzureichend berücksichtigt wird. Über das genaue Ausmaß wird die quantitative Analyse Auskunft geben. Die Kommunikationskultur ist in Unternehmen 1 offensichtlich etwas offener und informeller gekennzeichnet als in Unternehmen 2, z. B. erfolgt die Weitergabe wichtiger Informationen häufig auf informellen Wege (vgl. Abb. 37). Im nächsten Abschnitt werden nun relevante Kulturaspekte betrachtet, um Hinweise auf das Vorhandensein oder die Ausprägung der vorhandenen diversity-gerechten Unternehmenskultur zu erhalten.

9.4.5 Beschreibung relevanter Unternehmenskulturaspekte

Im Zentrum der Betrachtungen steht die Frage, inwieweit die im Leitbild entworfenen Grundannahmen der Unternehmenskultur Ausdruck in **strategisch orientierten Werthaltungen** (Element 12) finden, die wiederum die Umsetzung der diversity-gerechten Unternehmenskultur vorantreiben können.

Wie die Ausführungen in Kapitel 5.2 deutlich gemacht haben, können zur Beurteilung einer Kultur hinsichtlich ihrer diversity-gerechten Merkmale die (angestrebte) Homogenität der Beschäftigten, das Ausmaß vorhandener Intergruppenkonflikte und Vorurteile bzw. sozialer Kategorisierungen in Form von Stereotypen herangezogen werden. Für das Maß der **Homogenität** werden als Hilfskonstrukte die Einstellungskriterien für neue Mitarbeiter, das grundsätzliche Bevorzugen interner Bewerber, die Ähnlichkeit neuer Mitarbeiter im Vergleich zu vorhandenen und die Frage nach einem grundsätzlich erfolgreichen Menschentypus sowie die Rolle des ersten Eindrucks genutzt. In Abb. 38 werden zunächst die Einschätzungen der Führungskräfte bezüglich der Wichtigkeit des ersten Eindrucks bei der Bewerberauswahl dargestellt. Dabei fällt auf, dass in Unternehmen 1 dem ersten Eindruck mehr Relevanz beigemessen wird als in Unternehmen 2. Wie die Abbildung und das folgende Zitat veranschaulicht, ist es für Unternehmen 2 wichtiger, dass die neuen Mitarbeiter zu den vorhandenen passen, ihnen ähnlich sind.

> *„In erster Linie die Grundqualifikation hole ich mir aus den Unterlagen, denn den ich einlade, der hat aus meiner Sicht schon die notwendigen Grundqualifikationen. Und dann schaue ich, ob derjenige der kommt, auch ins Team passen würde und ob ich selber mir vorstellen könnte, ob derjenige mit mir zusammenarbeiten könnte. Das sind die zwei Hauptgesichtspunkte: Qualifikation führt zum Vorstellungsgespräch und Teamfähigkeit und wie passt er ins Team sind Hauptgesichtspunkt der Bewerbung selber. [...] Natürlich ist der erste Eindruck (dabei) zwangsläufig immer prägend“ (Interviewpartner 7, Unternehmen 2).*

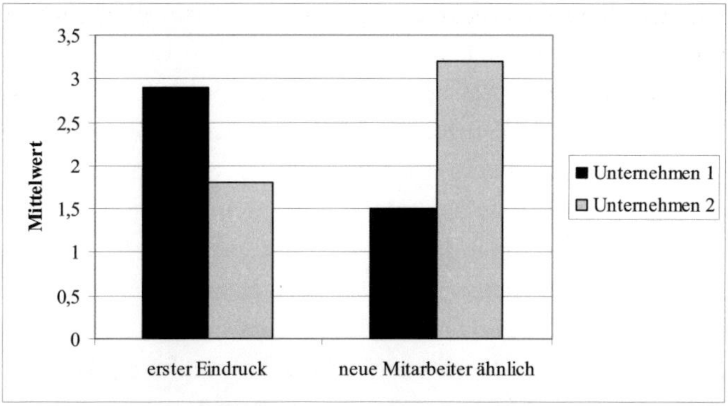

Abb. 38 Die Bedeutung kulturprägender Beurteilungskriterien (5=sehr wichtig, 1=total unwichtig)

Es ist daher auch nicht verwunderlich, dass in Unternehmen 2 grundsätzlich interne Bewerber bevorzugt werden. Aus Gründen der einfacheren Integration, der Vertrautheit mit der Unternehmenskultur und um die Weiterentwicklung der Mitarbeiter verwirklichen zu können, bevorzugt Unternehmen 1 ebenfalls interne Bewerber. Dies wird in Abb. 39 dargestellt.

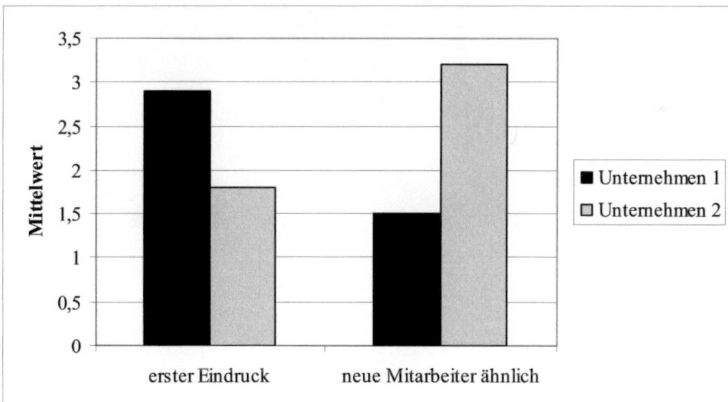

Abb. 39 Kulturprägende Beurteilungskriterien (5=sehr wichtig, 1=total unwichtig)

Wie der Abb. 39 ebenfalls zu entnehmen ist, wird im Rahmen der Auswahlverfahren in Unternehmen 1 der Schwerpunkt eher auf die soziale und in Unternehmen 2 auf die fachliche Kompetenz gelegt. Dies wird auch in der Form des Auswahlprozesses deutlich. In Unternehmen 2 ist dies ein standardisierter Prozess, dessen festes Programm sich über einen Tag erstreckt. In Unternehmen

1 handelt es sich demgegenüber um individuell gestaltete Auswahlverfahren, die sich durchaus auf ein relativ kurzes Gespräch und ein Gefühl für ein gemeinsames Wertegerüst beschränken können, wie das folgende Zitat verdeutlicht:

> *„Wichtig ist, was will der andere. Merke ich, dass der eine Frage hat, die wir gemeinsam beantworten können. Wo er einen Rahmen braucht und dann sagen kann, da komme ich dann auch hin, da kann ich mich entwickeln. Wichtig ist ja für mich, dass ich jeden einzelnen Bewerber unter dem Gesichtspunkt anschaue, was kann er entwickeln, was steckt in ihm drin" (Interviewparter 3, Unternehmen 1).*

Diese Sätze betonen auch die Wichtigkeit des Entwicklungspotenzials vor den bereits vorhandenen Qualifikationen in Unternehmen 1.

Dementsprechend fällt auch die Beurteilung der Merkmale aus, durch die besonders erfolgreiche Menschen gekennzeichnet sind, was in Abb. 40 dargestellt wird.

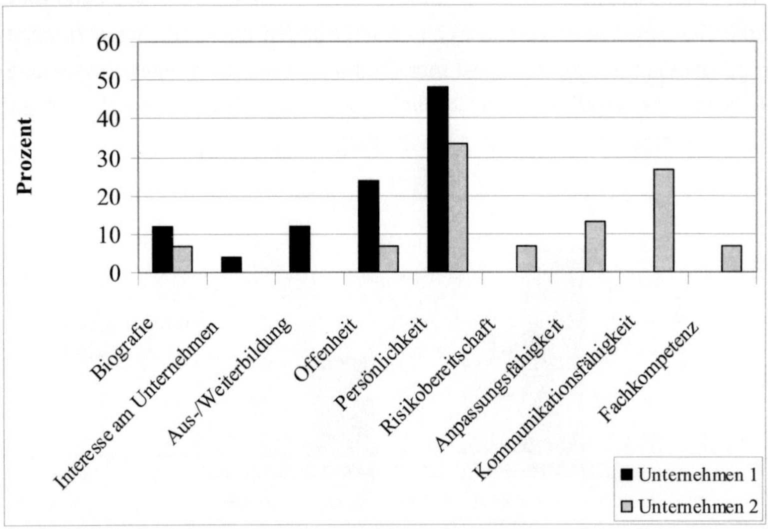

Abb. 40 Merkmale erfolgreicher Menschen

In den Augen der Interviewpartner aus Unternehmen 1 verfügen erfolgreiche Menschen über eine entsprechende Persönlichkeit und Offenheit. Die Gesprächspartner aus Unternehmen 2 beschreiben erfolgreiche Menschen ebenfalls anhand einer entsprechenden Persönlichkeit, betonen aber daneben ein hohes Maß an kommunikativen Fähigkeiten. Damit sind sowohl Fremdsprachen, rhetorische Fähigkeiten als auch Präsentationssicherheit gemeint. So wird auch hier wieder die unterschiedliche Zielorientierung der beiden Unternehmen deutlich. In Unternehmen 1 kommen vor allem Bewerber zum Zug, die über entsprechende stabile, schwer veränderbare Merkmale in Form einer entsprechenden Persönlichkeit bzw. Charakter verfügen. In Unternehmen 2 sind neben der Persönlichkeit erworbene Merkmale der persönlichen Fachkompetenz und Expertise ebenso wichtig. Daran wird deutlich, dass in Unternehmen 2 in einem gewissen Maße auch die Anpassung an die Leistungskonformität zur Unternehmenskultur erwartet wird. Einige der Führungskräfte (15%) drücken dies auch explizit aus. Insgesamt ist der Schluss zulässig, dass Unternehmen 2 ein gewisses homogenes Ideal hinsichtlich der nicht sofort wahrnehmbaren Merkmale anstrebt.

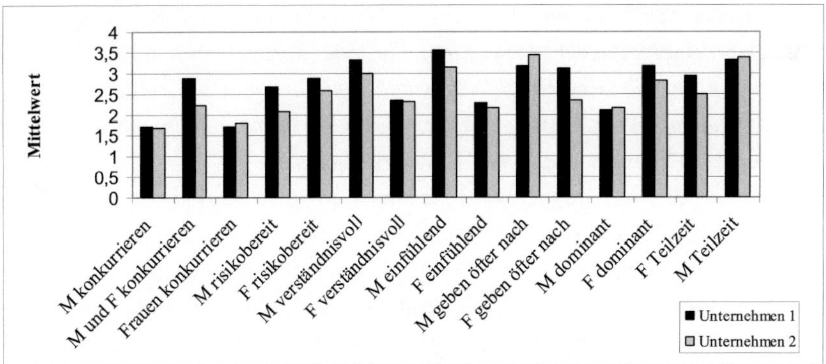

Abb. 41 Zustimmung zu Stereotypen (M=Männer, F=Frauen, Wert = 5 geringe Zustimmung, Wert = 1 hohe Zustimmung)

Dies bestätigt auch die Auswertung der **Beurteilung der Stereotype**. Die Interviewpartner sollten ihre Zustimmung zu den Aussagen: Männer konkurrieren miteinander, Männer und Frauen konkurrieren miteinander… etc. angeben. Dabei war eine Skala von 1-5 vorgegeben. Wobei 1 eine hohe Zustimmung ausdrückt, fünf eine niedrige. Abb. 41 zeigt das Ausmaß der Zustimmung. Die Gesprächspartner aus Unternehmen 2 stimmen den Stereotypen durchschnittlich in einem höheren Ausmaß zu als die Interviewten aus Unternehmen 1. Dies lässt den Schluss zu, dass die Führungskräfte aus Unternehmen 1 für die Unterschiede zwischen den Menschen dahingehend sensibilisiert sind, nicht die Frauen und die Männer wahrzunehmen, sondern den Menschen mit einer bestimmten Persönlichkeit. Das bedeutet eine Differenzierung innerhalb der Gruppe der Frauen sowie der Männer in Unternehmen 1.

Ein weiterer Hinweis, dass in Unternehmen 1 der Umgang mit der Vielfalt leichter fällt, ist die **Einschätzung der Konflikte**. In Unternehmen 1 sehen 52,6% der befragten Führungskräfte ein deutliches Konfliktpotenzial zwischen verschiedenen Beschäftigtengruppen, nicht aber innerhalb der Gruppen.

> *„Es gibt Gruppen bei und im Unternehmen, die enorm viel Arbeit auslösen. Und es gibt Gruppen, die diese Arbeit immer hinnehmen müssen. Und da tritt der Konflikt auf" (Interviewpartner 9, Unternehmen 1).*

Von den Interviewpartnern aus Unternehmen 2 sehen knapp 70% ein Konfliktpotenzial zwischen und 61,5% innerhalb der Gruppen.

> *„Und dann sagen wir mal, Konflikte gibt es immer, wo Unterschiede zwischen den Mitarbeitern sind. [...] Oder (zwischen den Abteilungen bei unterschiedlicher Auslastung, die eine Anlage) läuft das ganze Jahr über, die arbeiten Samstag und Sonntag, und die Mitarbeiter [...] (einer anderen Anlage) haben frei. Und da ist unheimlich Spannung drin" (Interviewpartner 1, Unternehmen 2).*

Insbesondere die Intragruppenkonflikte sind ein Hinweis auf ein unzureichendes Diversity Management (vgl. Kapitel 5.2) und einer nicht ausreichend diversitygerechten Unternehmenskultur. Dennoch kann für beide Unternehmen die Relevanz des Elementes 12 des Gesamtkonzeptes aufgezeigt werden, denn die propagierten Werthaltungen finden grundsätzlich Eingang in die strategische Orientierung. Im folgenden Kapitel wird nun die Bedeutung der einzelnen Elemente und Gestaltungsfaktoren, die in den Interviews gewonnen werden konnten, für das integrative Gesamtkonzept zusammenfassend dargestellt.

9.5 Zusammenfassung und Interpretation der qualitativen Studie

Die Zusammenfassung der Ergebnisse der qualitativen Analysen erfolgt in Anlehnung an die in Kapitel 7 formulierten Forschungsfragen. Die **Forschungsfrage 1** bezieht sich zum einen auf das grundlegende Verständnis von Diversity, Diversity Management sowie Diversity Klima und zum anderen auf die Relevanz der Gestaltungsfaktoren (Leitbild, Kommunikation, Führung) in der Praxis. Die angestrebte Unternehmenskultur ist dabei eine Rahmenbedingung.

Erste Anhaltspunkte für die Beantwortung dieser Forschungsfrage geben die **Analysen der Unternehmensleitbilder**. Sie zeigen einen Überblick über die normativ angestrebten Unternehmenskulturen, die zugrunde liegenden Wertemuster und die erwünschte Berücksichtigung der Diversity. Damit werden indirekt die Aspekte eines Diversity Managements und -Klimas erfasst. Diesen Themenfeldern können die entsprechenden, folgenden Aussagen in beiden Unternehmensleitbildern eindeutig zugeordnet werden: Die Fähigkeiten und Potenziale der Mitarbeiter sollen gefördert, die Mitarbeiter wahrgenommen und in den Kollegenkreis sowie das Team integriert werden. Darüber hinaus soll die Personalentwicklung sowohl an den Belangen des Unternehmens als auch an denen der Mitarbeiter orientiert werden. Neben diesen Aussagen werden Grundwerte für das Miteinander im Unternehmen und die Interaktion mit externen Anspruchsgruppen beschrieben.

In beiden Leitbildern können die Elemente 1-6 des integrativen Gesamtkonzeptes für das Diversity Management und damit die grundsätzliche Relevanz der Gestaltungsfaktoren für die Praxis auf der oberen Ebene gezeigt werden. Denn es werden Aussagen zum angestrebten Umgang mit der Diversity (Element 1), über die unternehmenspolitischen Grundsätze (Element 2), zum Bekenntnis zu Grundwerten und Grundannahmen (Elemente 3 und 6) sowie zur angestrebten Kommunikation (Element 4) und Diversity Klima (Element 5) getroffen. Im Rahmen der **Interviewauswertungen** können auch die Elemente der strategischen Ebene identifiziert werden. In den Interviews kommt eine eindeutige Ausrichtung auf ein konkretes Problemverhalten (Element 7) hinsichtlich der vorhandenen Diversity zum Ausdruck. Darüber hinaus sind sich die Führungskräfte sowohl der Notwendigkeit einer Institutionalisierung des Leitbildes an sich als auch der Nutzung des Leitbildes als Führungsinstrument bewusst (Element 8). Sie beschreiben ihr Führungsverhalten als grundsätzlich an den Belangen eines Diversity Managements ausgerichtet, d. h. versuchen die Vielfalt der Mitarbeiter in strategisch-struktureller Hinsicht (Element 9) zu berücksichtigen. Diese Aktivitäten zielen in Unternehmen 1 tatsächlich auf die Förderung und Nutzung der Heterogenität, in Unternehmen 2 auf die Erreichung eines bestimmten Maßes an Homogenität ab. Auch sind die Gesprächspartner in beiden Unternehmen der Meinung, eine Abstimmung der strategischen Maßnahmen zum Umgang mit der Unterschiedlichkeit im Unternehmen anzustreben. Dies gelingt aber in beiden Unternehmen nur bedingt. So ist davon auszugehen, dass dieses Element (11) eine Relevanz für das Gesamtkonzept besitzt, aber die Verknüpfung mit den anderen Elementen und die Umsetzung in beiden Unternehmen noch nicht ausreichend sind. Gleiches gilt für das Bekenntnis zu den gemeinsamen strategisch orientierten Werthaltungen (Element 12), die vorhanden sind, aber nicht alle Bereiche des Handelns durchdringen. Als Gründe hierfür können sicherlich die beschriebene unzureichende Strukturierung der

Informationsvermittlung und die schwach ausgeprägten horizontalen, bereichsübergreifenden Kommunikationskanäle (Element 10) angesehen werden.

Insgesamt lässt sich folglich im Rahmen der qualitativen Analyse die Bedeutung der Elemente 1-9 und 11 sowie 12 des integrativen Gesamtkonzeptes für das Diversity Management aufzeigen. Die Wichtigkeit des Elementes 10, der bereichsübergreifenden Kommunikation, wird zwar von allen Interviewpartnern bestätigt, die jeweilige Ausprägung wird aber für unzureichend gehalten, da sie nicht direkt von Bereich zu Bereich bzw. Abteilung zu Abteilung erfolgt, sondern indirekt über die Zentralbereiche, d.h. sozusagen über eine Vermittlungsstelle erfolgt. Zusammengefasst ist die Forschungsfrage 1 folglich bedeutsam und kann inhaltlich in die Hypothesengenerierung übernommen werden.

Auch die **Forschungsfrage 2**, die davon ausgeht, unterschiedlich ausgeprägte Kulturen mittels der gleichen theoretisch hergeleiteten Indikatoren für die jeweiligen Gestaltungsfaktoren beschreiben zu können, kann für die Hypothesengenerierung beibehalten werden. In den Unternehmen scheinen aufgrund der Ergebnisse der qualitativen Analyse unterschiedliche Grade der Ausprägung von diversity-gerechten Unternehmenskulturen vorzuliegen. Denn die vergleichende Gegenüberstellung der Leitbilder deutet unterschiedliche Verständnisansätze für die Begründung des Diversity Managements an. Im Leitbild von Unternehmen 1 werden soziale und moralische, in Unternehmen 2 insbesondere wirtschaftliche Argumente in den Vordergrund gestellt. Die Ergebnisse der Interviewauswertungen unterstützen eine Zuordnung der Sichtweise in Unternehmen 1 zum Lern- und Effizienz- und die des Unternehmens 2 zum Marktzutrittsverständnis. Insgesamt sind die Formulierungen in Leitbild 1 auf einer abstrakten Ebene angesiedelt. Der Mensch als Individuum mit dem Bedürfnis sich auszutauschen steht im Mittelpunkt. Demgegenüber werden in Leitbild 2 konkrete Zielsetzungen genannt. Hier wird der Mensch in erster Linie als Leistungsträger dargestellt, der den wirtschaftlichen Zwängen entsprechen soll.

Diese beschriebenen Unterschiede des Menschenbildes in den Leitbildern lassen sowohl auf verschiedene Ausprägungen der angestrebten idealen als auch der gegenwärtig gelebten Unternehmenskulturen schließen. Diese Annahme wird durch die Auswertung der Interviews grundsätzlich bestätigt: Die derzeitige sowie angestrebte Unternehmenskultur in Unternehmen 2 weist Merkmale einer ausgeprägten Homogenität gegenüber Unternehmen 1 auf. Hinweise hierfür sind die Bevorzugung ähnlicher und interner Mitarbeiter bei Neueinstellungen sowie die Betonung fachlicher Kriterien bei der Auswahlentscheidung. Demgegenüber wird in Unternehmen 1 besonderer Wert auf die individuellen, schwer veränderbaren, weichen Diversity-Merkmale gelegt, wie die Sozialkompetenz und die Persönlichkeit an sich. Darüber hinaus werden die individuellen Unterschiede zwischen den Mitarbeitern, insbesondere die Heterogenität in vermeintlich homogenen Gruppen, in Unternehmen 1 wesentlich differenzierter als in Unternehmen 2 wahrgenommen. Des Weiteren sind in Unternehmen 2 Intragruppenkonflikte in größerem Umfang vorhanden als in Unternehmen 1. So zeigt Unternehmen 1 nach der qualitativen Analyse ein höheres Maß an Diversity-Gerechtigkeit als Unternehmen 2. In Tab. 10 werden die beiden Unternehmen hinsichtlich der Multikulturalität verglichen. Nach den in Kapitel 5.2 beschriebenen Merkmalen der Multikulturalität von Unternehmen kann die Kultur von Unternehmen 2 als deutlich homogener bzw. monokultureller als die von Unternehmen 1 bezeichnet werden. In Tab. 10 wird der Erfüllungsgrad der Kriterien einer multikulturellen Organisation anhand von Kreisdiagrammen beschrieben. Ein Viertelkreis in schwarz bedeutet eine ca. 25% ige Erfüllung dieses Kriteriums. Das erste Kriterium, der Pluralismus, wurde anhand der Vielfalt bzw. der Streuung der Verteilung der demografischen Daten beurteilt (vgl. Kapitel 8.4.2). Hier zeigte sich, dass in Unternehmen 2 die Heterogenität ein wenig höher als in Unternehmen 1 beurteilt werden kann. Die vollständige strukturelle Integration wurde anhand zweiseitiger T-Tests und mittels einfaktorieller Varianzanalysen (ANOVA) im Rahmen der quantitativen Analyse beurteilt. Hier zeigten sich in beiden Unternehmen geringfügige Unterschiede im Antwortverhalten verschiedener Gruppen im Unternehmen. In Unternehmen 1 muss demnach ein Augenmerk auf die Integration von Mitarbeitern nichteuropäischer Herkunft gelegt werden, in Unternehmen 2 auf die verschiedenen Altersgruppen. Die anderen vier Aspekte multikultureller Unternehmen können anhand der beschriebenen Auswertungen der Interviews hinsichtlich der Umsetzung des Leitbildes, der Einbindung in die Kommunikationsstrukturen, der Konfliktbeurteilungen sowie der Einschätzung der Identifikationsleistung des Leitbildes und implizit der Kultur beurteilt werden.

Tab. 10 Vergleich der Unternehmenskulturen (vollständig schwarz gefüllter Kreis bedeutet 100%ige Erfüllung des Kriteriums, Halbkreis = 50% ige Erfüllung, Viertelkreis = 25% ige Erfüllung, Dreiviertelkreis = 75% ige Erfüllung)

	Unternehmen 1	Unternehmen 2
Pluralismus	◑	◕
Vollständige strukturelle Integration aller Beschäftigten	◕	◕
Vollständige Integration in informelle Netzwerke	◕	◑
Abwesenheit von Vorurteilen und Diskriminierung	◕	◑
Kaum Intergruppen-Konflikte	●	◔
Identifikation aller Mitglieder mit der Organisation	◕	◑

Ebenfalls von Bedeutung ist **Forschungsfrage 3**. Die qualitative Auswertung weist auf unterschiedliche Ausprägungen der horizontalen Verknüpfungen der Elemente untereinander hin. Eine unzureichende Verknüpfung in beiden Unternehmen scheint insbesondere für die Elemente 7 (konkretes Problemverhalten hinsichtlich des Diversity Managements) und 8 (Institutionelle Ordnung des Leitbildes) vorzuliegen. In Unternehmen 2 kann aufgrund der Interviewergebnisse eine geringe Verknüpfung des Elementes 9 (strategisch-strukturelle Führung) mit 7 (konkretes Problemverhalten), 11 (Abstimmung strategischer Maßnahmen) und 12 (strategisch orientierte Werthaltungen) vermutet werden. Insgesamt werden die vielfältigen horizontalen und vertikalen Abhängigkeiten zwischen den Elementen der normativen und strategischen Ebene deutlich.

Im Rahmen der quantitativen Erhebung wird nun untersucht, ob sich die Gestaltungsfaktoren in der Wahrnehmung der Mitarbeiter quantitativ bzw. statistisch erfassen und eindeutig voneinander abgrenzen lassen.
Große Unterschiede zwischen den Unternehmen bestehen durch den Detaillierungsgrad und Umfang sowie die verschiedenen Vorgehensweisen im Erstellungsprozess des Leitbildes. So kann auch **Forschungsfrage 4** in die Formulierung der Hypothesen einbezogen werden. Nachdem nun die Bedeutung der Forschungsfragen gezeigt wurde, erfolgt die Generierung der Hypothesen für die quantitative Analyse im nächsten Kapitel.

10 Generierung der Forschungshypothesen

Im Rahmen der Leitbilduntersuchung und der Auswertung der Interviews konnte die grundsätzliche Bedeutung der Gestaltungsfaktoren Leitbild, Kommunikation, Führung und Diversity Klima für ein strategisch orientiertes Diversity Management und eine entsprechende diversity-gerechte Unternehmenskultur in normativer und strategischer Hinsicht gezeigt werden.

Im Rahmen der quantitativen Untersuchung wird nun versucht, zunächst die Gültigkeit der Elemente der Gestaltungsfaktoren für die operative Ebene zu zeigen. Im Anschluss wird das erreichte Ausmaß der Umsetzung der Faktoren in einer komparativen Analyse der beiden Unternehmen dargestellt. Die Untersuchung erfolgt anhand der folgenden Forschungshypothesen die sich aus den Forschungsfragen der qualitativen Analyse ergeben:

H 1: Es gibt vier unabhängige Indikatoren (Wahrnehmung des Führungsverhaltens, Wahrnehmung der Kommunikation, Wahrnehmung des Diversity Klimas, Wahrnehmung des Leitbildes), die als Maß für die erfolgreiche Implementierung einer diversity-gerechten Kultur genutzt werden können.

Die erste Hypothese ergibt sich aus den Forschungsfragen 1 und 2. Nachdem die grundsätzliche Bedeutung der abhängigen Gestaltungsfaktoren gezeigt wurde, wird nun überprüft, inwieweit sich deren Wirkungen auf der operativen Ebene, d.h. in der Wahrnehmung der Mitarbeiter in Form unabhängiger Indikatoren auffinden lassen.

H 2: Die Indikatoren lassen sich den Gestaltungsfaktoren Leitbild, Führung, Diversity Klima und Kommunikation zuordnen.

Die zweite Hypothese ergibt sich ebenfalls aus den Forschungsfragen 1 sowie 2 und ist eng mit der ersten Hypothese verbunden.

H 3: Die im Gesamtmodell theoretisch hergeleiteten und qualitativ bestätigten Abhängigkeiten zwischen den Gestaltungsfaktoren lassen sich quantitativ nachweisen.

Die dritte Hypothese ist wiederum eng mit der zweiten Hypothese verbunden und ergibt sich aus Forschungsfrage 3.

H 4: Anhand der Indikatoren lässt sich zeigen, dass Unternehmen 1 über eine diversity-gerechtere Unternehmenskultur verfügt als Unternehmen 2.

Die vierte Hypothese ergibt sich aus der Forschungsfrage 2. Denn die qualitative Untersuchung und die Leitbildanalyse zeigen einen deutlichen Unterschied hinsichtlich der Diversity-Ausprägung der beiden Unternehmenskulturen. Nun wird untersucht, ob sich dieser Unterschied auch mittels der unabhängigen auf

Basis der Faktoren berechneten Indikatoren, die ein „Mehr oder weniger“ an Diversity-Gerechtigkeit beschreiben, zeigen lässt.

H 5: Für den Erfolg des Leitbildes ist weniger die Partizipation der Mitarbeiter im Entstehungsprozess als vielmehr die Gestaltung des Diffusionsprozesses entscheidend.

Diese fünfte Hypothese ergibt sich aus der vierten Forschungsfrage. Denn die Auswertung der qualitativen Analyse weist auf eine erfolgreiche Entwicklung und Einführung eines Leitbildes in Unternehmen 1 ohne jegliche Partizipation der Mitarbeiter hin, obwohl die Mehrheit der Autoren von der Notwendigkeit einer Einbeziehung der Mitarbeiter bei der Neu- oder Umgestaltung des Leitbildes ausgeht.

Im folgenden Kapitel wird die quantitative Untersuchung vorgestellt.

11 Quantitative Untersuchung

Zunächst wird die Operationalisierung der Variablen beschrieben. Anschließend werden einige signifikante Ergebnisse der Unternehmensvergleiche dargestellt. Dann wird zunächst mit den in Unternehmen 1 erhobenen Daten eine explorative, darauf aufbauend eine konfirmatorische Faktorenanalyse durchgeführt, um das entwickelte Gesamtkonzept und die Hypothesen 1-3 zu überprüfen. Im Anschluss wird dann das Modell der konfirmatorischen Faktorenanalyse mit den Daten des Unternehmens 2 überprüft. Abschließend werden die Indikatoren für die Ausprägung der Gestaltungsfaktoren berechnet und die Werte der beiden Unternehmen verglichen, somit die Hypothese 4 überprüft. In einer abschließenden, gemeinsamen Betrachtung der qualitativen und quantitativen Ergebnisse erfolgt die Überprüfung der Hypothese 5.

11.1 Operationalisierung der Variablen für die schriftliche Befragung

Die Variablen wurden in einem Fragebogen mit insgesamt 82 Items operationalisiert. Ergänzend kamen 18 Fragen zu persönlichen Daten bzw. kultureller Vielfalt und 6 Items hinzu, die sich auf weitere Aspekte wie Lohngerechtigkeit und Arbeitszufriedenheit bezogen. Als Basis für die Formulierung der Items dienten die Ergebnisse der qualitativen Analyse. Da der Themenbereich des Diversity Managements bisher kaum erforscht ist und dementsprechend kaum getestete oder standardisierte Instrumente vorliegen, wurde der Fragebogen weitestgehend neu entwickelt. Der Aspekt der Arbeitszufriedenheit, der in Ergänzung zu den Gestaltungsfaktoren erfasst wurde, ist in Anlehnung an Bruggemann (1975) formuliert worden. Die Stereotypenabfrage von Bem (1974 und 1981) wurde im Fragebogen, ebenso wie in den Interviews, verwendet. In Tab. 11 werden Beispiele für die Operationalisierung der Gestaltungsfaktoren gezeigt. In der ersten Spalte sind die Kategorien benannt, in der zweiten werden Beispielitems für die jeweilige Kategorie angegeben und in der dritten Spalte die Anzahl der Items zu dem jeweiligen Gestaltungsfaktor aufgeführt. Aufgrund der beschriebenen Abhängigkeiten ist eine Zuordnung im Vorfeld der Faktorenanalysen nicht immer eindeutig oder auch zu mehreren Gestaltungsfaktoren möglich. Inhaltlich lehnt sich die Operationalisierung der Gestaltungsfaktoren an die Beschreibung der Kategorien des Interviewleitfadens an (vgl. Kapitel 9.1). Lediglich die Kategorie Ausprägungen des Diversity Managements und der

Unternehmenskultur wurde für die Gestaltung des Fragebogens gedanklich zusammengefasst.

Tab. 11 Operationalisierung der Gestaltungsfaktoren

Kategorie	**Beispiel-Item (Nr.)**	**Anzahl der Items**
Führung	Ich werde von meiner/m Vorgesetzten als Mensch und nicht als Untergebener wahrgenommen (6)	12
Leitbild	Ich bin in der Lage, einem Außenstehenden unser Unternehmensleitbild zu erzählen (47)	20
Kommunikation	Die Kommunikation mit anderen Gruppen im Unternehmen funktioniert gut (20)	6
Diversity-Klima	Unterschiede bezüglich der Bildung haben Einfluss auf das Betriebsklima (59)	29
Ausprägung Diversity Management und Kultur	Die Mitarbeiter werden fair behandelt unabhängig von ihrem Alter (90)	15

In den meisten Fällen (82 der 88 Items) wurde die Zustimmung zu dem jeweiligen Item anhand der fünfteiligen Likert-Skala erfasst. Die Zustimmungsmöglichkeiten reichten dabei beispielsweise von „trifft voll und ganz zu" bis zu „trifft überhaupt nicht zu". Aufgrund der klaren Abstufung der Antwortmöglichkeiten ist eine realistische Abbildung der Wahrnehmungen möglich (Borg 2000, Bronner et al. 1999). Auch wenn es sich aufgrund dieser Antwortmöglichkeiten streng genommen um ordinalskalierte Daten handelt, ist es möglich, der gängigen Forschungspraxis entsprechend, von einer annähernden Intervallskalierung auszugehen, um multivariate Analyseverfahren anwenden zu können (Backhaus 2003, Leonhart 2004, Bühner 2003).

Der Fragebogen wurde in einem Pretest (N=19) überprüft. Dabei ergaben sich keine Hinweise auf die Notwendigkeit einer Überarbeitung. Für ein besseres Verständnis wird im Fragebogen der Begriff des Betriebsklimas verwendet, da sich in der qualitativen Analyse der Begriff des Organisationsklimas als ungebräuchlich erwies. Inhaltlich wird mit dem Betriebsklima in der Praxis das Organisationsklima, wie es in Kapitel 6.4.1 dieser Arbeit beschrieben wird, verstanden

11.2 Durchführung und Ergebnis der explorativen Faktorenanalyse

Wie in Kapitel 8.3.1 bereits ausgeführt wurde, liegt bei den erhobenen Datensätzen keine Normalverteilung vor. Die trendbereinigten Q-Q-Diagramme lassen jedoch auf eine Gleichartigkeit der Verteilung schließen. Darüber hinaus wurde ausgeführt, dass es sinnvoll ist, die ML-Methode zu verwenden. Diese Methode kann nach West et al. (1995) bei Verletzung der Normalverteilung angewendet werden, wenn die Schiefe der Verteilung bei maximal 2,0 liegt und der Excess kleiner als 7,0 ist. Beide Kriterien sind in den Datensätzen von Unternehmen 1 und 2 erfüllt.

Neben der Verteilung wurden darüber hinaus in Kapitel 8.3.1 weitere Kriterien hinsichtlich der Eignung der Datensätze für die Faktorenanalyse vorgestellt. Diese sind in der Tabelle 12 mit den jeweiligen Werten oder der Angabe Erfüllung des Kriteriums für Unternehmen 1 und 2 dargestellt.

Tab. 12 Eignung der Stichproben für die Faktorenanalyse in Anlehnung an Backhaus et al. 2003, Brosius 2004, Leonhart 2004

Kriterien	Unternehmen 1	Unternehmen 2
Fallzahl/Items mind. 3:1	429 : 88	399 : 88
Intervallskalierung	kann angenommen werden	kann angenommen werden
Signifikanzniveau der Korrelationen	40 Items mit signifikanten Korrelationen	40 Items mit signifikanten Korrelationen
Inverse der Korrelationsmatrix = Diagonalmatrix	gegeben	gegeben
Anti-Image-Kovarianz Matrix: Nicht-diagonal-Elemente nahe 0	gegeben	gegeben
Kaiser-Meyer-Olkin-Kriterium (MSA der Stichproben)	0,88	0,85

Der Tab. 12 ist zu entnehmen, dass die Stichproben sowohl für eine explorative als auch konfirmatorische Faktorenanalyse geeignet sind. Nach der Berechnung der Korrelationen wurden die Items ausgeschlossen, deren Korrelationskoeffizient < 0,5 bzw. nicht signifikant war oder die inhaltlich keinen Erklärungsbeitrag zum Erkenntnisgegenstand beitragen können. Für die weitere Analyse wurden 40 Items beibehalten.

Die Anzahl der zu extrahierenden Faktoren wurde mittels Scree-Test in Verbindung mit theoretischen Überlegungen bestimmt (vgl. Kapitel 8.3.1). Dabei ergaben sich 5 Faktoren. Aufgrund der explorativen Vorgehensweise und des bisher wenig untersuchten Forschungsgegenstandes war es „sinnvoll [...], verschiedene Faktorenlösungen mit unterschiedlicher Faktorenanzahl nach inhaltlichen und formalen Gesichtspunkten zu betrachten“ (Bühner 2003, S. 163). „Unabhängig von den gewählten Extraktionskriterien, (ergibt) es keinen Sinn, eine Anzahl von Faktoren zu extrahieren, die inhaltlich nicht plausibel interpretierbar sind“ (ebd. S. 162).
In Kapitel 8.3.1 wurden bereits die Wahl des Extraktionsverfahrens beschrieben und die Auswahl der Maximum-Likelihood-Methode (ML-Methode) begründet. Bei der Ermittlung der Anzahl der zu extrahierenden Faktoren zeigte sich, dass sich die Ergebnisse der Hauptkomponentenanalyse nur geringfügig von denen der ML-Methode unterscheiden. Dies kann nach Bühner (2003) sowie Backhaus et al. (2003) als Hinweis auf eine hohe Reliabilität und Kommunalität der Items sowie eine Gleichverteilung der Daten gewertet werden. Als Rotationsverfahren wurde aufgrund der Annahme unkorrelierter Faktoren eine orthogonale, die Varimax-Methode gewählt. Auch hier wurden vergleichende Untersuchungen mit einer obliquen (schiefwinkeligen) Rotationsmethode vorgenommen. Da sich dabei eine vergleichbare Zuordnung der Items zu den Faktoren ergab, kann von der Methodeninvarianz der Faktorenstruktur ausgegangen werden (Bühner 2003).
Die fünf Faktoren die so ermittelt wurden, können folgendermaßen beschrieben werden:

- Faktor 1: Wahrgenommener Umgang mit der Diversity (Umgang mit Diversity)
- Faktor 2: Wahrgenommenes Diversity Klima hinsichtlich der nur schwer oder nicht-veränderbaren Diversity-Merkmale (Diversity Klima persönlich)
- Faktor 3: Wahrgenommene Leitbildumsetzung und Funktion (Leitbild)
- Faktor 4: Wahrgenommenes Führungsverhalten (Führung)
- Faktor 5: Wahrgenommenes Diversity Klima hinsichtlich der veränderbaren, erworbenen, organisationsspezifischen Diversity-Merkmale (Diversity Klima organisatorisch)

Die Bezeichnungen in den Klammern werden zur Vereinfachung im Folgenden für die Bezeichnung der Faktoren verwendet.

Ein Faktor „Kommunikation und Information“ hat sich aus methodischen Gründen nicht zeigen lassen. Die Kommunikation und Information müssen mit anderen Items bzw. Formulierungen oder Instrumenten erfasst werden. Da die Kommunikation im Rahmen der qualitativen Analyse als wichtiges Element beschrieben wurde, kann sie nicht als bedeutungslos bezeichnet werden.
Um die Validität zu gewährleisten, wurden Variablen mit einer Faktorladung kleiner 0,5 ausgeschlossen und die Reliabilität der Gesamtskala mit Cronbachs-Alpha vorläufig überprüft (Backhaus 2003, Bühner 2003). Dabei ergab sich für jeden Faktor ein Wert deutlich höher als 0,7, so dass keine Variablen ausgesondert werden mussten. Von einer vorläufigen Überprüfung muss gesprochen werden, so lange die Eindimensionalität der Faktoren nicht gezeigt wurde.
Der Anteil der durch den Faktor erklärten Varianz der Gesamtvarianz der Variablen (Total-Variance-Explained, TVE) wurde zusätzlich herangezogen, um die Güte der Faktoren zu überprüfen. Nach Homburg und Giering (1996), Backhaus (2003) sowie Bühner (2003) sollten 50% der Varianz der Variablen durch den Faktor erklärt werden. Insgesamt werden 52,5 % der Varianz durch die fünf Faktoren erklärt. Somit ist auch dieses Kriterium erfüllt. Die Ergebnisse dieser Überprüfung sind in Tab. 13 abgebildet.

Tab. 13 Reliabilität (vorläufig) der explorativen Faktorenanalyse

	Faktor 1	Faktor 2	Faktor 3	Faktor 4	Faktor 5
	Umgang mit der Diversity	Diversity-Klima persönlich	Leitbild	Führungs-verhalten	Diversity-Klima organisatorisch
Reliabilität der Gesamtskala	0,92	0,86	0,86	0,84	0,81
Anzahl der Items nach Validitäts- und Reliabilitätsprüfung	12	6	6	5	5

In Tab. 14 wird das Ergebnis der explorativen Faktorenanalyse in Form der rotierten Komponentenmatrix dargestellt. In dieser Abbildung wird die inhaltliche Plausibilität der Faktoren sehr deutlich.

Tab. 14 Rotierte Komponentenmatrix für Unternehmen 1

	Faktoren				
	1	**2**	**3**	**4**	**5**
Die Mitarbeiter/innen werden fair behandelt unabhängig von ihren Lebenseinstellungen (64)	0,73				
Die Mitarbeiter/innen werden fair behandelt unabhängig von ihren äußeren Merkmalen (62)	0,70				
Die Mitarbeiter/innen werden fair behandelt unabhängig von ihren persönlichen Wertvorstellungen (63)	0,70				
Die Mitarbeiter/innen werden fair behandelt unabhängig von ihrer ethnischen Herkunft (61)	0,66				
Die Mitarbeiter/innen werden fair behandelt unabhängig von ihrer religiösen Orientierung (65)	0,65				
Die Mitarbeiter/innen werden fair behandelt unabhängig von ihrem Geschlecht (60)	0,62				
Die Mitarbeiter/innen werden fair behandelt unabhängig von ihrer Bildung (67)	0,61				
Die Mitarbeiter/innen werden fair behandelt unabhängig von ihrem Alter (59)	0,57				
Die Mitarbeiter/innen werden fair behandelt unabhängig von ihrer fachlichen Kompetenz (70)	0,54				
Die Mitarbeiter/innen werden fair behandelt unabhängig von ihrer Dauer der Betriebszugehörigkeit (68)	0,53				
Die Mitarbeiter/innen werden fair behandelt unabhängig von ihrer Hierarchiestellung im Unternehmen (69)	0,51				
Unterschiede bezüglich der ethnischen Herkunft Einfluss auf das Betriebsklima (92)		0,80			
Unterschiede bezüglich der Nationalität Einfluss auf das Betriebsklima (93)		0,77			
Unterschiede bezüglich der religiösen Orientierung Einfluss auf das Betriebsklima (97)		0,72			
Unterschiede bezüglich der sexuellen Orientierung Einfluss auf das Betriebsklima (98)		0,61			
Unterschiede bezüglich der äußeren Merkmale / des Aussehens Einfluss auf das Betriebsklima (94)		0,53			
Unterschiede bezüglich des Geschlechts Einfluss auf das Betriebsklima (91)		0,50			

	Faktoren				
	1	2	3	4	5
Ich fühle mich von unserer Unternehmensphilosophie angesprochen (51)			0,79		
Die Erwartungen, die mein Unternehmen an mich als Mitarbeiter/in stellt, werden mir durch die Unternehmensphilosophie verdeutlicht (48)			0,71		
Für die Zusammenarbeit im Team gibt mir unsere Unternehmensphilosophie Orientierung (53)			0,66		
Die Werte und Normen meines Unternehmens sind mir wichtig (49)			0,65		
Ich bin in der Lage, einem Außenstehenden die Unternehmesphilosophie meines Unternehmens zu erläutern (47)			0,57		
Die Unternehmensphilosophie hilft einem neuen Mitarbeiter sich zurecht zu finden (40)			0,56		
Unterschiede bezüglich der Hierarchie in der Gruppe Einfluss auf das Betriebsklima (101)				0,68	
Unterschiede bezüglich der Hierarchie im Unternehmen Einfluss auf das Betriebsklima (102)				0,65	
Unterschiede bezüglich der fachlichen Kompetenz Einfluss auf das Betriebsklima (104)				0,62	
Unterschiede bezüglich der Bildung Einfluss auf das Betriebsklima (99)				0,58	
Unterschiede bezüglich der Dauer der Betriebszugehörigkeit Einfluss auf das Betriebsklima (100)				0,53	
Unterschiede bezüglich der persönlichen Wertvorstellungen Einfluss auf das Betriebsklima (95)				0,51	
Meine besonderen Fähigkeiten werden von meiner/m Vorgesetzten wahrgenommen (34)					0,73
Ich werde von meiner/m Vorgesetzten als Mensch und nicht als Untergebene/r wahrgenommen (6)					0,68
Mein/e Vorgesetzte/r traut mir zu, Verantwortung zu übernehmen (5)					0,67
Mein/e Vorgesetzte/r und ich vereinbaren Ziele zu meiner persönlichen Weiterentwicklung (8)					0,62
Wenn ich ungerecht behandelt werde und dagegen protestiere, bin ich überzeugt, dass mein Anliegen ernst genommen wird (31)					0,56
Extraktionsmethode: Hauptachsen-Faktorenanalyse. Rotationsmethode: Varimax mit Kaiser-Normalisierung. Die Rotation ist in 7 Iterationen konvergiert. Es werden nur Faktorladungen größer 0,5 dargestellt.					

Der **Faktor 1**, der den wahrgenommenen Umgang mit der Diversity erfasst, wird durch Items beschrieben, die sich auf sämtliche Ausprägungen der Diversity-Merkmale beziehen. Demnach besitzen sowohl die wahrnehmbaren angeborenen Merkmale wie Alter, Geschlecht, ethnische Herkunft und andere äußere Merkmale als auch die weniger offensichtlichen Merkmale, die schwer veränderbar sind wie die Wertvorstellungen, die Lebenseinstellungen und die religiöse Orientierung sowie die leichter zu verändernden Merkmale wie Bildung, Betriebszugehörigkeit, hierarchische Stellungen und Fachkompetenz Relevanz für das Diversity Management in diesem Unternehmen. Somit kann davon ausgegangen werden, dass diese Merkmale über Einfluss auf die sozialen Interaktionen (Element 13 des integrativen Gesamtkonzeptes, Abb. 21, S. 119) im Unternehmen verfügen. Dieser kann sowohl negativer als auch positiver oder neutraler Art sein. Bei der Wahrnehmung des Diversity Klimas (Element 17 des integrativen Gesamtkonzeptes, S. 119), **Faktor 2 und 5,** muss aufgrund des Ergebnisses der Faktorenanalyse zwischen einer individuellen, personenzentrierten und einer organisationszentrierten Komponente differenziert werden. Demnach besitzen die persönlichen angeborenen Merkmale einen anderen Einfluss auf das Klima als die eher veränderbaren Merkmale, die sich auf die fachliche Qualifikation und institutionelle Einbindung der Mitarbeiter beziehen.

Durch **Faktor 3** bzw. die auf diesen Faktor ladenden Items wird die wahrgenommene Umsetzung und Funktion des Leitbildes beschrieben. Dabei wird die individuelle Wertschätzung des Leitbildes und damit indirekt die (integrierende) Wirkung bzw. der Bekanntheitsgrad bei den Adressaten durch die Items 47, 49 sowie 51 abgebildet. Die Items 40, 48 und 53 beschreiben die Ausprägung des Leitbildes als Handlungsmuster (Element 14 des integrativen Gesamtkonzeptes S. 119).

Die Ladung der Items auf den **Faktor 4**, das wahrgenommene diversity-gerechte Führungsverhalten, zeigt die Bedeutung der individuellen Wertschätzung des Mitarbeiters durch den jeweiligen Vorgesetzten. Diese interaktive personale Komponente (Element 15 des integrativen Gesamtkonzeptes S. 119) drückt sich in der Übertragung von Verantwortung, der Vereinbarung persönlicher Entwicklungsziele, der Wahrnehmung der individuellen Fähigkeiten sowie der Wahrnehmung des Menschens an sich aus. Interessant ist dabei insbesondere die Ladung von Item 31 „Wenn ich ungerecht behandelt werde und dagegen protestiere, werde ich Ernst genommen" auf den Faktor Führung. In diesem Item wird der Vorgesetzte nicht explizit erwähnt, dennoch scheint er der wichtigste Ansprechpartner bei Ungerechtigkeiten zu sein.

Zusammengefasst bestätigt die explorative Faktorenanalyse die Bedeutung der Elemente auf der operativen Ebene des integrativen Gesamtmodells für das Diversity Management. Im Rahmen der nun folgenden konfirmatorischen Analyse wird überprüft, ob die Faktoren tatsächlich eindimensional sind, d.h. jedes Item eindeutig auf nur einen Faktor lädt, um die Reliabilität der Faktoren zu bestätigen.

11.3 Durchführung und Ergebnis der konfirmatorischen Faktorenanalyse

In diesem Kapitel werden zunächst die Eindimensionalität der ermittelten Faktoren überprüft und anhand der Daten aus Unternehmen 1 ein Modell entwickelt, welches in der Lage ist, das Verhältnis der Gestaltungsfaktoren einer diversity-gerechten Unternehmenskultur abzubilden. Im Anschluss wird der Fit des Modells an dem in Unternehmen 2 erhobenen Datensatz überprüft. Nachdem auf diese Weise die Reliabilität und Validität gezeigt wurden, können die Indikatoren für die diversity-gerechte Unternehmenskultur bestimmt werden.

„Mit Hilfe der konfirmatorischen Faktorenanalyse kann jede Skala auf Eindimensionalität [...] geprüft werden. Erst wenn diese vorliegt, ist Cronbachs-Alpha eine Mindestschätzung der Reliabilität“ (Bühner 2003, S. 213). Die Voraussetzungen für die Durchführung einer konfirmatorischen Faktorenanalyse sowie die Gründe für die Wahl der Maximum-Likelihood-Methode (ML-Methode) wurden in Kapitel 8.3.2 erläutert.

11.3.1 Entwurf eines Modells für das integrative Gesamtmodell des Diversity - Managements

Aufgrund der in der explorativen Analyse ermittelten Faktorenstruktur kann als Grundlage für die konfirmatorische Faktorenanalyse das in Abb. 42 dargestellte Mess- und Strukturmodell herangezogen werden. In der Abbildung ist das Strukturmodell in dem inneren Rechteck abgebildet, das Messmodell befindet sich in dem äußeren Rahmen. Bei diesem Modell handelt es sich um ein rekursives Messmodell, alle Pfade weisen in die gleiche Richtung, und es werden keine korrelierenden Fehlervarianzen zwischen den Variablen zugelassen. Latente Variablen werden mit einem Kreis, gemessene Variablen mit einem Rechteck dargestellt. Die gebogenen zweiseitigen Pfeile zwischen den latenten Variablen symbolisieren korrelative Beziehungen.

Da das Ergebnis der Faktorenanalyse letztendlich zur Formulierung von Indikatoren herangezogen wird, die gleichsam als Test für die Ausprägung einer diversity-gerechten Unternehmenskultur genutzt werden können, ist es erforderlich, die Trennschärfe und Schwierigkeit der Items zu überprüfen (Leonhard 2004, Bühner 2003). Dies erfolgte ebenfalls mit SPSS, Version 13. Dabei wurden die entsprechenden Streudiagramme und Boxplots berechnet, die in Verbindung mit entsprechenden theoretischen Überlegungen ein Aussondern von eher nicht geeigneten Items ermöglichen (Bühner 2003, Brosius 2004).

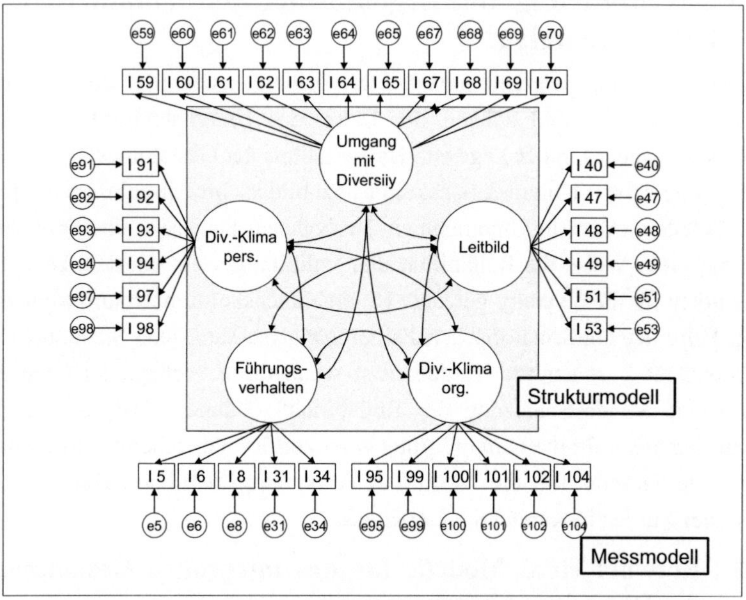

Abb. 42 Struktur- und Messmodell für das integrative Gesamtkonzept des Diversity Managements auf Basis der explorativen Analyse (I = Item, e = Fehler, pers. = persönlich, org. = organisatorisch)

Die Ergebnisse der jeweiligen Schritte dieser Analyse wurden mit den jeweiligen Berechnungen für die Eindimensionalität der Faktoren, die mit AMOS 6.0 durchgeführt wurden, kontinuierlich abgeglichen. Die Ergebnisse werden im Folgenden dargestellt.

Bevor nun das gesamte Modell überprüft werden kann, werden die einzelnen Faktoren auf Eindimensionalität geprüft. Dafür wird für jeden Faktor ein einfaktorielles Modell für eine konfirmatorische Faktorenanalyse erstellt und berechnet. In Abb. 43 wird dieses Modell exemplarisch für den Faktor 2 dargestellt (diese Auswahl ist willkürlich). Wie schon beschrieben, werden nun die Trennschärfe, Schwierigkeit und Streuung der Items betrachtet, um weitere Hinweise auf Reliabilität und Validität sowie Testgüte zu erhalten.

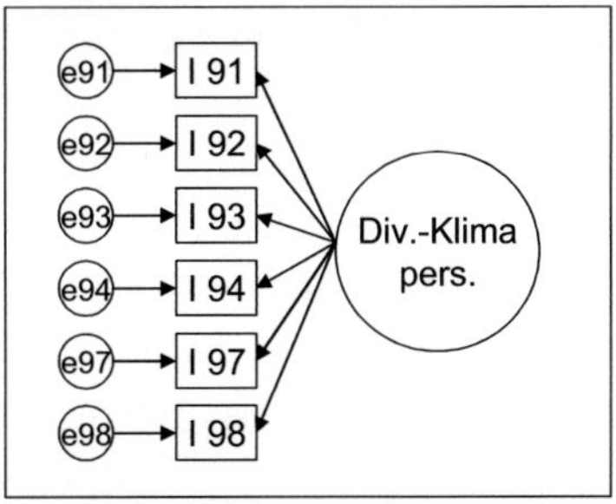

Abb. 43 Einfaktorielles Modell für die latente Variable „Wahrgenommenes Diversity Klima hinsichtlich der nur schwer oder nicht-veränderbaren Diversity-Merkmale" (Diversity Klima persönlich), (I = Item, e = Fehler)

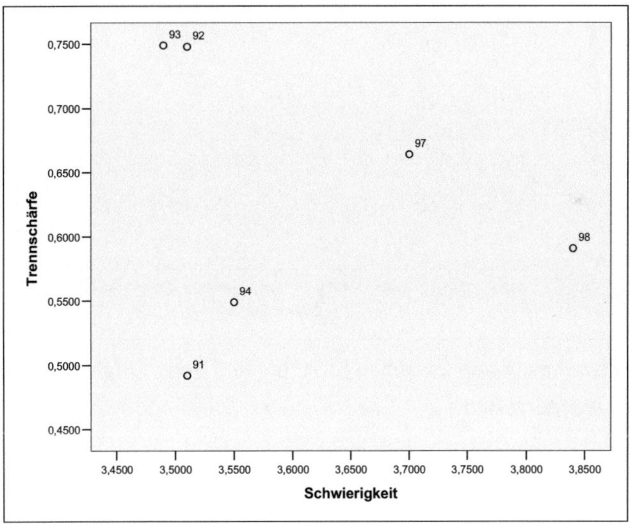

Abb. 44 Zusammenhang zwischen Trennschärfe und Schwierigkeit der auf Faktor 2 ladenden Items

„Die Trennschärfe steht dafür, wie gut ein Item inhaltlich alle anderen Items der Skala widerspiegelt" (Bühner 2003, S. 90). Der Schwierigkeitsindex gibt an, wie

schwer oder leicht die Beantwortung dieser Frage bzw. die Stellungnahme zu dieser Aussage ist, und die Streuung ist ein Maß dafür, wie stark sich die Antworten der Probanden unterscheiden (Bühner 2003, Brosius 2004).
„Geringe Trennschärfen sollten nur dann in Kauf genommen werden, wenn die Schwierigkeit extrem ausfällt. Items mit hoher Streuung und geringer Trennschärfe sollten auf jeden Fall näher analysiert werden, bevor sie in die Testendform aufgenommen werden" (Bühner 2003, S. 100). In Abb. 44 ist zu erkennen, dass Item 93 und 92 über eine hohe Trennschärfe verfügen. Auch wenn die Schwierigkeit relativ niedrig ist, sollten sie auf jeden Fall beibehalten werden.

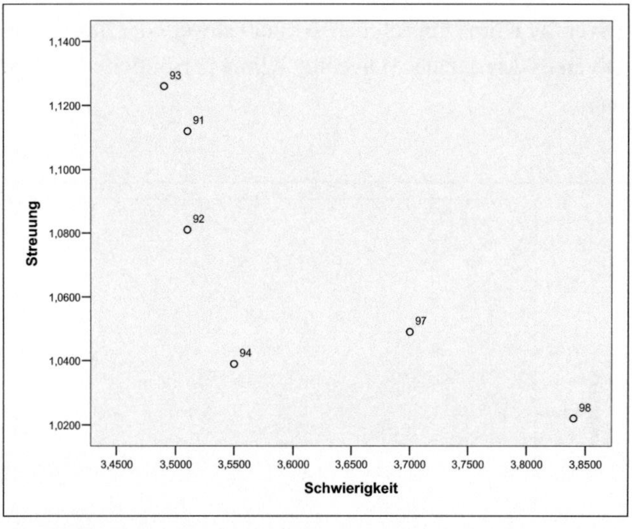

Abb. 45 Zusammenhang zwischen Streuung und Schwierigkeit der auf Faktor 2 ladenden Items

Die Schwierigkeit muss im Falle der erhobenen Daten im Sinne von „schwierig zu beurteilen" eingestuft werden. Dies trifft für die Items 97 und 98 zu, die sich auf die religiöse sowie sexuelle Orientierung beziehen, weniger für die Items 92 und 93, die Nationalität und ethnische Herkunft erfassen. Bei der Sexualität und Religion handelt es sich um individuelle Merkmale, die nur schwer erkennbar sind. Aufgrund der Schwierigkeit, anhand dieser Merkmale zu differenzieren, fällt die Streuung entsprechend gering aus, wie Abb. 45 verdeutlicht. Aus

diesem Grund ist es sinnvoll, Item 97 und 98 nicht in die weiteren Untersuchungen einzubeziehen.
Die Darstellung des Verhältnisses von Trennschärfe zu Streuung in Abb. 46 legt nahe, Item 91 genauer zu betrachten. Eine niedrige Trennschärfe in Verbindung mit einer relativ hohen Streuung lässt auf bestimmte Antwortstrategien mit bestimmten Zielen der Befragten schließen. Da es sich aber hierbei um die Einschätzung des Einflusses handelt, den das Geschlecht auf das Betriebsklima hat, ist davon auszugehen, dass die hohe Streuung dem tatsächlichen Antwortverhalten entspricht. Denn mit diesem Item sind emotionale Aspekte verbunden, die individuell stark unterschiedlich ausfallen. Beispielsweise können mit diesem Item Meinungen bezüglich der Sinnhaftigkeit von Frauenquoten verbunden sein. Deshalb ist es durchaus sinnvoll, dieses Item beizubehalten.

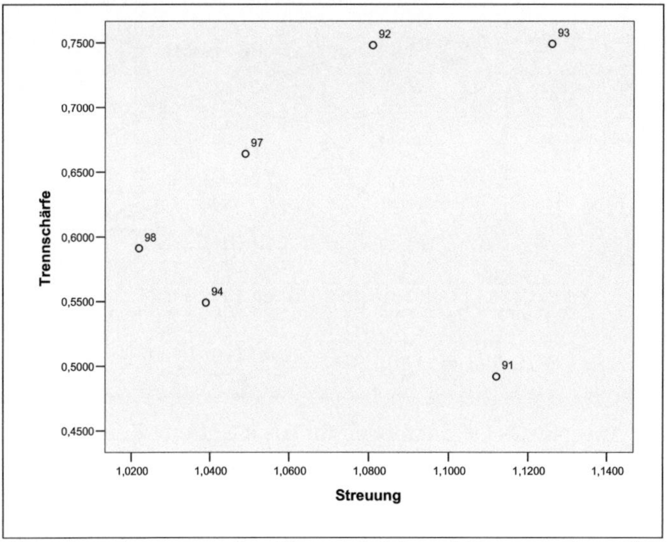

Abb. 46 Zusammenhang zwischen Trennschärfe und Streuung der auf Faktor 2 ladenden Items

Insgesamt werden für die Erklärung des Faktors 2 „Wahrgenommenes Diversity Klima hinsichtlich der nur schwer oder nicht-veränderbaren Diversity-Merkmale“ (Diversity Klima persönlich) die Items 91, 92, 93 und 94 beibehalten. Das Ergebnis für die mit AMOS berechnete Eindimensionalität dieses Faktors ist eindeutig, d.h. die in Kapitel 8.3.2 beschriebenen Gütemaße werden von diesem Faktor erfüllt. Darüber hinaus liegen keine korrelierenden Fehlervarianzen vor.

Die Items laden eindimensional auf diesen Faktor. Daher können die Beziehungen zwischen Item und Faktor, d.h. die Ladungen als Korrelationen interpretiert werden (Bühner 2003). „Die quadrierte Ladung gibt dann den gemeinsamen Varianzanteil zwischen Faktor und Item an" (Bühner 2003, S. 212). Für die anderen vier Faktoren erfolgten die Überlegungen und Berechnungen entsprechend wie für den Faktor 2. Als Ergebnis ergibt sich das in Abb. 47 dargestellte modifizierte, reduzierte Struktur- und Messmodell.

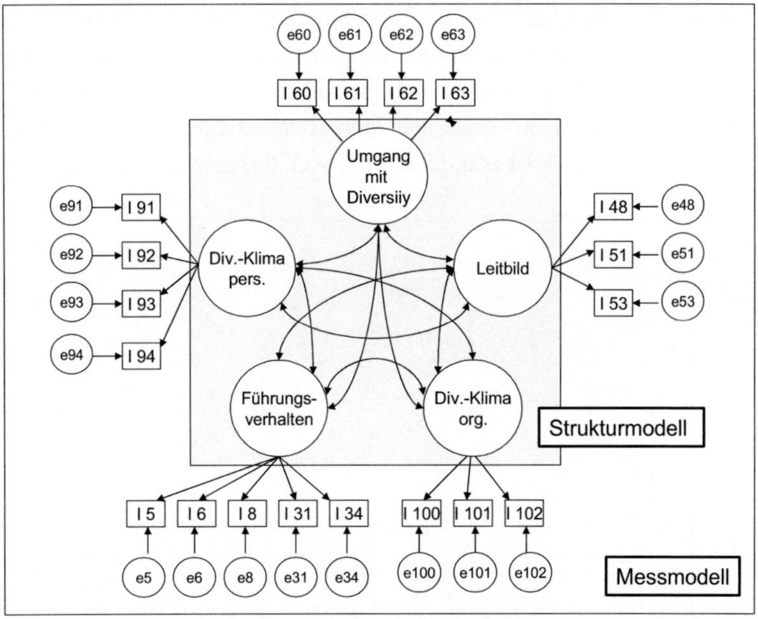

Abb. 47 Angepasstes Gesamtmodell für das integrierte Konzept des Diversity Managements, (I = Item, e = Fehler, pers. = persönlich, org. = organisatorisch)

Auf den Faktor 1 „Umgang mit Diversity" laden eindimensional die Items 60, 61, 62 und 63. Damit können das Geschlecht, die ethnische Herkunft, äußere Merkmale und unterschiedliche Wertvorstellungen als relevante Diversity-Merkmale identifiziert werden. Die Items 91, 92, 93 und 94 erklären den zweiten Faktor, das Diversity Klima hinsichtlich der personenbezogenen Merkmale. Somit sind für das Diversity Klima insbesondere das Geschlecht, die ethnische Herkunft, die Nationalität sowie die äußeren Merkmale entscheidend. Auf den Faktor 3 „Leitbild" laden die Items 48, 51 sowie 53, d. h. durch das Leitbild werden Erwartungen an die Mitarbeiter deutlich, es gibt Orientierung für die Zusammenarbeit im Team und spricht die Mitarbeiter an. Damit kann die Handlungsleitung des Leitbildes als zentrale Leitbildfunktion auf der operativen Ebene bestätigt werden. Faktor 4 „Führungsverhalten" wird durch die Items 5, 6, 8, 31 und 34 erklärt. Für die Wahrnehmung des Führungsverhaltens sind damit die Übertragung von Verantwortung, das Wahrnehmen des Mitarbeiters als Mensch, die Wahrnehmung seiner Fähigkeiten und Probleme sowie die Förderung seiner Weiterentwicklung entscheidende Kriterien. Auf den fünften Faktor, das Diversity Klima hinsichtlich organisationsbezogener Merkmale, laden die Items 100, 101 und 102. Für diesen Aspekt des Klimas sind folglich die Dauer der Betriebszugehörigkeit und die hierarchische Stellung in der Gruppe sowie im Unternehmen als bedeutsame Merkmale zu bezeichnen.

11.3.2 Überprüfung des Modell-Fits

Das konzipierte Modell wird nun auf seine Gültigkeit hin überprüft. Dabei steht die Frage im Vordergrund, ob mit den jeweiligen Items die Gestaltungsfaktoren erklärt werden können und ob deren Verhältnis zueinander sich durch die Verknüpfungen der latenten Variablen, nicht aber durch Korrelationen zwischen den Fehlern der Items erklären lässt.

Im Rahmen der konfirmatorischen Faktorenanalyse kann das Modell aus Abb. 47 bestätigt werden. Der besseren Übersicht wegen wird auf die Darstellung der einzelnen Werte innerhalb der Abbildung verzichtet. Sie werden in den nachfolgenden Tabellen dargestellt.

In Tab. 15 werden die standardisierten Regressionsgewichte zwischen den Items und den Faktoren aufgeführt. Sie können in diesem Fall aufgrund der Eindimensionalität der Faktoren und der unabhängigen Fehlervarianzen als Korrelationen interpretiert werden (Bühner 2003). Da es hinsichtlich der Erreichung einer diversity-gerechten Unternehmenskultur sinnvoll ist zu betrachten wie viel Anteil an dem jeweiligen Gestaltungsfaktor jedes einzelne Item beiträgt, werden die standardisierten Regressionsgewichte herangezogen. Damit kann die Frage beantwortet werden, welches Item in der jeweiligen vorhandenen Kultur mehr zur Erklärung beiträgt (Bühner 2003, Leonhart 2004). Wird beispielsweise eine Kultur angestrebt, in der das Geschlecht eine untergeordnete Rolle spielt, d.h. zwischen Frauen und Männer nicht nur wegen des Geschlechtes differenziert wird, muss versucht werden, das standardisierte Regressionsgewicht zu senken.

Tab. 15 Ladungen der Items auf die Faktoren der konfirmatorischen Analyse, Unternehmen 1

Item	Faktor	Standardisierte Regressions-gewichte
Die Mitarbeiter/innen werden fair behandelt unabhängig von ihrer ethnischen Herkunft (61)	Umgang mit Diversity	0,76
Die Mitarbeiter/innen werden fair behandelt unabhängig von ihren äußeren Merkmalen (62)		0,75
Die Mitarbeiter/innen werden fair behandelt unabhängig von ihren persönlichen Wertvorstellungen (63)		0,68
Die Mitarbeiter/innen werden fair behandelt unabhängig von ihrem Geschlecht (60)		0,67
Unterschiede bezüglich der Nationalität Einfluss auf das Betriebsklima (93)	Diversity-Klima persönlich	0,91
Unterschiede bezüglich der ethnischen Herkunft Einfluss auf das Betriebsklima (92)		0,89
Unterschiede bezüglich der äußeren Merkmale/ des Aussehens Einfluss auf das Betriebsklima (94)		0,54
Unterschiede bezüglich des Geschlechts Einfluss auf das Betriebsklima (91)		0,53
Meine besonderen Fähigkeiten werden von meiner/m Vorgesetzten wahrgenommen (34)	Führungs-verhalten	0,83
Ich werde von meiner/m Vorgesetzten als Mensch und nicht als Untergebene/r wahrgenommen (6)		0,74
Mein/e Vorgesetzte/r traut mir zu, Verantwortung zu übernehmen (5)		0,70
Mein/e Vorgesetzte/r und ich vereinbaren Ziele zu meiner persönlichen Weiterentwicklung (8)		0,66
Wenn ich ungerecht behandelt werde und dagegen protestiere, bin ich überzeugt, dass mein Anliegen ernst genommen wird (31)		0,66

Item	Faktor	Standardisierte Regressions-gewichte
Unterschiede bezüglich der Hierarchie im Unternehmen Einfluss auf das Betriebsklima (102)	Diversity-Klima organisatorisch	0,87
Unterschiede bezüglich der Hierarchie in der Gruppe Einfluss auf das Betriebsklima (101)		0,86
Unterschiede bezüglich der Dauer der Betriebszugehörigkeit Einfluss auf das Betriebsklima (100)		0,53
Ich fühle mich von unserer Unternehmensphilosophie angesprochen (51)	Leitbild	0,80
Die Erwartungen, die mein Unternehmen an mich als Mitarbeiter/in stellt, werden mir durch die Unternehmensphilosophie verdeutlicht (48)		0,76
Für die Zusammenarbeit im Team gibt mir unsere Unternehmensphilosophie Orientierung (53)		0,72

Der Tab. 15 ist zu entnehmen, dass in Unternehmen 1 die Merkmale „ethnische Herkunft“ und „äußere Merkmale“ (Item 61 und 62) über einen relativ großen Erklärungsbeitrag zu dem (Gestaltungs-) Faktor „wahrgenommener Umgang mit der Diversity“ verfügen.

Das „wahrgenommene Diversity Klima hinsichtlich der schwer oder nicht-veränderbaren Diversity-Merkmale“ bestätigt die Wichtigkeit dieser beiden Merkmale, denn sie liefern auch zu diesem Faktor einen hohen Erklärungswert (Item 92 und 93). Für das wahrgenommene Führungsverhalten (Faktor 4) ist insbesondere das Wahrnehmen des Mitarbeiters als Mensch wichtig (Item 6). Die Merkmale „Dauer der Betriebszugehörigkeit“ und die „hierarchische Stellung in der Gruppe“ (Item 101 und 102) sind besonders bedeutsam für die Wahrnehmung des Diversity Klimas hinsichtlich der veränderbaren erworbenen, organisationsspezifischen Diversity-Merkmale (Faktor 5). Für die Wahrnehmung des Leitbildes, seiner Funktion und Umsetzung (Faktor 3) ist vor allem anderen wichtig inwieweit sich der einzelne Mitarbeiter von dem Leitbild an sich angesprochen fühlt (Item 51).

Wie Tab. 16 zeigt, liegen zwei Korrelationen größer als 0,5 zwischen Faktoren vor. Zum einen korreliert das Führungsverhalten (Faktor 4) mit dem grundsätzlich wahrgenommenen Umgang mit der Diversity (Faktor 1), zum anderen mit der wahrgenommenen Funktion des Leitbildes (Faktor 3). In Anlehnung an die Empfehlungen in der Literatur, äquivalente Modelle zu testen konnte kein Modell gefunden werden, das diese Abhängigkeit in einer anderen Form, beispielsweise durch die Zusammenfassung der Faktoren oder einen gemeinsamen Faktor zweiter höherer Ordnung, besser abbildet (Leonhart 2004, Bühner 2003, Brosius 2004). Die festgestellten Korrelationen sind sowohl theoretisch als auch durch die qualitativen Ergebnisse begründbar.

Tab. 16 Korrelationen zwischen den Faktoren der konfirmatorischen Analyse, Unternehmen 1

Führung	<-->	Leitbild	0,52
Umgang mit Diversity	<-->	Führung	0,52
Umgang mit Diversity	<-->	Leitbild	0,51
Diversity Klima persönlich	<-->	Diversity Klima organisatorisch	0,31
Führung	<-->	Diversity Klima organisatorisch	-0,34
Diversity Klima persönlich	<-->	Leitbild	-0,28
Umgang mit Diversity	<-->	Diversity Klima organisatorisch	-0,28
Umgang mit Diversity	<-->	Diversity Klima persönlich	-0,27
Diversity Klima persönlich	<-->	Führung	-0,24
Diversity Klima organisatorisch	<-->	Leitbild	-0,19

Der Führung kommt wie die Ausführungen in Kapitel 6.2.2 und 6.1.3 zeigen eine Schlüsselrolle bei der Umsetzung eines Diversity Managements sowie der Entwicklung und Einführung eines Leitbildes zu. Das in Abb. 47 gezeigte Modell verfügt über einen guten Fit wie die Werte in Tabelle 17 zeigen. Die in Tab. 17 dargestellten Gütemaße für Unternehmen 1 zeigen, dass von den in Kapitel 8.3.2 beschriebene Hypothesen zur Modelltestung H 1 zurückgewiesen und H 0 angenommen werden kann. Chi-Quadrat ist signifikant auf einem Niveau von 0,001. Der gute Fit bestätigt die Übereinstimmung des Datensatzes von Unternehmen 1 mit dem Modell, jedoch nicht die tatsächliche Gültigkeit (Bühner 2003, Leonhart 2004, Backhaus 2003). Daher ist es erforderlich, das Modell an einem zweiten Datensatz, dem des Unternehmens 2, zu überprüfen. Diese Überprüfung wird im folgenden Kapitel beschrieben.

Tab. 17 Modell-Fit Unternehmen 1

Anpassungsmaß	Testan-forderung	berechneter Wert Unternehmen 1
χ^2/df Chi-Quadrat/Anzahl der Freiheitsgrade	≤ 2,5	1,916
GFI Goodness-of-fit-Index	≥ 0,9	0,94
AGFI Adjusted-Goodness-of-fit-Index	≥ 0,9	0,92
RMSEA Root-Mean-Square-Error-of-Approximation	≤ 0,05	0,046
TLI Tucker-Lewis-Index	≥ 0,9	0,954
CFI Comparative-Fit-Index	≥ 0,9	0,962

11.3.3 Überprüfung der Gültigkeit des entwickelten Modells

Das Ergebnis der Überprüfung des entwickelten Modells ist in den folgenden Tabellen (Tab. 18, Tab. 19, Tab. 20) dargestellt. In der Tab. 18 sind die standardisierten Regressionsgewichte für Unternehmen 2 aufgeführt. Es ist zu erkennen, dass sich zum einen die Unternehmen hinsichtlich der absoluten Ausprägungen der Werte unterscheiden, was aufgrund der unterschiedlichen Kulturen auch zu erwarten ist, zum anderen sich aber die Unternehmen hinsichtlich der relativen Wichtigkeit der einzelnen Items als Prädikatoren für die Faktoren nur geringfügig unterscheiden. Für den Faktor 1 verfügen ebenfalls die Items 61 und 62, für den Faktor 2 die Items 92 und 93, für den Faktor 3 das Item 51 und für Faktor 5 die Items 100 und 101 den höchsten Erklärungsbeitrag. Lediglich bei dem Faktor 4, dem wahrgenommene Führungsverhalten, ist in Unternehmen 2 als besonders wichtiges Item die Übertragung von Verantwortung zu nennen und nicht das Wahrnehmen als Mensch. Dieser Unterschied steht im Einklang mit den Ergebnissen der Leitbild- und qualitativen Analyse, in denen die klare Leistungs- sowie Zielorientierung in Unternehmen 2 deutlich wurde.

Tab. 18 Ladungen der Items auf die Faktoren der konfirmatorischen Analyse, Unternehmen 2

Item	Faktor	Standardisierte Regressions-gewichte
Die Mitarbeiter/innen werden fair behandelt unabhängig von ihrer ethnischen Herkunft (61)	Umgang mit Diversity	0,85
Die Mitarbeiter/innen werden fair behandelt unabhängig von ihren äußeren Merkmalen (62)		0,82
Die Mitarbeiter/innen werden fair behandelt unabhängig von ihrem Geschlecht (60)		0,79
Die Mitarbeiter/innen werden fair behandelt unabhängig von ihren persönlichen Wertvorstellungen (63)		0,66
Unterschiede bezüglich der Nationalität Einfluss auf das Betriebsklima (93)	Diversity-Klima persönlich	0,91
Unterschiede bezüglich der ethnischen Herkunft Einfluss auf das Betriebsklima (92)		0,89
Unterschiede bezüglich der äußeren Merkmale / des Aussehens Einfluss auf das Betriebsklima (94)		0,80
Unterschiede bezüglich des Geschlechts Einfluss auf das Betriebsklima (91)		0,72
Mein/e Vorgesetzte/r traut mir zu, Verantwortung zu übernehmen (5)	Führungs-verhalten	0,80
Ich werde von meiner/m Vorgesetzten als Mensch und nicht als Untergebene/r wahrgenommen (6)		0,77
Meine besonderen Fähigkeiten werden von meiner/m Vorgesetzten wahrgenommen (34)		0,72
Mein/e Vorgesetzte/r und ich vereinbaren Ziele zu meiner persönlichen Weiterentwicklung (8)		0,71
Wenn ich ungerecht behandelt werde und dagegen protestiere, bin ich überzeugt, dass mein Anliegen ernst genommen wird (31)		0,68

Item	Faktor	Standardisierte Regressions-gewichte
Unterschiede bezüglich der Hierarchie in der Gruppe Einfluss auf das Betriebsklima (101)	Diversity-Klima organisatorisch	0,85
Unterschiede bezüglich der Hierarchie im Unternehmen Einfluss auf das Betriebsklima (102)		0,77
Unterschiede bezüglich der Dauer der Betriebszugehörigkeit Einfluss auf das Betriebsklima (100)		0,72
Ich fühle mich von unserer Unternehmensphilosophie angesprochen (51)	Leitbild	0,92
Für die Zusammenarbeit im Team gibt mir unsere Unternehmensphilosophie Orientierung (53)		0,87
Die Erwartungen, die mein Unternehmen an mich als Mitarbeiter/in stellt, werden mir durch die Unternehmensphilosophie verdeutlicht (48)		0,78

Tab. 19 Korrelationen zwischen den Faktoren der konfirmatorischen Analyse, Unternehmen 2

Diversity Klima persönlich	<-->	Diversity Klima organisatorisch	0,64
Umgang mit Diversity	<-->	Führung	0,43
Umgang mit Diversity	<-->	Diversity Klima persönlich	-0,23
Umgang mit Diversity	<-->	Diversity Klima organisatorisch	-0,23
Führung	<-->	Leitbild	0,21
Führung	<-->	Diversity Klima organisatorisch	-0,15
Diversity Klima organisatorisch	<-->	Leitbild	-0,10
Umgang mit Diversity	<-->	Leitbild	0,08
Diversity Klima persönlich	<-->	Führung	-0,07
Diversity Klima persönlich	<-->	Leitbild	0,04

Ein korrelativer Zusammenhang liegt für Unternehmen 2 zwischen den beiden Faktoren des Diversity Klimas vor (vgl. Tab. 19). Aufgrund dieser Beobachtung wurden mit dem zweiten Datensatz ebenfalls äquivalente Modelle berechnet, aber auch hier zeigte sich keine Lösung mit einem besseren Modell-Fit. Auch der Fit des zweiten Datensatzes für das fünffaktorielle Modell des integrativen Gesamtkonzeptes ist außerordentlich gut wie die Werte in Tab. 20 zeigen.
Die Ergebnisse der konfirmatorischen Faktorenanalyse unterstützen das fünffaktorielle Modell für das integrative Gesamtkonzept des Diversity Managements. Das Modell kann vorläufig als reliabel sowie valide bezeichnet werden.

Tab. 20 Modell-Fit Unternehmen 1 und Unternehmen 2

Anpassungsmaß	Testanforderung	berechneter Wert Unternehmen 1	berechneter Wert Unternehmen 2
χ^2/df Chi-Quadrat/Anzahl der Freiheitsgrade	$\leq 2{,}5$	1,916	1,765
GFI Goodness-of-fit-Index	$\geq 0{,}9$	0,94	0,94
AGFI Adjusted-Goodness-of-fit-Index	$\geq 0{,}9$	0,92	0,92
RMSEA Root-Mean-Square-Error-of-Approximation	$\leq 0{,}05$	0,046	0,044
TLI Tucker-Lewis-Index	$\geq 0{,}9$	0,954	0,968
CFI Comparative-Fit-Index	$\geq 0{,}9$	0,962	0,973

Im folgenden Kapitel werden einige signifikante Unterschiede zwischen den beiden Unternehmen dargestellt, die den Nutzen des Konzeptes sowie des Modells zur Beschreibung der Ausprägung unterschiedlicher Unternehmenskulturen verdeutlichen.

11.4 Vergleich der Unternehmen hinsichtlich der Faktorausprägungen und Berechnung der Indikatoren

Betrachtet werden nun für beide Unternehmen die Mittelwerte der einzelnen Items, die auf die fünf Faktoren laden. Da die Relevanz der einzelnen Items für den jeweiligen Faktor bekannt ist, kann anhand der Mittelwerte im Rahmen einer komparativen Analyse die Ausprägung der Kultur spezifiziert werden. Für den ersten Faktor ist der Vergleich in Abb. 48 dargestellt. Gefragt wurde nach der Zustimmung zu Aussagen, die sich auf die faire Behandlung der Mitarbeiter unabhängig von ihrem Geschlecht, Herkunft, Nationalität und äußeren Merkmalen bezogen. Die Zustimmungsmöglichkeiten reichten von 1 = „trifft voll und ganz zu" bis zu 5 = „trifft überhaupt nicht zu". Der Abbildung ist zu entnehmen, dass die Beschäftigten in Unternehmen 1 insgesamt positiver antworten als die Mitarbeiter in Unternehmen 2. Signifikant ist der Unterschied zwischen den beiden Unternehmen bei den Items 60, 61 und 63. Die Signifikanz wurde mittels eines T-Testes mit unabhängigen Stichproben auf einem Niveau von $p < 0,05$ überprüft (Brosius 2004, Backhaus 2003, Leonhart 2004).

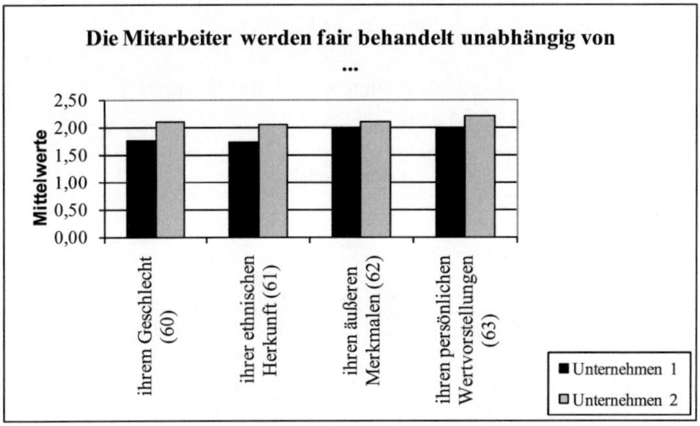

Abb. 48 Mittelwertvergleiche Faktor 1, Umgang mit der Diversity (1=trifft voll und ganz zu, 5=trifft überhaupt nicht zu)

Ein ähnliches Bild für das Antwortverhalten in den beiden Unternehmen zeigt sich bei Faktor 2 bzw. den Items 91, 92, 93 sowie 94 (Aussagen zur Wahrnehmung von Unterschieden hinsichtlich des Geschlechts, ethnischer Herkunft, äußerer Merkmale und persönlichen Wertvorstellungen). Bei diesen Items liegt ein signifikanter Unterschied zwischen den beiden Unternehmen nur für das Item 91 vor (vgl. Abb. 49). Hier muss die Höhe der Mittelwerte anders interpretiert werden, da hier mit der Antwortmöglichkeit 1 ein sehr großer und durch die 5 entsprechend ein sehr geringer Einfluss durch das jeweilige Diversity-Merkmal auf das Klima beschrieben wurde. So ist auch das Antwortverhalten auf die Items dieses Faktors in Unternehmen 1 positiver als in Unternehmen 2.

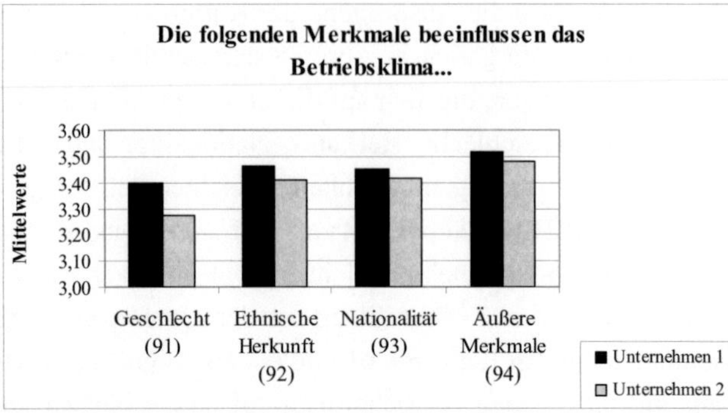

Abb. 49 Mittelwertvergleiche Faktor 2, Diversity Klima persönlich (1=sehr großer Einfluss, 5=sehr geringer Einfluss)

Ein sehr großer Unterschied zwischen den Unternehmen ist hinsichtlich des Faktors 3 zu verzeichnen (vgl. Abb. 50).

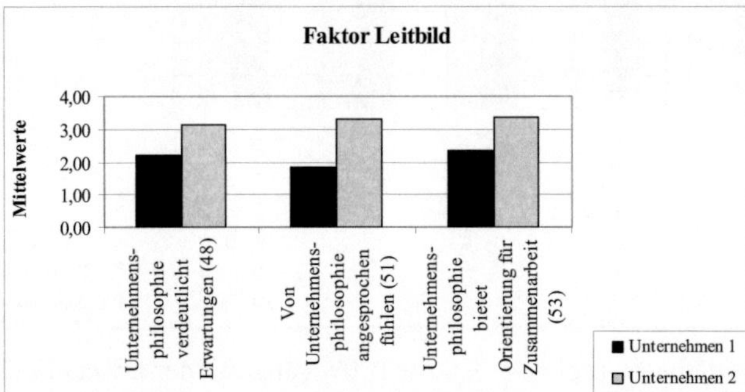

Abb. 50 Mittelwertvergleiche Faktor 3; Leitbild (1=trifft voll und ganz zu, 5=trifft überhaupt nicht zu)

Die Leitbildfunktion (Ausdruck von Erwartungen, Orientierungsleistung und sich grundsätzliches Erreichen der Mitarbeiter durch das Leitbild) wird von den Mitarbeitern in Unternehmen 1 insgesamt wesentlich positiver beurteilt. Das Antwortverhalten ist bei allen drei Items signifikant unterschiedlich. Auch hinsichtlich des Faktors 4 ist das Antwortverhalten auf die Items 5, 6, 31 und 34 signifikant unterschiedlich (vgl. Abb. 51). Die Antworten der Beschäftigten in Unternehmen 1 sind auch in diesen Fällen positiver, da die Zustimmungsmöglichkeiten analog zu Faktor 1 von 1 = „trifft voll und ganz zu" bis zu 5 = „trifft überhaupt nicht zu" reichten. So sind die Beschäftigten in Unternehmen 1 eher der Meinung, von ihrem Vorgesetzten als Mensch wahrgenommen zu werden,

Verantwortung übertragen zu bekommen, ihre Fähigkeiten einbringen zu können und generell ernst genommen zu werden.
Lediglich die Zustimmung zu Item 8 ist in Unternehmen 1 niedriger als in Unternehmen 2; dieses Item bezieht sich auf die gemeinsame Zielvereinbarung von Mitarbeiter und Führungskraft. Dieses Antwortverhalten ist hinsichtlich der qualitativen Ergebnisse konsistent.

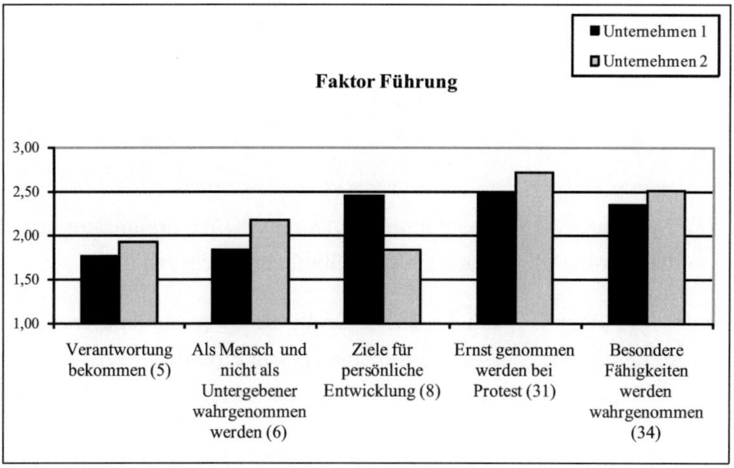

Abb. 51 Mittelwertvergleiche Faktor 4, Führung (1=sehr großer Einfluss, 5=sehr geringer Einfluss)

Ebenso ist das Antwortverhalten hinsichtlich des Faktors 5 in Unternehmen 1 positiver als in Unternehmen 2, allerdings sind die Unterschiede nicht signifikant (vgl. Abb. 52).
Aufgrund der gezeigten Reliabilität und Validität ist es nun möglich, die jeweiligen Ergebnisse der Unternehmen zu aggregierten Indikatoren zusammenzufassen. Für dieses Ziel wird für jeden Faktor ein gemeinsamer Mittelwert über die auf diesen Faktor ladenden Items gebildet.

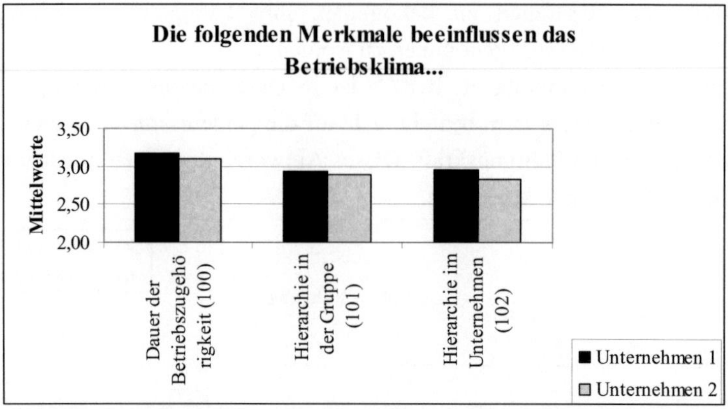

Abb. 52 Mittelwertvergleiche Faktor 5, Diversity Klima organisatorisch (1 = trifft voll und ganz zu, 5 = trifft überhaupt nicht zu)

Die Items von Faktor 1, 3 und 4 wurden für diesen Zweck umkodiert, damit eine hohe Ausprägung als besserer Indikatorwert interpretiert werden kann. Es ergeben sich die in Tab. 21 dargestellten Indikatorwerte für die jeweiligen Faktoren.

Tab. 21 Indikatorenwerte Unternehmen 1 und 2

	Unternehmen 1	**Unternehmen 2**
Indikator 1 für den wahrgenommenen Umgang mit der Diversity	3,12	2,88
Indikator 2 für das wahrgenommene personenbezogene Diversity-Klima	3,46	3,39
Indikator 3 für die wahrgenommene Leitbildumsetzung und -funktion	2,88	1,74
Indikator 4 für das wahrgenommene Führungsverhalten	2,83	2,77
Indikator 5 für das wahrgenommene organisationsbezogene Diversity-Klima	3,02	2,94

In der Abbildung 51 werden diese Indikator-Werte visualisiert. Für die Erreichung einer vollständig diversity-orientierten Unternehmenskultur ist es sinnvoll, sich auf den Achsen des Netzes langfristig nach außen zu bewegen, d. h. eine höhere Ausprägung der Indikatoren anzustreben.

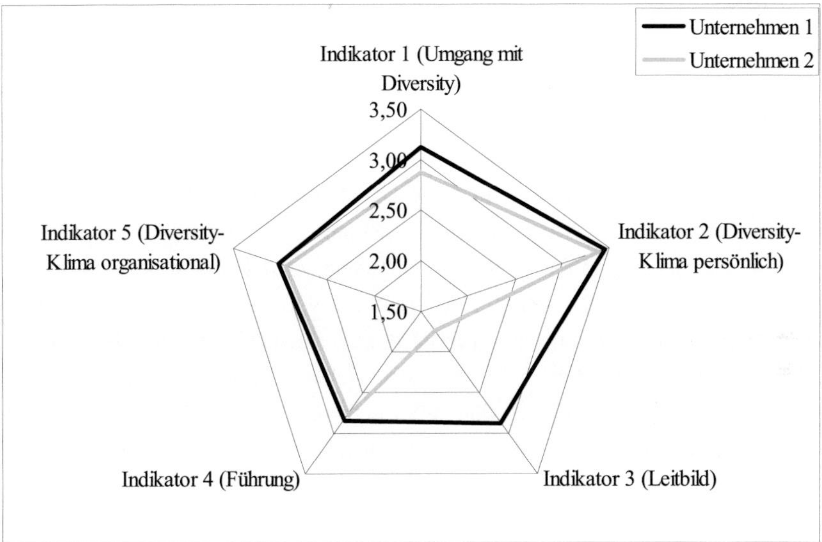

Abb. 53 Ausprägungen der Kulturindikatoren

Nachdem die Unterschiede zwischen den beiden Unternehmen aufgeführt worden sind, werden im folgenden Kapitel die Ergebnisse zusammengefasst und interpretiert. Dabei werden die in Kapitel 10 formulierten Hypothesen überprüft.

11.5 Interpretation der Ergebnisse der Faktorenanalysen und Überprüfung der Hypothesen

Zusammengefasst kann festgehalten werden, dass Unternehmen 1 über eine diversity-gerechtere Ausprägung der Unternehmenskultur verfügt als Unternehmen 2. Alle fünf Indikatoren sind in Unternehmen 1 höher ausgeprägt als in Unternehmen 2. Unterstützt wird dieses Ergebnis durch die standardisierten Regressionsgewichte in Verbindung mit den Mittelwertvergleichen der Unternehmen.

In Unternehmen 1 wird die Bedeutung von Unterschieden insgesamt als weniger relevant eingeschätzt, obwohl die Vielfalt der Mitarbeiter ähnlich groß ist wie in Unternehmen 2. Die Mitarbeiter in Unternehmen 1 beurteilen den Umgang mit der Diversity und die Wertschätzung durch ihren jeweiligen Vorgesetzten positiver als die Beschäftigten in Unternehmen 2. Lediglich die Aussage über die Vereinbarung der Ziele zur persönlichen Weiterentwicklung wird von den Beschäftigten aus Unternehmen 2 als zutreffender beschrieben.

In Unternehmen 1 wird das Diversity Klima sowohl hinsichtlich der schwer veränderbaren als auch bezüglich der erworbenen, veränderbaren Diversity-Merkmale als gut beschrieben und die Mittelwerte sind etwas besser als in Unternehmen 2.

Wichtig ist der beträchtliche Unterschied in der Leitbildwahrnehmung zwischen den Mitarbeitern beider Unternehmen. So bestätigen die quantitativen Ergebnisse die Aussagen der qualitativen Untersuchung und die Inhalte der Leitbildanalyse. In der Wahrnehmung der Mitarbeiter spiegeln sich die Ziele der Leitbilder wider, die auf der normativen Ebene formuliert wurden und auf der strategischen umgesetzt werden. Im Leitbild von Unternehmen 1 wird die angestrebte Wahrnehmung und Wertschätzung eines Mitarbeiters als Menschen mit individuellen Fähigkeiten deutlich beschrieben. Die Aussagen des Leitbildes sind in den Interviews mit den Führungskräften entsprechend ausgeführt worden, und die Ergebnisse der Faktorenanalyse bzw. der Berechnung der Indikatoren lassen den Schluss einer erfolgreichen Umsetzung zu.

In Unternehmen 2 sieht es grundsätzlich ähnlich aus, d.h. auch hier finden sich die normativ angestrebten Werte auf der strategischen sowie operativen Ebene wieder. Die Grundsätze des Leitbildes sind sowohl in den Ausführungen der Interviewpartner als auch in den Ergebnissen der quantitativen Analyse klar erkennbar. Führungskräfte und Mitarbeiter konzentrieren sich auf Leistung und das Erreichen der Ziele. Allerdings wird die angestrebte Umsetzung eines Diversity Managements im Vergleich zu Unternehmen 1 nicht erreicht, obwohl dies explizit angestrebt wird. Ein wichtiger Grund liegt darin, dass die Mitarbeiter in Unternehmen 2 sich nicht genügend vom Leitbild angesprochen fühlen. Hier zeichnet sich auf der Indikatorenebene die unzureichende Verknüpfung der Elemente 8 und 9 sowie auf der operativen Ebene der Elemente 14 und 15 des integrativen Gesamtkonzeptes für das Diversity Management ab, die bei der qualitativen Analyse bereits beschrieben wurden. Dies belegt eine mangelnde Verbindung der interaktiv-personalen Führung in Unternehmen 2 mit den im Leitbild propagierten Handlungsmustern. In Unternehmen 1 gelingt dies besser, was die Korrelation des Faktors „Wahrnehmung der Führung“ mit der „Wahrnehmung der Leitbildfunktion“ zeigt.

Die Ergebnisse der quantitativen Analyse bestätigen die Elemente (13, 14, 15 und 17) der operativen Ebene des integrativen Gesamtkonzepts für das Diversity Management (vgl. Abb. 21). Das Element 16, welches sich auf die Kommunikation bezieht, lässt sich aus methodischen Gründen nicht aufzeigen. Die grundsätzliche Relevanz konnte allerdings im Rahmen der qualitativen Analyse eindeutig gezeigt werden. Gleiches gilt für die sichtbaren Kulturindikatoren (Element 18). Somit kann die Bedeutung des Gesamtmodells auf allen drei Ebenen nachvollzogen werden.

Insgesamt werden die in Kapitel 10 generierten Forschungshypothesen vorläufig unterstützt:

H 1: Es gibt vier unabhängige Indikatoren (Wahrnehmung des Führungsverhaltens, Wahrnehmung der Kommunikation, Wahrnehmung des Diversity Klimas, Wahrnehmung des Leitbildes), die als Maß für die erfolgreiche Implementierung einer diversity-Kultur genutzt werden können.

Allerdings gibt es nicht vier, sondern fünf weitestgehend unabhängige Faktoren und entsprechende Indikatoren, die als Maß für die erfolgreiche Implementierung einer diversity-gerechten Unternehmenskultur herangezogen werden können. Wie die konfirmatorische Faktorenanalyse zeigt, verfügt das Modell über einen sehr guten Fit, Chi-Quadrat ist signifikant auf einem Niveau von 0,001.

H 2: Die Indikatoren lassen sich den Gestaltungsfaktoren Leitbild, Führung, Diversity Klima und Kommunikation zuordnen.

Von den fünf festgestellten Faktoren und entsprechenden Indikatoren lassen sich vier eindeutig den Gestaltungsfaktoren Leitbild, Führung und Diversity Klima des theoretischen Konzeptes zuordnen. Die Kommunikation fällt wie beschrieben aus methodischen Gründen heraus. Dem Gestaltungsfaktor Leitbild kann eindeutig der Faktor 3 die wahrgenommene Leitbildumsetzung und –funktion, dem Gestaltungsfaktor Führung der Faktor 4 das wahrgenommene Führungsverhalten zugeordnet werden. Dem Gestaltungsfaktor Diversity Klima können zwei Faktoren zugeordnet werden. Auf diese Weise kann die in der Literatur verbreitete Zweiteilung der Merkmale in die schwer veränderbaren, stabilen und die eher veränderbaren unterstützt werden. Das Diversity Klima wird beschrieben durch die faire Behandlung, die die Mitarbeiter in Abhängigkeit von Geschlecht, ethnischer Herkunft, Nationalität und der äußeren Merkmale erfahren (Faktor 2). Darüber hinaus sind auf der organisationalen Ebene die hierarchische Position in der Gruppe und im Unternehmen sowie die Dauer der Betriebszugehörigkeit für das wahrgenommene Klima von Bedeutung (Faktor 5). Neben diesen vier Faktoren hat sich die Relevanz eines zusätzlichen Faktors in Form des wahrgenommenen Umgangs mit der Diversity gezeigt. Er kann dem

Aspekt der Umsetzung des Diversity Managements des integrativen Gesamtkonzeptes zugeordnet werden.

H 3: Die im Gesamtmodell theoretisch hergeleiteten und qualitativ bestätigten Abhängigkeiten zwischen den Gestaltungsfaktoren lassen sich quantitativ nachweisen.

Die Abhängigkeiten lassen sich quantitativ nachweisen, da einige der Items nicht über erforderliche Trennschärfen verfügten und auf mehrere Faktoren luden. So war es im Rahmen der konfirmatorischen Analyse erforderlich, die Anzahl der Items zu reduzieren, um die Eindimensionalität für die Entwicklung trennscharfer Indikatoren zu gewährleisten. Insbesondere konnte die Abhängigkeit zwischen den einzelnen Elementen der Gestaltungsfaktoren Führung und Leitbild quantitativ bestätigt werden.

H 4: Anhand der Indikatoren lässt sich zeigen, dass Unternehmen 1 über eine diversity-gerechtere Unternehmenskultur verfügt als Unternehmen 2.

Die Indikatoren für Unternehmen 1 sind höher ausgeprägt als für Unternehmen 2. Besonders wichtig ist in diesem Zusammenhang die Höhe der Indikatoren Leitbild und Umgang mit der Diversity. Beide sind in Unternehmen 1 deutlich höher ausgeprägt und korrelieren mit dem Faktor Führung. Dies unterstützt die theoretisch hergeleitete Kernfunktion der Führung sowohl bei der Umsetzung eines Diversity Managements als auch bei der Entwicklung und Umsetzung eines Leitbildes. In weiteren Untersuchungen muss erforscht werden, inwieweit die Korrelation zwischen diesen Faktoren für das Gelingen eines Kulturgestaltungs- oder Kulturtransformationsprozesses als Bedingung angesehen werden kann.

H 5: Für den Erfolg des Leitbildes ist weniger die Partizipation der Mitarbeiter im Entstehungsprozess als vielmehr die Gestaltung des Diffusionsprozesses entscheidend.

Bei dem Vergleich der beiden Unternehmen zeigt sich, dass für den Erfolg des Leitbildes weniger die Partizipation der Mitarbeiter als vielmehr die Gestaltung der Implementierung und Umsetzung entscheidend ist. Denn in Unternehmen 2 wurden die Mitarbeiter umfangreich in den Prozess einbezogen, das Leitbild wurde sehr aufwendig schriftlich kommuniziert und visualisiert, dennoch fühlen sich die Mitarbeiter nur in einem relativ geringen Ausmaß von dem Leitbild angesprochen. In Unternehmen 1 ist das Leitbild ohne Einbeziehung der Mitarbeiter entwickelt worden und wird in erster Linie durch das Vorleben der Führungskräfte kommuniziert und umgesetzt. Hinsichtlich des Erreichens einer

diversity-gerechten Unternehmenskultur scheint diese Vorgehensweise erfolgreich zu sein.
In den nun folgenden beiden Kapiteln werden die Ergebnisse hinsichtlich ihrer Relevanz für die Praxis zusammengefasst und ein Ausblick auf zukünftig wichtige Forschungsaktivitäten gegeben.

12 Handlungsempfehlungen

Die theoretischen Ausführungen und empirischen Ergebnisse zeigen die Wichtigkeit einer zunehmenden Berücksichtigung der wachsenden Vielfalt der Märkte für die unternehmerische Praxis zur Sicherung der langfristigen Wettbewerbsfähigkeit.

Positive Effekte heterogener Teams können genutzt werden, wenn adäquate **Instrumente für den Umgang mit dieser Vielfalt** in den Unternehmen vorhanden sind. Voraussetzung für den Einsatz derartiger Instrumente ist neben einer exakten **Analyse der Ausgangssituation** die Auseinandersetzung mit den relevanten Kosten, die auf der Mikro-, Meso- und Makroebene durch die Nichtberücksichtigung der Vielfalt entstehen können. Ein alleiniges Bekenntnis zu einem Diversity Management auf der Basis eines Isomorphismusprozesses reicht nicht aus, um einen strategisch orientierten Maßnahmenkatalog umzusetzen. Die konkreten Auswirkungen und das Kosten-Nutzen-Verhältnis für das eigene Unternehmen müssen analysiert werden. Eine vergleichsweise intensive sowie offensive Nutzung eines Diversity Managements muss im Hinblick auf die Unternehmenstätigkeit und die vorhandene Personalstruktur bedarfsgerecht sein, d.h. ein systematischer Zusammenhang zwischen der Heterogenität der Personalstrukturen und der Intensität des Diversity Managements muss erkennbar sein.

Als relevante personenbezogene Diversity-Merkmale müssen sowohl sichtbare wie das Geschlecht, die ethnische Herkunft und das Aussehen als auch nicht sichtbare wie zum Beispiel die unterschiedlichen Wertvorstellungen berücksichtigt werden. Es gilt aber genauso, neben den personenbezogenen auch organisationale Merkmale wie die Dauer der Betriebszugehörigkeit, die Hierarchie in der Gruppe sowie die hierarchische Stellung im Unternehmen einzubeziehen.

Die Auswirkungen der Diversity hängen vom kollektiven Umgang mit der Andersartigkeit im Unternehmen ab. Daher gilt es zu definieren, welche Merkmale für das jeweilige Unternehmen Bedeutung besitzen und in einem Diversity-Management Berücksichtigung finden müssen. Die Heterogenität und damit verbundene Komplexität muss organisiert werden und mit den strategischen Zielen in Einklang gebracht werden. Darüber hinaus muss der interne Umgang mit der Diversity dem Außenimage entsprechen und umgekehrt.

In diesem Zusammenhang gilt es die **unternehmensexternen und internen Kosten der Heterogenität** möglichst genau zu bestimmen. Ist dies im Falle der externen Kosten durch entsprechende Analysen der Faktor- und Produktmärkte vergleichsweise einfach, ergeben sich bei der Ermittlung der internen Kosten der Diversität erhebliche Schwierigkeiten. Im Rahmen von Gruppenbesprechungen, Mitarbeitergesprächen, Expertenrunden, Analyse von Projekten und Mitarbeiterbefragungen müssen die Kosten in Form von Kommunikationsbarrieren, Rollenkonflikten und Sach- sowie Wertkonflikten geschätzt werden.

Führungskräfte müssen dahingehend befähigt werden, Konflikte auf eine Sachebene zu transformieren und Chancen in Form der Vielfalt zu nutzen und sich nicht vorrangig auf die Abwehr von Risiken zu konzentrieren. Das bedeutet, die strukturellen und technologischen Rahmenbedingungen für eine optimale Gruppengröße und damit indirekt für das Ausmaß der interindividuellen Kommunikation zu schaffen. Um gute Gruppenergebnisse zu erzielen, ist es sinnvoll zum einen die Kohäsion und die Entwicklung von Gruppennormen zu fördern und eine Abstimmung der individuellen mit den Organisationszielen zu erreichen, zum anderen gilt es dabei, den Konformitätsdruck weitestgehend zu reduzieren. Grundlage bzw. notwendige Voraussetzung hierfür ist eine entsprechende Unternehmenskultur, in der die Vielfalt als ein Wert an sich geschätzt wird.

Neben der Ausprägung der **Unternehmenskultur** müssen bei der Umsetzung eines Diversity Managements explizit das Führungsverhalten, das Organisationsklima bzw. der Aspekt des Diversity Klimas, das Leitbild, die Kommunikation und der tatsächliche Umgang mit der Diversity als Gestaltungsfaktoren einbezogen werden. Erforderlich ist die Entwicklung eines ganzheitlichen Organisationsentwicklungsansatzes. Dabei muss die Bedeutung der Kultur für organisatorische Veränderungen und strategische Neuorientierungen explizit berücksichtigt werden.

Eine gegebenenfalls erforderliche Kulturtransformation muss durch eine **Leitbildentwicklung** oder –überarbeitung initiiert werden. Der Erfolg wird maßgeblich von der Vorgehensweise bei der Leitbildentwicklung und Implementierung bestimmt. Die Akzeptanz eines neuen oder modifizierten Leitbildes kann nur durch das tatsächliche **leitbildkonforme Handeln** im Unternehmen erhöht werden. Dafür ist es sinnvoll wie in Kapitel 2.2 für das Diversity Management schon beschrieben, die Leitbilder, die normalerweise keine konkreten Zielbestimmungen haben, durch Zielvorgaben und Zielvereinbarungen zu konkretisieren. Nur in einem intensiven Dialog können gemeinsame Überzeugungen mit den Mitarbeitern erarbeitet und Akzeptanz für das Leitbild erreicht werden. Wie der Unternehmensvergleich gezeigt hat, ist es nicht erforderlich, die Mitarbeiter für die Leitbildentwicklung oder Überarbeitung direkt in Form umfangreicher Partizipationsprozesse zu involvieren; wohl aber ist es notwendig, die Bedürfnisse, Wünsche und Erwartungen der Mitarbeiter an die Unternehmenswerte detailliert zu erheben. Diese können beispielsweise mittels Befragungen oder innerhalb von Arbeitsgruppentreffen ermittelt werden.

Nicht nur bei der Leitbildumsetzung, sondern auch bei der Gestaltung des Organisations- und Diversity Klimas sowie der Kommunikationsstrukturen kommt der Führung eine zentrale Aufgabe zu. Traditionelle, in den Unternehmen etablierte **Führungskonzepte** werden dieser Anforderung nur unzureichend gerecht und müssen daher unter Berücksichtigung kooperativ-delegativer und struktureller Elemente überarbeitet werden. Die neuen Führungskonzepte müssen in der Praxis den pluralistischen Wertvorstellungen der Mitarbeiter gerecht werden können. Dies setzt eine Sensibilisierung der Führungskräfte für die Themenstellungen Leitbild, Diversity und Kulturtransformation voraus. Die Führungskräfte müssen befähigt werden, die Grundwerte des Leitbildes in gelebte Kultur zu überführen und ein Verständnis für die ökonomischen Vorteile der Diversity zu entwickeln. Darüber hinaus gilt es, für den Umgang mit der Vielfalt, die unter Umständen erforderlichen, oben beschriebenen Konfliktlösungsstrategien zu erlernen. Führungskräfte müssen in die Lage versetzt werden, die Kompetenzen ihrer vielfältigen Mitarbeiter zu entdecken, zu fördern und im Sinne der Unternehmensziele einzusetzen. Hierfür sind ein hohes Maß an kommunikativen Fähigkeiten und die Kenntnis diversitätsbedingter Wahrnehmungsfilter erforderlich.

Es ist zu berücksichtigen, dass sowohl die verbale als auch die non-verbale direkte **Kommunikation** aufgrund unterschiedlicher kultureller Prägungen der Kommunikationspartner zu Missverständnissen führen kann. Auch geringe Unterschiede in der Wahrnehmung erfordern sensible Rückkoppelungsprozesse zwischen Sender und Empfänger über das erzielte Verständnis der ausgetauschten Informationen. Die latenten Kommunikationsprobleme sind bei der Gestaltung der Kommunikationsstrukturen, d.h. im Rahmen eines Diversity Managements unbedingt zu berücksichtigen. Um insgesamt eine offene, diversity-gerechte Kommunikation mit entsprechenden Strukturen einzuführen, ist die Förderung der kommunikativen Fähigkeiten aller Führungskräfte und Mitarbeiter erforderlich

Der **Umgang mit der Diversity** bzw. das Diversity Management tritt ergänzend zu anderen Managementinstrumenten hinzu, muss mit diesen strategisch übereinstimmen. Erforderlich sind beispielsweise die Überarbeitung und Erweiterung der Aufgaben und Funktionen des Human Ressourcen Managements (vgl. Kap. 2.2.). Alle Instrumente, insbesondere die individuelle Karriereplanung, die Personalentwicklung, Mentoring-Programme, Recruitingprozesse, Vergütungssysteme, Trainings- und Awarenesskonzepte sowie Maßnahmen zur Vereinbarkeit von Beruf und Privatleben müssen vor dem Hintergrund des Diversity Managements überprüft und gegebenenfalls modifiziert werden. Durch entsprechende Qualifizierungs- und Weiterbildungsprogramme muss die individuelle Personalentwicklung intensiviert werden. Dabei ist es wichtig, den Mitarbeitern eine Teilverantwortung für die Entwicklung ihrer Potenziale zu übertragen.

Um den Nutzen des Diversity Managements zu erfassen, werden das Einschätzen der Ergebnisse und die Messung des Fortschritts wichtige Elemente einer Diversity-Maßnahme. Vor diesem Hintergrund müssen auch die Tätigkeiten der Verantwortlichen evaluiert und die Umsetzung der Diversity-Aktivitäten Gegenstand in den Mitarbeiterbeurteilungen werden. Der Kosten-Nutzen-Aspekt muss durch den Einsatz quantitativer Indikatoren in Ist-Analysen und Längsschnittstudien transparent werden, da die ökonomische Vorteilhaftigkeit eines Diversity Managements nicht direkt und kurzfristig erfassbar ist. Das Ausmaß der Zielerreichung kann kontinuierlich über die in dieser Arbeit entwickelten Indikatoren für eine diversity-gerechte Unternehmenskultur abgeglichen werden.

Die in Anlehnung an die Gestaltungsfaktoren des neuen integrativen Konzeptes für das Diversity Management formulierten Handlungsempfehlungen können hinsichtlich der drei Ebenen des Konzeptes wie folgt zusammenfassend dargestellt werden:

Auf der **normativen Ebene** ist es erforderlich,

- eine Ist-Analyse der Ausgangssituation durchzuführen (Leitbildinhalte und Wirkung, gelebte Kultur, relevante Diversity-Merkmale, unternehmensexterne Erfordernisse),
- die erforderliche und angemessen Diversity zu bestimmen und konkrete Ziele festzulegen hinsichtlich des angestrebten Umgangs mit der Diversity, des Diversity Klimas, der Kommunikationskultur sowie –struktur,

der propagierten unternehmenspolitischen Grundsätze, des grundlegenden Bekenntnisses der Führungskräfte zu den angestrebten Grundwerten,
- einen Abgleich der geplanten Sollvorstellung mit dem ermittelten Ist-Zustand vorzunehmen,
- bei einer zu großen Soll-Ist-Diskrepanz evtl. die anvisierten Ziele zu überarbeiten und
- gegebenenfalls eine Leitbildüberarbeitung zu initiieren.

Auf der **strategischen Ebene** ist es notwendig,

- ein konkretes Problemverhalten bezüglich des Umgangs mit der Diversity sowie der strategisch orientierten Werthaltungen unter Berücksichtigung der im Leitbild angestrebten institutionellen Ordnung und Einbeziehung der bereichsübergreifenden Kommunikation sowie der strategisch-strukturellen Führung zu entwickeln,
- eine strategische Abstimmung der Einzelmaßnahmen vorzunehmen,
- eine Überprüfung und eventuelle Modifikation vorhandener personalpolitischer Instrumente durchzuführen,
- die Befähigung der Führungskräfte zur Umsetzung der Maßnahmen für das Diversity Management und das Gestalten einer diversity-gerechten Unternehmenskultur zu fördern sowie
- die Befähigung der Mitarbeiter zur Entwicklung ihrer Potenziale (u. a. Übernahme von Verantwortung) zu planen.

Auf der **operativen Ebene** gilt es,

- die konkrete Umsetzung der angestrebten Handlungsmuster und sichtbarer Kulturindikatoren im Tagesgeschäft umzusetzen,
- die Gestaltung der interaktiv-personalen Führung mit einer bewussten Dialogorientierung zur Verbesserung der Qualität der sozialen Interaktionen und des wahrgenommenen Diversity Klimas zu verwirklichen sowie
- eine kontinuierliche Überprüfung des Forschritts der Gestaltung der diversity-gerechten Unternehmenskultur mittels der in dieser Arbeit entwickelten Indikatoren für das integrative Gesamtkonzept des Diversity Managements vorzunehmen.

13 Zusammenfassung und Ausblick

In der vorliegenden Arbeit wurde eine neue Sichtweise und Arbeitsdefinition für das Diversity Management unter Berücksichtigung der besonderen Rolle der Unternehmenskultur erarbeitet (Kapitel 2.2). In dieser Definition werden die explizite Einbindung aller Hierarchieebenen, Prozesse und Systeme in horizontaler und vertikaler Richtung des Unternehmens eingeschlossen und der Ausgleich der eventuellen Nachteile der Diversity durch eine entsprechende Unternehmenskultur angestrebt. Für die Herleitung dieser neuen Definition wurden die vorhandenen empirischen und theoretischen Arbeiten zum Diversity Management dargestellt, diskutiert, zusammengefasst und deren Defizite aufgezeigt (Kapitel 2.1). Dabei wurde erstmals eine Strukturierung des Diversity Managements in eine normative, strategische und operative Ebene vorgenommen, um den bisher vorwiegend normativen Charakter des Konzeptes zu überwinden.

Die in der Literatur beschriebenen Verständnisansätze und bisher jeweils einzeln betrachteten Begründungen für das wachsende Interesse an der Thematik Diversity Management auf gesellschaftlicher, betrieblicher und individueller Ebene wurden gemeinsam unter Berücksichtigung der gegenseitigen Abhängigkeiten der Begründungsebenen beschrieben (Kapitel 3). So konnte im Rahmen dieser Ausführungen die wirtschaftliche und betriebliche Dimension des Themas erschlossen werden (Kapitel 3.2). Darüber hinaus wurde die besondere Rolle der Unternehmenskultur sowohl für die interne Auseinandersetzung mit der Diversity aus individual- und gruppentheoretischer Perspektive als auch für die Reaktion auf unternehmensexterne Erwartungen aus neoinstitutionalistischer Sicht aufgezeigt (Kapitel 3.3 und 3.1). Die Auseinandersetzung mit den Verständnisansätzen zeigt die Relevanz der Thematik auf, sowohl aus ethischen, sozio-moralischen als auch aus rechtlichen und ökonomischen Gründen für in Deutschland ansässige Unternehmen.

Aufbauend auf diesen Ausführungen ist gemäß dem ersten Teilziel dieser Arbeit ein neues theoretisches Gesamtkonzept für das Diversity Management entwickelt worden, welches die wechselseitigen Einflussbeziehungen zwischen dem Diversity Management und der Unternehmenskultur, die in der Literatur bisher nur unzureichend abgebildet wurden, detailliert beschreibt (Kapitel 4.2). In dem neu entwickelten Konzept bildet die Unternehmenskultur den Rahmen für die Handlungen im Unternehmen und beeinflusst somit die Maßnahmen des Diversity Managements, die zur Integration der Vielfalt und zur Förderung des interkulturellen Lernens ergriffen werden. Gleichzeitig besteht aber auch eine rekursive Beziehung: Ziel des Diversity Managements ist die Beeinflussung der gelebten Unternehmenskultur, so ist es in erster Linie als kulturgestaltendes Instrument zu verstehen.

Im Rahmen der Konzeptentwicklung in dieser Arbeit wurde der Begriff der diversity-gerechten Unternehmenskultur geprägt. Damit dies möglich war, wurde eine umfangreiche Beschreibung der theoretischen Grundlagen und der Begrifflichkeit der Unternehmenskultur vorgenommen (Kapitel 5.1). Dabei sind die bisherigen Ausführungen in der Literatur bezüglich einer mono- oder multikulturellen Ausprägung einer Unternehmenskultur für das Diversity Management ausführlich einbezogen worden (Kapitel 5.2).

Sowohl für die Konkretisierung des Begriffs der diversity-gerechten Unternehmenskultur als auch für die Beziehungen zwischen den Konstrukten Diversity Management und Unternehmenskultur war es erforderlich, die grundsätzlichen Gestaltungsmöglichkeiten und –faktoren einer diversity-gerechten Unternehmenskultur im theoretischen Teil der Arbeit zu identifizieren (Kapitel 5.3). Die Gestaltungsfaktoren bzw. Handlungsfelder Leitbild, Führung, Kommunikation und Organisationsklima wurden definiert und ihre Bedeutung für das integrative Gesamtkonzept des Diversity Managements umfassend beschrieben (Kapitel 6). Dabei wurden die theoretischen Grundlagen jedes Faktors, seine Funktion sowie Ausgestaltung und die jeweilige Einbindung in das neu entwickelte, integrative Gesamtkonzept des Diversity Managements ausführlich aufgezeigt. Als Ergebnis des theoretischen Teiles der Arbeit wurden im Anschluss an die Erarbeitung der Gestaltungsfaktoren das integrative Gesamtkonzept des Diversity Managements und die entsprechenden quantitativen Indikatoren zur Erfassung des Ausmaßes der erfolgreichen Umsetzung zusammenfassend dargestellt (Kapitel 6.5).

Die Indikatoren, die gemäß dem Hauptziel der Arbeit generiert wurden, ermöglichen eine Überwindung der in dieser Arbeit beschriebenen Messprobleme für das Diversity Management und die Unternehmenskultur (Kapitel 4.3) indem eine indirekte Erfassung des Nutzens in Form relativer Indikatoren möglich wird und damit die betriebswirtschaftliche Legitimation des Konzeptes möglich wird.

Das theoretisch entwickelte Gesamtkonzept wurde zur Formulierung der Forschungsfragen für den empirischen Teil der Arbeit herangezogen (Kapitel 7). Als Grundlage für den empirischen Teil wurden zunächst das Forschungsdesign, die verwendeten Methoden und die Stichproben ausführlich beschrieben

(Kapitel 8). Um sich der Diversity-Thematik umfassend zu nähern und die relevanten Diversity-Merkmale in den beiden Unternehmen zu erfassen, wurden die Stichproben anhand der im theoretischen Teil hergeleiteten Merkmalskategorien verglichen (Kapitel 8.4.3). Dabei zeigte sich, dass sich die untersuchten Unternehmen nur geringfügig hinsichtlich der wahrnehmbaren und nicht wahrnehmbaren Diversity-Merkmale unterscheiden.

Die empirische Überprüfung der relevanten Gestaltungsfaktoren und Indikatoren, die als drittes Teilziel für diese Arbeit formuliert wurden, erfolgte im empirischen Teil der Arbeit mittels qualitativer und quantitativer Methoden. Die qualitativen Analysen bestätigten in beiden Unternehmen (N = 13 und 19) sowohl die grundsätzliche Gültigkeit der vermuteten und theoretisch hergeleiteten wechselseitigen Beziehungen zwischen dem Diversity Management und der Unternehmenskultur als auch die Bedeutung der Gestaltungsfaktoren Leitbild, Führung, Kommunikation und Organisationsklima (Kapitel 9.4). In umfangreichen Interviews und Leitbildanalysen wurde die jeweils angestrebte und tatsächlich gelebte Unternehmenskultur analysiert sowie die unterschiedlichen Ausprägungen beschrieben. Die Zusammenfassung der qualitativen Analyse ermöglichte somit eine Beurteilung der jeweiligen Unternehmenskulturen (Kapitel 9.5) und wurde zur Generierung der Forschungshypothesen herangezogen (Kapitel 10).

Anhand der Daten eines der beiden untersuchten Unternehmen (N = 442) wurde die Bedeutung der Gestaltungsfaktoren mittels explorativer Faktorenanalyse aufgezeigt (Kapitel 11.2) und deren Reliabilität anhand einer konfirmatorischen Faktorenanalyse überprüft (Kapitel 11.3). Als relevant und reliabel erwiesen sich fünf Faktoren, die jeweils durch drei bis fünf beobachtete Variablen erklärt und die den Handlungsfeldern Leitbild (Faktor 3), Führung (Faktor 4) und Organisationsklima bzw. Diversity Klima (Faktoren 1, 2, 5) zugeordnet werden konnten.

- Faktor 1: Wahrgenommener Umgang mit der Diversity (Umgang mit Diversity)
- Faktor 2: Wahrgenommenes Diversity Klima hinsichtlich der nur schwer oder nicht-veränderbaren Diversity-Merkmale (Diversity Klima persönlich)
- Faktor 3: Wahrgenommene Leitbildumsetzung und Funktion (Leitbild)
- Faktor 4: Wahrgenommenes Führungsverhalten (Führung)

- Faktor 5: Wahrgenommenes Diversity Klima hinsichtlich der veränderbaren, erworbenen, organisationsspezifischen Diversity-Merkmale (Diversity Klima organisatorisch)

Die Bedeutung der Kommunikation für die Umsetzung des Diversity Managements konnte qualitativ aufgezeigt werden, in der quantitativen Analyse war kein Faktor zu diesem Handlungsfeld ausreichend stabil.

Anhand der Daten des zweiten Unternehmens (N = 399) konnte das neu entwickelte Modell mit seinen Gestaltungsfaktoren bestätigt werden (Kapitel 11.3). Unter der Berücksichtigung der Relevanz der individuellen Wahrnehmungen für die Konstrukte Diversity Management und Unternehmenskultur sowie der Gestaltungsfaktoren war es möglich, Indikatoren für die erfolgreiche Umsetzung von Maßnahmen in den Handlungsfeldern zu definieren (Kapitel 11.4). Deren Plausibilität konnte anhand des Vergleiches der Unternehmenskulturen und der Datensätze der beiden Unternehmen bestätigt werden. Für den Vergleich der quantitativen Ergebnisse der Unternehmen wurden Varianzanalysen und T-Tests eingesetzt.

Aus den Ergebnissen des theoretischen und empirischen Teils wurden Handlungsempfehlungen für die Umsetzung des Konzeptes in der Praxis formuliert (Kapitel 12)

So konnten in der vorliegenden Arbeit die Gestaltungsmöglichkeiten einer diversity-gerechten Unternehmenskultur im Rahmen eines Diversity Managements zur tatsächlichen Nutzung der Innovationspotenziale einer heterogenen Belegschaft entwickelt werden. Dabei wurden eine ganzheitliche Betrachtung und Analyse der vielfältigen Einflussbeziehungen zwischen dem Diversity Management, der Unternehmenskultur und den wechselseitigen, voneinander abhängigen Einflussfaktoren auf diesen beiden Konstrukte vorgenommen und darauf aufbauend das integrative Gesamtkonzept des Diversity Managements entwickelt. Die auf den individuellen Wahrnehmungen der Mitarbeiter beruhenden Indikatoren für die Beurteilung der Diversity-Gerechtigkeit der Unternehmenskultur ermöglichen eine Beurteilung des Erfolgsgrades der Umsetzung des Konzeptes. Die Indikatoren zeigen das Ausmaß der Übereinstimmung zwischen einer auf normativer Ebene angestrebten diversity-gerechten Unternehmenskultur und einem entsprechenden Diversity Management, dessen strategischer Umsetzung und Wahrnehmung auf der operativen Ebene auf. Dabei wurde die Rolle der individuellen Wahrnehmungsmuster und

Beschreibungen für das kollektive Phänomen einer diversity-gerechten Unternehmenskultur herausgearbeitet.
Somit liefert diese Arbeit aufgrund der integrativen Sichtweise und umfassenden Aufarbeitung der bisherigen Arbeiten einen Beitrag für die theoretische Diskussion sowie Fundierung des Diversity Managements und damit zur Reduzierung der konzeptionellen Defizite. Durch die Entwicklung der Indikatoren ist ein weiterer Baustein für die ökonomische Legitimierung des Konzeptes geschaffen worden, welcher die praktische Nutzung insbesondere aus betriebswirtschaftlichen Gründen verbessern kann.
Es müssen weitere Überlegungen stattfinden, die eine Einbeziehung des integrativen Gesamtkonzeptes des Diversity Managements in Planungsinstrumente wie beispielsweise die Balanced-Scorecard prüfen.
Sinnvoll ist es, das entwickelte Modell und die Indikatoren in weiteren Unternehmen zu überprüfen. Dabei muss sich ein Augenmerk auf das beschriebene Spannungsfeld zwischen den internen und externen Ansprüchen an ein adäquates Diversity Management richten, da nur unzureichende Möglichkeiten bestehen, den genauen Bedarf an Heterogenität zu quantifizieren. Eine derartige Bedarfsanalyse ist Voraussetzung, um die die Diffusion der Diversity Management-Institutionen in die Prozesse der Leistungserstellung beurteilen zu können. In diesem Zusammenhang und bezüglich der Erforschung der Bedingungen, unter denen Unternehmen besonders dazu neigen, institutionalisierte Strukturelemente und Managementpraktiken zu übernehmen, besteht auch nach Walgenbach und Beck (2003) noch ein sehr großer Forschungsbedarf.
Darüber hinaus sind weitere qualitative und quantitative Analysen erforderlich, um das jeweilige Diversity Management, die Einflussfaktoren seiner Implementierung und Gestaltung sowie die Bedarfe noch differenzierter zu erfassen. In weiteren Untersuchungen muss überprüft werden, inwieweit die Korrelation zwischen den Gestaltungsfaktoren des neuen integrativen Konzeptes für das Diversity Management als notwendige Voraussetzung für eine diversity-gerechte Unternehmenskultur bestätigt werden kann.

Literaturverzeichnis

Agos, C; Burr, C. (1996): Employment Equity, Affirmative Action and Diversity Management: Assessing the Differences. In: International Journal of Manpower, Nr. 5, 1996, S. 30-46

Alderfer, C.P.; Alderfer, C.J.; Tucker, L.; Tucker, R. (1980): Diagnosting Race Relations in Management. In: Journal of Applied Behaviral Scienc, Nr. 16, 1980, S. 135-166

Alexander, J.; Nuchols, B.; Bloom, J.; Lee, S. (1995): Organizational demography and turnover: An examination of Multiform and nonlinear heterogeneity. In: Human Relations 48, 1995, S. 1455-1480

Allaire, Y., Firsirotu, M.E. (1984): Theories of organisational culture. Sonderdruck: Organization Studies. Berlin: S. 193-226

Ancona, D.G.; Caldwell, D. (1992): Demography and Design: Predictors of new product team performance. In: Organization Science, Nr. 3, 1992, S. 321-341

Ansoff, H.I.; Eppink, J.; Gomer, H. (1978): Management of strategic surprise and discontinuity: problem of managerial decisiveness. Brüssel: Working paper. European Institute of advanced studies in management.

Aretz, H.-J. und Hansen, K. (2002). Diversity und Diversity Management in Unternehmen. Eine Analyse aus systemtheoretischer Sicht. In: Hansen, K., Müller, U. und Koall, I. (Hrsg.). Managing Diversity. Münster, Hamburg, London: LIT Verlag.

Aretz, H.J. (2006): Strukturwandel der Weltgesellschaft und Diversity Management im Unternehmen. In: Becker, M.; Seidel, A.: Diversity Management – Unternehmens- und Personalpolitik der Vielfalt. Stuttgart: Poeschel, S. 52-74

Argyris, C. (1999): Richtig motivieren können wenige Chefs. In: Ulrich, D. : Strategisches Human Ressource Management. München, Wien: Hanser

Aschenbrenner-Wellmann, B. (2003): Interkulturelle Kompetenz in Wirtschaft und Verwaltung. Berlin: Logos

Ashforth, B.E. (1985): Climate formation issues and extensions. In: AMR, 10. Jg., 1985, Nr. 4, S. 837-847

Back, K.W. (1951): Influence through social communication. In: Journal of Abnormal and Social Psychology, 46, S. 9-23

Backhaus, K., Erichson, B., Plinke, W., Weiber, R. (2003): Multivariate Analysemethoden: Eine anwendungsorientierte Einführung. Berlin, Heidelberg, New York: Springer

Balser, S. (1999): Abschied von der Monokultur: Diversity als Spiegel der Welt. In: Personalführung, Nr. 5, 1999, S. 14-16

Barnard, Ch. J. (1938). The Functions of the Executive. Cambridge, MA: Harvard Business Press.

Barney, J. (1991): Firm Resources and sustained competetive advantage. In: Journal of Management, Nr. 1, 1991, S. 99-120

Barry, B.; Bateman, T.S. (1996): A social trap analyses of the management of diversity. In: Academy of management review, Nr. 21, S. 757-790

Barth, M. (1998): Unternehmen im Wertewandel – Zur Bindung der Mitarbeiter durch die Unternehmenskultur. Konstanz: Hartung

Bass, B.M. (1985): Leadership and Performance beyond Expectations. New York: Free Press

Bass, B.M.; Aviolo, B.J. (1990): Transformational Leadership Development. Manual for the Multifactor Leadership Questionnaire. Palo Alto: Consulting Psychologists Press

Bateman, J.; Zeithaml, C. (1993): Managing the diverse work force. In: Management, Function and strategies. Boston: Homewood, S. 374-405

Beck, N.; Walgenbach, P. (2003): ISO 9000 and formalization – How organisational contingencies affect organizational responses to institutional forces. In: Schmalenbach Business Review 55: S. 294-320

Becker, A. (2006): Diversity Management aus der Perspektive betriebswirtschaftlicher Theorien. In: Becker, M.; Seidel, A.: Diversity Management – Unternehmens- und Personalpolitik der Vielfalt. Stuttgart: Poeschel, S. 205-238

Becker, M. (2006): Wissenschaftstheoretische Grundlagen des Diversity Management. In: Becker, M.; Seidel, A.: Diversity Management – Unternehmens- und Personalpolitik der Vielfalt. Stuttgart: Poeschel, S. 3-48

Belbin, R.M. (1981): Management Teams - Why They Succeed or Fail. Oxford: Butterworth-Heinemann

Bem, S. L. (1974). The measurement of psychological androgyny. In: Journal of Consulting and Clinical Psychology, Heft 42, S.155-162.

Bem, S. L. (1981). Gender schema theory: A cognitive account of sex typing. In: Psychological Review, 88, S. 354 – 364.

Bennis, W. G.; Nanus, B. (1985). Leaders: The strategy for taking charge. New York: Harper und Row.

Bergler, R. (1976): Welche Bedeutung hat die wachsende Distanz zwischen Führendem und Geführten für die Willensbildung im Unternehmen? In: Die Bedeutung gesellschaftlicher Veränderungen für die Willensbildung im Unternehmen. Schriften des Vereins für Sozialpolitik, Gesellschaft für Wirtschafts- und Sozialwissenschaften. Berlin: Duncker und Humblot

Bernet, B. (1982): Das Unternehmensleitbild als Führungsinstrument. In: Managementzeitschrift io, Nr. 51, 1982 (3), S. 137-132

Beyer, H.; Fehr, U.; Nutzinger, H.G. (1995): Unternehmenskultur und betriebliche Kooperation. Anforderungen und praktische Erfahrungen. Wiesbaden: Gabler

Bhawnk, D.P.S.; Podsiadlowski, A.; Graf, J.; Triandis, H.C. (2002): Corporate strategies for managing diversity in the global workplace. In: Ferries, G.R.; Buckley, M.R.; Fedor, B.D. (Hrsg.): Human resource management: Perspectives, context, functions and outcomes. Englewood Cliffs, NJ: Prentice-Hall, S. 112-145

Bissels, S.; Sackmann, S.; Bissels, T. (2001): Kulturelle Vielfalt in Organisationen-Ein blinder Fleck muss sehen lernen. In: Soziale Welt, 52, 2001, S. 403-426

Bleicher, K. (1986): Strukturen und Kulturen der Organisation im Umbruch. Herausforderung für den Organisator. In: Zeitschrift für Organisation, 55. Jg. Nr. 2, 1986, S. 100

Bleicher, K. (1992): Leitbilder. Orientierungsrahmen für eine integrative Management-Philosophie. Stuttgart: Poeschel

Bleicher, K. (1994): Normatives Management - Politik, Verfassung und Philosophie des Unternehmens. Frankfurt, New York: Campus

Bleicher, K. (1996): Das Konzept integriertes Management. Frankfurt, New York: Campus

Blom, H; Meier, H. (2002): Interkulturelles Management. Herne, Berlin: Neue Wirtschaftsbriefe

Bögel, R. (1995): Organisationsklima und Unternehmenskultur. In: Rosenstiel, L. v.; Regnet, E.; Domsch, Michel (Hrsg.): Führung von Mitarbeitern, Handbuch für erfolgreiches Personalmanagement. Stuttgart: Poeschel , S. 661-674

Borg, I. (2000): Mitarbeiterbefragung-kompakt. Göttingen: Hofräte

Bortz, J.; Döring, N. (2002): Forschungsmethoden und Evaluation: Für Human- und Sozialwissenschaftler. Berlin: Springer

Braedel-Kühner, C. (2005): Individualisierte, alternsgerechte Führung. Frankfurt a. M.: Lang

Brauchlin, E. (1984): Schaffen auch Sie ein Unternehmensleitbild. Io Management Zeitschrift, 7-8 und 1984, S. 313-316

Brewer, M.B. (1995): Managing Diversity: The role of social identities, in: Jackson S.E., Ruderman, R.N. (Hrsg.): Diversity in work teams, Washington, S. 47-68

Bronner, R.; Appel, W.; Wiemann, V. (1999): Empirische Personal- und Organisationsforschung: Grundlagen-Methoden-Übungen. München, Wien: Oldenbourg

Brosius, F. (2004): SPSS 12. Bonn: mitp-Verlag

Bruggemann, A., Groskurth, P. und Ulich, E. (1975). Arbeitszufriedenheit. Bern, Stuttgart, Wien: Huber.

Bryan, L.L. (1999): Race for the world: Strategies to build a great global firm. Boston: Harvard Business School Press

Bühner, M. (2003): Einführung in die Test- und Fragebogenkonstruktion. München: Pearson-Studium

Burmeister, H.J. (1995): Die Rolle von Leitbildern in der Unternehmensführung. In: Corsten, H.; Reiß, M. (Hrsg.): Handbuch der Unternehmensführung. Konzepte – Instrumente – Schnittstellen. Wiesbaden: Gabler, S. 101-110

Calder, B. J. (1977). An attribution theory of leadership. In: Staw, B. und Salancik, G. (Hrsg.). New directions in Organizational Behavior. Chicago: St. Clair Press, S. 179-204.

Chatman, J.A.; Polzer, J.T.; Barsade, S.G.; Neale, M.A. (1998): Beeing different yet feeling similar: the influence of demographic composition and organizational culture on work processes and outcomes. In: Administrative Science Quarterly, 43. Jg., 1998, S. 749-780

Collins, J.C.; Porras, J.I. (1999): Aufbau einer Unternehmensvision. In: Dave, U. (Hrsg.): Strategisches Human Resource Management. München, Wien: Hanser, S. 143-164

Conrad, P.; Sydow, J. (1984): Organisationsklima. Berlin, New York: de Gruyter

Conrad, P.; Sydow, J. (1991): Organisationskultur, Organisationsklima und Involvement. In: Dülfer. E. (Hrsg.): Organisationskultur, Phänomen – Philosophie – Technologie. Stuttgart: Poeschel, S. 93-110

Cox, T. (1991): The multicultural organization. Academy of Management Executive, Vol. 5, Nr. 2, S. 34-47.

Cox, T (1993). Cultural Diversity in Organisation. Theory, Research und Practice. San Francisco: Berret Koehler Publishers.

Cox, T., Blake, S. (1991): Managing cultural diversity: implications for organizational competitiveness. Academy of Management Executive, Vol. 5, Nr. 3, S.45-56.

Cox, T.; Smolinski, C. (1994): Managing Diversity and Glass Ceiling Initiatives as National Economic Imparatives. Working Paper. University of Michigan.

Cramme, C.; Lindstädt, H. (2005): Innovationsbereitschaft: Die Bedeutung von Vergütung und Arbeitsumfeld. In: Weissenberger-Eibl, M.A. (Hrsg.): Gestaltung von Innovationssystemen. Kassel: Cactus Group, S. 137-159

Centre for Strategy and Evaluation Services (2003): Methoden und Indikatoren für die Messung der Wirtschaftlichkeit von Maßnahmen im Zusammenhang mit der personellen Vielfalt in Unternehmen. URL: http://europa.eu.int/comm/employment_social/fundamental_rights/pdf/studies/costsbeneffullrep_de.pdf, [Stand: 13.12.2004].

Daft, R.L.; Steers, R.M. (1986): Organizations. Glenview: Scott, Foresman

Dahler-Larson, P. (1997): Organizational identity as a "crowded category", in: Sackmann, S.A. (Hrsg.): Cultural complexity in organizations. London: Sage Publications, S. 367-389

Dahrendorf, R. (1959): Sozialstruktur des Betriebes, Betriebssoziologie. Wiesbaden: Gabler

Dass, P. und Parker, B. (1999): Strategies for managing human resource diversity: From resistance to learning. Academy of Management Executive, Vol. 13, Nr. 2, S. 68-80.

Davidson, M.J.; Fielden, S.L. (2003): Individual Diversity and psychology in organizations. Chichester, West Sussex: Wiley

Delhees, K. H. (1995): Führungstheorien-Eigenschaftstheorie. In: Kieser, A.; Reber, G.; Wunderer, R. (Hrsg.): Handwörterbuch der Führung. Stuttgart: Poeschel, Sp. 897-906

Denison, R.D. (1990): Corporate Culture und Organizational Effectiveness. New York, Chichester, Brisbane, Toronto, Singapore: Wiley

Dierkes, M. (1988): Unternehmenskultur und Unternehmensführung – Konzeptionelle Ansätze und gesicherte Erkenntnisse. In: Zeitschrift für Betriebswirtschaft, 58. Jg., 1988, Nr. 5 und 6, S. 554-575

Dierkes, M.; Berthoin Antal, A. (1985): Umweltmanagement Konkret: Erfahrungen aus 8 Jahren Entwicklung bei Migros-Genossenschaftsbund. In: gdi Impulse Nr. 1, 1985, S. 23 ff

Dierkes, M.; Hähner, K. (1993): Sozio - ökonomischer Wandel und Unternehmensleitbilder. Ein Beitrag zur Untersuchung der Wahrnehmungsprozesse und Reaktionsweisen von Unternehmen auf Umweltanforderungen. In: Strümpel, B.; Dierkes, M. (Hrsg.): Innovation und Beharrung in der Arbeitspolitik. Stuttgart: Poeschel, S. 277-309

Dierkes, M.; Hähner, K.; Berthoin Antal, A. (1997): Das Unternehmen und sein Umfeld: Wahrnehmungsprozesse und Unternehmenskultur am Beispiel eines Chemiekonzerns. Frankfurt, New York: Campus Verlag,

Dierkes, M.; Mützel, S. (1995): Unternehmensethik jenseits von Rhetorik - Zur Verankerung organisatorischer Grundwerte in Unternehmenskultur und Unternehmensleitbildern. In: Rosenstiel, L. v.; Regnet, E.; Domsch, Michel (Hrsg.): Führung von Mitarbeitern, Handbuch für erfolgreiches Personalmanagement. Stuttgart: Poeschel, S.775-784

Dierkes, M.; Rosenstiel, L.v.; Steger, U. (1993): Unternehmenskultur in Theorie und Praxis – Konzepte aus Ökonomie, Psychologie und Ethnologie. Frankfurt, NewYork: Campus

Dierkes, M.; Weiler, H., Berthoin Antal, A. (1987): Comparativ Policy Research: Learning from Experience. Aldershot: Gower

Dieschburg, B.; Maintz, M. (2000): Das Leitbild als Ariadnefaden im Wandel. In: Personalführung Nr. 9, 2000, S. 28-34

Dietrich, F. (1999): Integration mit Unternehmensleitbild. In: Personalwirtschaft Nr. 6, 1999, S. 42-48

Dill, P.; Hügler, G. (1997): Unternehmenskultur und Führung betriebswirtschaftlicher Organisationen – Ansatzpunkte für ein kulturbewusstes Management. In: Heinen, E.; Fank, M.: Unternehmenskultur: Perspektiven für Wissenschaft und Praxis. München, Wien: Oldenbourg, S. 141-210

DiMaggio, P.J.; Powell, W.W. (1991): The new institutionalism in organizational analysis. Chicago

Doppler, K.; Lauterburg, C. (2002): Change Management. Den Unternehmenswandel gestalten. Frankfurt, New York: Campus

Drumm, H.J. (1989): Individualisierung der Personalwirtschaft, Regensburger Beiträge zur betriebswirtschaftlichen Forschung. Bern, Stuttgart: Haupt

Drumm, H.J. (1991): Probleme der Erfassung und Messung von Unternehmenskultur. In: Dülfer, E. (1991): Organisationskultur, Phänomen – Philosophie – Technologie. Stuttgart: Poeschel, S. 163-171

Dülfer, E. (1991): Organisationskultur, Phänomen – Philosophie – Technologie. Stuttgart: Poeschel

Early, P.C.; Mosakowski, E. (2000): Creating hybrid team cultures: An empirical test of transnational team functioning. In: Academy of Management Journal, 43. Jg., S. 26-49

Ellis, C.; Sonnenfeld, J.A. (1994): Divers Approaches to Managing Diversity. In: Human Resource Management, Vol. 33, 1994, No. 1, S. 79-109

Elmerich, K. (2007): Personenbezogene Wahrnehmung des Diversity Managements. Frankfurt a.M: Lang

Elmerich, K.; Watrinet, Ch. (2006): Diversity Management und Unternehmensleitbilder - Handlungsfelder für die Praxis. In: Vedder, G. (Hrsg.): Diversity-orientiertes Personalmanagement. Band 6 der Trierer Beiträge zum Diversity Management. München, Mering: Hampp, S.77-159.

Emmerich, A.; Krell, G. (2001): Diversity-Trainings: Verbesserung der Zusammenarbeit und Führung einer vielfältigen Belegschaft. In: Krell, G. (Hrsg.): Chancengleichheit durch Personalpolitik. Wiesbaden: Gabler, S.421-442.

Equal Employment Opportunity Commission (2003): Charge Statistics FY 1992 Through FY 2003. http: und und www.eeoc.gov und stats und charges.html, Abrufdatum: 13.12.04

Eschenbach, R. (1985a): Die neue Emotionalisierung – Organisationstheoretische und personelle Konsequenzen aus den Tendenzen der Unternehmensführung. In: Eschenbach, R. (Hrsg.): Neue Tendenzen und Werkzeuge im Controlling. Wien: Fachverlag der deutschen Wirtschaftsuniversität, S. 95-122

Eschenbach, R. (1985b): Wertewandel und Management, Brauwelt, Nr. 24 und 25, 1985, S. 1390-1395

Fabrigar, L.R.; Wegener, D.T.; MacCullum, R.C.; Strahan, E.J. (1999): Evaluating the use of exploratoring factoranalysis in psychological research. In: Psychological Methods, 4 (3), S. 272-299

Fairhurst, G.T.; Sarr, R.A. (1996): Die Kunst durch Sprache zu führen. Düsseldorf: Metropolitan

Fehlau, E.G. (1997): Moderne Unternehmensführung: Unternehmenskultur als Wettbewerbsvorteil. In: Gablers Magazin Nr. 3, 1997, S. 24-27

Felde vom, G. (1994): Der Weg zu einem Unternehmensleitbild. Entwicklung und Einführung von Leitlinien bei einer Versicherungsgesellschaft. In: Personal Nr. 1, 1994, S. 30-33

Ferner, A.; Almond, P.; Colling, T. (2005): Institutional theory and the cross-national transfer of employment policy: the case of workforce diversity in US multinationals. In: Journal of International Business Studies, 36, S. 304-321

Festing, M.; Müller, B.; Yussefi, S. (2005): Der Wirkungszusammenhang zwischen Diversity Management und Unternehmenserfolg. Eine konzeptionelle Analyse am Beispiel interkultureller Kompetenz als intervenirende Variable. Paper, Herbstworkshop der Kommission Personalwesen, 16.-17. September 2005, Berlin

Fiedler, H. (1980): Unternehmensgrundsätze und Führungsleitlinien – Wegweiser in die Zukunft. In: Fortschrittliche Betriebsführung und Industrial Engineering 29, 1980, Band 2, S. 122-129

Fine, M.G. (1995): Building successful multicultural organizations. Challenges and opportunities. Westport, Connecticut, London: Quorum Books

Flamholtz, E. (2001): Corporate Culture and the Bottom Line. In: European Management Journal, Vol. 19, No. 3, S. 268-275

Flick, U., Kardoff, E., Steinke, I. (2000): Qualitative Forschung: Ein Handbuch. Reinbek: Rowohlt

Flynn, J.F.; Chatman, J.A.; Spataro, S.E. (2001): Getting to know you: The influence of personality on impressions and performance of demographically different people in organizations. In: Administrative Science Quarterly, 46. Jg., S. 414-442

Franken, S (2004): Verhaltensorientierte Führung – Individuen, Gruppen, Organisationen. Wiesbaden: Gabler

Fankhauser, K. (1996): Management von Organisationskulturen, Bern, Stuttgart, Wien: Haupt

Friebertshäuser, B. (1997): Interviewtechniken - ein Überblick. In: Friebertshäuser, B.; Prengel, A. (Hrsg.): Handbuch qualitativer Forschungsmethoden in der Erziehungswissenschaft. Weinheim, München: Juventa

Friedrichs, P. (2004): Die Human-Kapital-Bewegung. Von der Vision zur politischen Umsetzung. In: Dürndorfer, M.; Friedrichs, P. (Hrsg.): Human Kapital Leadership. Wettbewerbsvorteile für den Erfolg von morgen. Hamburg: Murmann, S. 27-43

Fritsch, S. (1994): Differentielle Personalpolitik, Eignung zielgruppenspezifischer Weiterbildung für ältere Arbeitnehmer. Wiesbaden: Deutscher Universitätsverlag

Frohnen, A. (2005): Diversity in Action. Multinationalität in globelen Unternehmen am Beispiel Ford. Bielefeld: Transcipt

Gabele, E. (1981): Unternehmensgrundsätze. Ein Spiegelbild innerbetrieblicher und gesellschaftlicher Entwicklungen. In ZO, Nr. 5 1981, S. 245-252

Gabele, E.; Kretschmer, H. (1983): Unternehmensgrundsätze als Instrument der Unternehmensführung. In: Zeitschrift für betriebswirtschaftliche Forschung, Nr. 8, 1983, S. 716-726

Gabele, E.; Kretschmer, H. (1986): Unternehmensgrundsätze. Empirische Erhebungen und praktische Erfahrungsberichte zur Konzeption, Einrichtung und Wirkungsweise eines modernen Führungsinstrumentes. Frankfurt a. M.: Lang

Gardenswartz, L. und Rowe, A. (1993): Managing diversity: a complete desk reference and planning guide. New York: Burridge.

Gebert, D. (1991): Organisationsklima. In: Gaugler, E.; Weber, W. (Hrsg.): Handwörterbuch des Personalwesens. Stuttgart: Poeschel, Sp. 1498-1507

Gebert, D. (2004): Durch diversity zu mehr Teaminnovativität? - Ein vorläufiges Resümee der empirischen Forschung sowie Konsequenzen für das diversity Management, in: DBW, Band 64, 2004, S. 412-430

Gebert, D.; Rosenstiel, L. (2002): Organisationspsychologie. Stuttgart: Kohlhammer

Gergen, K.J. (2002): Konstruierte Wirklichkeiten: eine Hinführung zum sozialen Konstruktivismus. Stuttgart: Kohlhammer

Gilbert, J.A.; Stead, B.A.; Ivancevich, J.M. (1999): Diversity Management: A new organisational paradigm, in: Journal of Business Ethics 21, 1999, S. 61-76

Girtler, R. (1984). Methoden der qualitativen Sozialforschung. Anleitung zur Feldarbeit. Wien, Köln, Graz: Böhlau.

Glücksburg, K.; Ochsner, M. (1989): Unternehmenskultur, Image, Leitbild, Strategie. In: io Management Zeitschrift, Nr. 58, 1989, S. 95-96

Göhler, G.; Kühn, R. (1999): Institutionenökonomie, Neo-Institutionalismus und die Theorie politischer Institutionen, in: Edeling, T; Jann, W.; Wagner, D. (Hrsg.): Institutionenökonomie und Neuer Institutionalismus-Überlegungen zur Organisationstheorie. Opladen: Leske und Budrich, S. 17-42

Gutenberg, E. (1983): Grundlagen der Betriebswirtschaft. Berlin: Springer

Hackman, J.R. (1976): Group influences on individuals. In: Dunnette, M.D. (Hrsg.): Handbook of industrial and organizational psychology. Chicago: McNally, S. 1455-1525

Hansen, K.; Aretz, H.-J. (2002): "Diversity Management" eine Herausforderung für deutsche Unternehmen. In: Knauth, P; Wollert, A. (Hrsg.): Human Resource Management. Neue Formen der betrieblichen Arbeitsorganisation und Mitarbeiterführung. Lose Blatt Werk, 35 Ergänzungslieferung

Hartweg, D. (2006): Individualität und Diversität als Determinanten von Personalmanagementkonzepten. In: Vedder, G. (Hrsg.): Diversity-orientiertes Personalmanagement. Band 6 der Trierer Beiträge zum Diversity Management. München, Mering: Hampp, S. 1-76

Haselier, J.; Thiel, M. (2005): Diversity Management. Unternehmerische Stärke durch personelle Vielfalt. Frankfurt a. M.: Bund

Hasse, R.; Krücken, G. (1999): Neo-Institutionalismus. Bielefeld: Transcript

Häusel, H.G. (1991): Unternehmen brauchen ein ikonisches Leitbild. In: Havard Manager, Nr. 2 1991, S. 27

Hauser, R.; Werani, J. (2001): Die Zukunft miteinander gestalten – Eine Fallstudie zur Praxis kultureller Veränderungen. In: Organisationsentwicklung, 4 und 01, S. 8-19

Hayles, V.R. (1996): Diversity Training and Development. In: R.L. Craig (Hrsg.): The ASTD Training and Development Handbook, New York, S. 104 - 123

Heinen, E. (1982): Betriebswirtschaftliche Führungslehre: Grundlagen, Strategien und Modelle – ein entscheidungsorientierter Ansatz. Wiesbaden: Gabler

Heinen, E. (Hrsg.) (1997): Unternehmenskultur Perspektiven für Wissenschaft und Praxis. München und Wien: Oldenbourg

Henderson, G. (1994): Cultural Diversity in the Workplace – Issues and strategies. Westport, Connecticut; London: Praeger,

Hertel, G., Dünnfründ, T.; Filsinger, I.; Guggenberger, A.; Klinkner, A.; Kraft. A.; Schultz-Amling, D.; Moser, K. (1998): Praxiskonzepte und Erfahrungsberichte: Entwicklung eines Leitbilds für ein mittelständisches Unternehmen. In: Zeitschrift für Arbeits- und Organisationspsychologie, Nr. 42, 1998, S. 158-165

Hesch, G. (1997): Das Menschenbild neuer Organisationsformen. Mitarbeiter und Manager im Unternehmen der Zukunft. In: Picot, A.; Reichwald, R. (Hrsg.): Markt und Unternehmensentwicklung. Wiesbaden: Gabler

Hoffmann, F. (1989): Unternehmens- und Führungsgrundsätze. Ergebnisse einer empirischen Untersuchung. In: ZfbF. Nr. 3, 1989, S. 167-185

Hofstätter, P.R. (1967): Sozialpsychologie. Berlin: de Gruyter

Hofstede, G. (1980): Culture`s consequences – International Differences in Work Related Values. London: Beverly Hills

Hofstede, G. (1993): Die Bedeutung von Kultur und ihren Dimensionen im Internationalen Management. In: Globalisierung der Wirtschaft – Einwirkungen auf die Betriebswirtschaftslehre. Tagungsband: 54. Wissenschaftliche Jahrestagung des Verbandes Hochschullehrer für Betriebswirtschaft e.V. vom 9.-13. Juni 1992 in St. Gallen. S. 127-148

Homans, G.C. (1950): The human group. New York: Harcourt

Homburg, C.; Baumgartner, H. (1985): Beurteilung von Kausalmodellen. In: Marketing ZFP, Nr. 17, S. 162-176

Homburg, C.; Giering, A. (1996): Konzeptionalisierung und Operationalisierung komplexer Konstrukte. Ein Leitfaden für die Marketingforschung. In: Marketing ZFP, Nr. 1, S. 5-24

Hornberger, S. (2006): Individualisierung in der Arbeitswelt aus arbeitswissenschaftlicher Sicht. Frankfurt a. M.: Lang

House, R.J.; Howard, A.; Walker, G. (1991): The Prediction of Managerial Success. A competitive Test of the Person-Situation Debate. In: Best Papers Proceedings. Annual Meeting of the Academy of Management. Miami, S. 215-219

House, R.J.; Shamir, B. (1995): Führungstheorien – Charismatische Führung. In: Kieser, A.; Reber, G.; Wunderer, R. (Hrsg.): Handwörterbuch der Führung (Sp. 878-897), Stuttgart: Poeschel

Hoyle, R.H. (1995): Structural equation modeling: Concepts, issues ans applications. Thousand Oaks: Sage publications

Humble, J.; Jackson, D.; Tomson, A. (1994): The strategic power of corporate values. In: Long Longe: Range Planning, 27. Jg., 1994, Heft 6, S. 28-42

Hunt, D.M.; Michael, C. (1983): Mentorship a career training and development tool. In: Academy o Management Review, Nr. 8, 1983, S. 475-485

Irle, M. (1975): Lehrbuch der Sozialpsychologie. Göttingen, Zürich: Hogrefe

Jäger, W.; Schütte, M.; Traut-Mattausch, E. (2004): Humankapital in der aktuellen (Geschäfts-) Berichterstattung am Beispiel der deutschen DAX-30-Unternehmen. In: Dürndorfer, M.; Friedrichs, P. (Hrsg.): Human Kapital Leadership. Wettbewerbsvorteile für den Erfolg von morgen. Hamburg: Murmann, S. 287-300

Janis, I. L. (1972): Victims of groupthink. A psychological study of foreign policy decisions and fiascoes. Boston Houghton: Mifflin

Jepperson, R.L. (1991): Insitutions, institutional effects and institutionalism. In: Powell, W.W.; DiMaggio, P.J. (Hrsg.): The new institutionalism in organizational analysis. Chicago

Johnston, W.B., Packer, A.H. (1987). Workforce 2000: work and workers for the twenty-first century. Indianapolis: Hudson Institute.

Jones, E. (1986): Black Managers: The dream deferred. In: Harvard Business Review, Nr. 64, 1986, S. 84-93

Josselson, R. (1992): The space between us: Exploring the dimensions of human relationships. San Francisco: Jossey-Bass

Jung, R.H.; Schäfer, H.M. (2003): Vielfalt gestalten – Managing Diversity. Frankfurt a. M., London: IKO

Kadritzke, U. (Hrsg.) (1997): Unternehmenskulturen unter Druck. Neue Mangementkonzepte zwischen Anspruch und Wirklichkeit. Berlin: Sigma

Kappler, E. (1989): Komplexität verlangt Öffnung. In: Kirsch, W.; Picot, A. (Hrsg.): Spezialisierung und Generalisierung in der Betriebswirtschaftslehre. Wiesbaden: Gabler, S. 238-252

Kappler, E. (1991): Menschenbilder. In: Gaugler, E.; Weber, W. (Hrsg.): Handwörterbuch des Personalwesens. Stuttgart: Poeschel, Sp. 1324-1342

Karl, D. (2005): Erfahrungsaufbau und –transfer. Empirische Studie in einer Großbank. Frankfurt: Lang

Kaschube, J. (1993): Betrachtung der Unternehmens- und Organisationskulturforschung aus (organisations-)psychologischer Sicht. In: Dierkes, M.; Rosenstiel, L.v.; Steger, U. (Hrsg.): Unternehmenskultur in Theorie und Praxis – Konzepte aus Ökonomie, Psychologie und Ethnologie. Frankfurt und New York: Campus, S. 90-146

Kasper, H. (1987): Organisationskultur. Über den Stand der Forschung, Wien

Kern, Eckard (1998): Entwicklung und Anwendung eines Systems zur Lenkung von teilautonomen Gruppen. Frankfurt a.M.: Lang

Kieser, A. (1996): Moden und Mythen des Organisierens. In: DBW 56, 1996, S. 21-39

Kieser, A.; Hegele, C.; Klimmer, M. (1998): Kommunikation im organisatorischen Wandel. Stuttgart: Poeschel

Kieser, A.; Woywode, M. (2006): Evolutionstheoretische Ansätze. In: Kieser, A.; Ebers, M. (Hrsg.): Organisationstheorien, 6. Auflage, Stuttgart: Kohlhammer

Kikoski, J.F.; Kikoski, C.K. (1996): Reflexive Communication in the culturally diverse workplace. Westport, Connecticut, London: Quorum Books

Kilmann, R.; Saxton, M.; Serpa, R. (1986): Issues in Understanding and Changing Culture. In: California Management Review, Jg. 28, Nr. 2, 1986, S. 87-94

Kim, D. (1993): The link between individual und organizational learning. In: Sloan Management Review, Nr. 4, S. 37-50

Kippes, S. (1993): Der Leitbilderstellungsprozess. Weichenstellung für Erfolg oder Misserfolg von Unternehmensleitbildern. In: Zfo, Nr. 3, 1993, S. 184-188

Kirsch, W. (1981): Unternehmenspolitik. München: Planungs- und organisationswissenschaftliche Schriften, Nr. 31.

Kirsch, W. (1984): Die Stagnation der gesellschaftlichen Modernisierung. Ein Thema für eine angewandte Führungslehre?! In: Pack, L.; Börner, D.: Betriebswirtschaftliche Entscheidungen bei Stagnation. Wiesbaden: Gabler, S. 285-302

Kirsch, W.; Esser; W.-M.; Gabele, E. (1979): Das Management des geplanten Wandels von Organisationen. Stuttgart: Poeschel

Kirsch, W.; Scholl, W. (1981): Demokratisierung – Gefährdung der Handlungsfähigkeit organisatorischer Führungssysteme? In: Kirsch, W. (Hrsg.): Unternehmenspolitik: Von der Zielforschung zum strategischen Management, München, S: 206-232

Kline, P. (1997): An Easy Guide to Factor Analysis. London: Routledge

Knight, D.; Pearce, C.L.; Smith, K.G.; Olian, J.D.; Sims, H.P. (1999): Top management team diversity, group process and strategic consensus. In: Strategic management journal, Nr. 5, S. 445-465.

Kochan, T., Bezrukova, K., Ely, R., Jackson, S., Joshi, A., Jehn, K., Leonard, J., Levine, D. und Thomas, D. (2002): The Effects of Diversity on Business Performance: Report of the Diversity Research Network. URL: http://www.shrm.org/foundation/kochan_fulltext.pdf, [Stand 13.12.2004].

Köhler-Braun, K. (1999): Durch Diversity zu neuen Anforderungen an das Management. In: Zeitschrift für Organisation, Nr. 4, 1999, S. 188-193

Körner, M. (1990): Leitbildentwicklung als CI-Politik. Stuttgart: Deutscher Sparkassenverlag.

Kram, K.E. (1985): Mentoring at work. Glenview: Scott, Forseman

Krell, G. (1994): Vergemeinschaftende Personalpolitik. München, Mering: Hampp

Krell, G. (1994): Vergemeinschaftende Personalpolitik. Normative Personallehren, Werksgemeinschaft, NS-Betriebsgemeinschaft, Betriebliche Partnerschaft, Japan, Unternehmenskultur. München, Mering: Hampp

Krell, G. (1996). Mono- oder multikulturelle Organisationen? Managing Diversity auf dem Prüfstand. In: Industrielle Beziehungen, 3. Jg., Heft 4, S.334-350.

Krell, G. (1997): Mono- oder multikulturelle Organisationen? `Managing Diversity' auf dem Prüfstand. In: Kadritzke, U. (Hrsg.): Unternehmenskulturen unter Druck : neue Managementkonzepte zwischen Anspruch und Wirklichkeit. Berlin: Sigma.

Krell, G. (1998). Chancengleichheit durch Personalpolitik, Gleichstellung von Frauen und Männern in Unternehmen und Verwaltungen, Rechtliche Regelungen – Problemanalysen – Lösungen. Wiesbaden: Gabler.

Krell, G. (1999). Managing Diversity: Chancengleichheit als Erfolgsfaktor. In: Personalwirtschaft, 26.Jg., Heft 4, 1999, S.26-27.

Krell, G. (2000). Managing Diversity. Optionen für (mehr) Frauen in Führungspositionen. In: Peters, S. und Bensel, N. (Hrsg.). (2000). Frauen und Männer im Management. Diversity in Diskurs und Praxis. Wiesbaden: Gabler

Krell, G. (2001): Chancengleichheit durch Personalpolitik. Wiesbaden: Gabler

Krell, G. (2003): Personelle Vielfalt in Organisationen als Herausforderung für die Praxis. In: Wächter, H., Vedder, G.; Führing, M. (Hrsg.): Personelle Vielfalt in Organisationen. München, Mering: Hampp

Krücken, G. (2005): Amerikanischer Neoinstitutionalismus-europäische Perspektiven. Forschungspapier Universität Bielefeld

Krulis-Randa, J.S. (1984): Reflexionen über die Unternehmenskultur. In: Die Unternehmung, 38. Jg., Nr. 4, 1984, S. 358

Kurke, L.B.; Aldrich, H.E.(1983): Mintzberg was right!: A replication and extension of the nature of managerial work. In: MS, Nr. 8, 1983, S. 975-984

Lambert, W. (1977): The effects of bilingualism on the individual: Cognitive and sociocultural consequences. In: Hurnbey, P. (Hrsg.): Bilingualism: Psychological, social and educational implications. New York: Academic Press, S. 15-27

Lamnek, (1995). Qualitative Sozialforschung, Band 2, Methoden und Techniken. Weinheim: Psychologische-Verlags-Union.

Landis, D.; Boucher, J. (1987): Themes and models of conflict. In: Boucher, J.; Landis, D. (Hrsg.): Ethnic conflict: international perspectives. Newbury Park: Sage, S. 18-32

Langmann, H.J. (1992): Entwicklung und Umsetzung eines Unternehmensleitbildes bei Merck. In: zfbf, Nr. 9, 1992, S. 847-853

Lasser, R. (1987): Symbolische Führung, in: Kieser, A.; Reber, G.; Wunderer, R. (Hrsg.): Handwörterbuch der Führung (Sp. 1927-1938). Stuttgart: Poeschel

Lawrence, P.R.; Lorsch, J.W. (1967): Organization and environment: Managing differentiation and integration. Cambridge: Harvard University Press

Ledford, G.E.; Wendenhof, J.R.; Strahley, J.T. (1996): Die Verwirklichung eines Unternehmensleitbildes. In: Organisationsentwicklung, Nr. 1, 1996, S. 46-60

Leonhart, R. (2004): Lehrbuch Statistik. Einstieg und Vertiefung. Bern: Huber

Liebig, B. (2000): Organisationskultur und Geschlechtergleichstellung. Eine Typologie betrieblicher Geschlechterkulturen. In: Zeitschrift für Frauenforschung, Nr. 18, 2000, S. 47-66

Lindstädt, H. (1999): Verhalten von Personal bei Informationsüberlastung. In: Kossbiel, H. (Hrsg.): Modellgestützte Personalentscheidungen 3, München: Hampp, S. 103-124

Lindstädt, H. (2004): Unterschiede in Effektivität, Variabilität und Intensitätsdrift von Führungsstilen. Eine empirische Untersuchung auf Basis des Modells von Hersey und Blanchard. I: Kossbiehl, H. (Hrsg.): Modellgestützte Personalentscheidungen 8, München: Hampp, S. 33-50

Loden, M., Rosener, J.B. (1991): Workforce America!: Managing employee diversity as a vital resource. Homewood, Illinois: Business One Irwin.

Lorsch, J.W. (1986): Managing Culture: The invisible barrier of strategic change. In: California Management Review, 1986, 28, Nr. 2, S. 95-109.

Lorsch, J.W.; Morse, H.J. (1974): Organization and their members – a contingency approach, New York: Harper and Row

Lynn, I. (1986): Culture, Key Events and Corporate Social Responsibility. In Research in Corporate Social Performance and policy, Bd. 8; Preston, L. (Hrsg.) Grenwich, Connecticut

MacDonald, R.P.; Ho, M.H.R. (2002): Principles and practice in reporting structural equation analyses. In: Psychological Methods, Jg. 7, Nr. 1, S. 64-82

Macharzina, K.; Wolf, J. (2005): Unternehmensführung. Wiesbaden: Gabler

Malik, F. (1999): Große Aufgaben für das Personalmanagement. In: Das Wirtschaftsstudium, Nr. 4, 1999, S. 400-402

March, J.G.; Simon, H.A. (1958): Organizations. New York, London, Sydney: Wiley

Maslow, A.H. (1954): Motivation and Personality. New York: Harper

Matje, A. (1986): Unternehmensleitbilder als Führungsinstrument: Komponenten einer erfolgreichen Unternehmensidentität. Wiesbaden: Gabler

Mayntz, R.; Scharpf, F.W. (1995): Der Ansatz des akteurszentrierten Institutionalismus, in: Mayntz, R.; Scharpf, F.W. (Hrsg.): Gesellschaftliche Selbstregelung und politische Steuerung. Frankfurt, New York: Campus, S. 39-72

Mayring, P. (2000): Qualitative Inhaltsanalyse. Grundlagen und Techniken. Weinheim: Deutscher Studien Verlag.

Mayring, P. (2003): Qualitative Inhaltsanalyse: Grundlagen und Techniken. Weinheim: Belz Verlag.

McCune, J.C. (1999): Exporting Corporate Culture. In: Management Review, 12 und 1999, S. 52-56

Mehrabian, A. (1982): Silent Messages – Implizit communication of emotions and attitudes. Belmont: Wadsworth

Meyer, J.W.; Rowan, B. (1977): Institutionalized organizations: Formal structure as myth and ceremony. In: American journal of sociology. Nr. 83, S. 340-363

Milliken, F.J.; Martins, L.L. (1996): Searching for common threads: Understanding the multiple effects of diversity in organizational groups. In: Academy of Management Review, Vol. 21, Nr. 2, S. 402-433

Mor-Barak, M.E. (2005): Managing Diversity. Toward a Globally Inclusive Workplace. Thousand Oaks, London, New Dehli: Sage Publications

Neuberger, O. (1980): Besser führen. Köln: Bachem

Neuberger, O. (2002): Führen und Führen lassen. Stuttgart: Lucius und Lucius

Neuberger, O.; Kompa, A. (1986a): Firmenkultur I. In: Psychologie Heute, Jg.13, Nr. 6, S. 60-68

Neuberger, O.; Kompa, A. (1986b): Firmenkultur IV. In: Psychologie Heute, Jg.13, Nr. 9, S. 64-71

Neuberger, O.; Kompa, A. (1987): Wir, die Firma. Weinheim, Basel: Beltz

Neumann, R.; Marmann, H. (2000): Unternehmensleitbild als erfolgreicher Beitrag zur Neuausrichtung. In: Energiewirtschaftliche Tagesfragen, 50. Jg., 2000, Heft 10, S. 752-755

Nicklisch, H. (1928): Die Betriebswirtschaft. Stuttgart: Poeschel

Nittner, T. (2003): Fehlende Daten in Additiven Modellen, Frankfurt a. M.: Lang

Noelle-Neumann, E.; Strümpel, B. (1984): Macht Arbeit krank? Macht Arbeit glücklich? München, Zürich: Piper

Ochsenbauer, C.; Klofat, B. (1997): Überlegungen zur paradigmatischen Dimension der Unternehmenskulturdiskussion in der Betriebswirtschaftslehre. In: Heinen, E. (Hrsg.): Unternehmenskultur. München, Wien: Oldenbourg

Odiorne, G. (1967): Management by objectives – A system or managerial leadership. München: Verlag Moderne Industrie

Oechsler, W. A. (1997). Personal und Arbeit: Einführung in die Personalwirtschaft unter Einbeziehung des Arbeitsrechts. München [u.a.]: Oldenbourg.

Osterhold, G. (2002): Veränderungsmanagement – Wege zum langfristigen Unternehmenserfolg. Wiesbaden: Gabler

Ostermann, R. (1996): Der Wandel von Leitbildern bei Managementstrategien und personellen Potentialen. Konzeptionelle Ansätze im Vergleich. Frankfurt, Berlin, Bern, New York, Paris, Wien: Lang

Paschen, M. (2002): Unternehmensleitbilder: Werten Wege weisen. In: managerSeminare, Heft 54, 2002, S. 76-83

Peters, T.J.; Waterman, R.H. (1984): Auf der Suche nach Spitzenleistungen. Landsberg a. L.: Moderne Industrie

Picot, A. (1995): Verfügungsrechtstheorie, Transaktionskosten und Führung. In: Kieser, A.; Reber, G.; Wunderer, R. (Hrsg.): Handwörterbuch der Führung (Sp. 2106-2113). Stuttgart: Poeschel

Pless, N. (1999): Von der Dominanz zur Partnerschaft - Erfolgreiches Diversitätsmanagement erfordert einen Paradigmenwechsel, in: Die Unternehmung, 53, 1999, S. 159-175

Plummer, D. L. (Hrsg.). (2003). Handbook of Diversity Management. Beyond Awareness to Competency Based Learning. Lanham, New York, Oxford: University Press of America.

Podsiadlowski, A. (2002): Multikulturelle Arbeitsgruppen in Unternehmen: Bedingungen für erfolgreiche Zusammenarbeit am Beispiel deutscher Unternehmen in Südostasien. Münster u.a.: Waxmann

Porter, M.E. (1986): Wettbewerbsvorteile. Frankfurt: Campus

Praetorius, G.; Tiebler, P. (1993): Ökonomische Literatur zum Thema „Unternehmenskultur" – Ein Forschungsüberblick. In: Dierkes, M.; Rosenstiel, L.v.; Steger, U. (Hrsg.): Unternehmenskultur in Theorie und Praxis – Konzepte aus Ökonomie, Psychologie und Ethnologie. Frankfurt, New York: Campus, S. 23-89

Prahalad, C.K.; Hamel, G. (1999): Nur Kernkompetenzen sichern das Überleben. In: Dave, U. (Hrsg.): Strategisches Human Resource Management. München, Wien, 1999, S. 52-73

Prott, J. (2004): Unternehmenskultur und Personalführung im betrieblichen Alltag. Begriffliche Zusammenhänge und empirische Erkenntnisse. München, Mering: Hampp

Ragins, B.R. (1996): Diversity, Power and mentorship in organizations: A cultural, structural and behavioral perspective. In: Charmer, M.M.; Oskamp, S.; Constanzo, M.A. (Hrsg.): Diversity in organizations: New perspectives for a changing workplace. Thousand Oak: Sage Publications, S. 91-132

Reinberg, A.; Hummel, M. (2004): Fachkräftemangel bedroht Wettbewerbsfähigkeit der deutschen Wirtschaft. In: Beilage zur Wochenzeitschrift Das Parlament. B28, 2004. Bonn: Bundeszentrale für politische Bildung, S. 3-10

Reppel, R. (2001): Unternehmenskultur und Mitbestimmung. In: Praxis Unternehmenskultur: Bd. 1: Erfolgsfaktor Unternehmenskultur. Gütersloh: Bertelsmann-Stiftung, S. 103-128

Rhodes, J.M. (1999): Making the Business Case for Diversity in American Companies. Personalführung, Heft 32/1999, S.22-26.

Robinson, G.; Dechant, K. (1997): Building a business case for diversity. Academy of Management Executive, Vol. 11, Nr. 3, S. 21-31.

Roethlisberger, F.J.; Dickson, W.J. (1939): Management and the Worker. In: Social Science Quarterly, Bd. 57, S. 233-236

Rosenstiel, L. v. (1978): Arbeitsgruppe. In: Mayer, A. (Hrsg.): Organisationspsychologie. Stuttgart: Poeschel, S. 236-271

Rosenstiel, L. v. (1993): Unternehmenskultur – einige einführende Bemerkungen. In: Dierkes, M.; Rosenstiel, L.v.; Steger, U. (Hrsg.): Unternehmenskultur in Theorie und Praxis – Konzepte aus Ökonomie, Psychologie und Ethnologie. Frankfurt, New York: Campus, S. 8-22

Rosenstiel, L. v. (2003): Grundlagen der Organisationspsychologie. Stuttgart: Poeschel

Rosenstiel, L. v. (2004): Kommunikation in Arbeitsgruppen, in: Schuler, H. (Hrsg.): Lehrbuch Organisationspsychologie. Bern: Huber, S. 387-414

Rosenstiel, L. v., Falkenberg, Th., Hehn, W., Henschel, E., Warns, I. (1982): Betriebsklima heute. München: Arbeitswissenschaftliche Veröffentlichungen des Bayrischen Staatsministeriums für Arbeit und Sozialordnung, Nr. 15

Rosenstiel, L. v.; Stengel, M. (1987): Identifikationskrise? Zum Engagement in betrieblichen Führungspositionen. Bern: Huber

Rott, M. (2006): Einflussfaktoren auf den Erfolg von Telearbeit. Frankfurt: Lang

Rotter, G.; O`Conell, A. (1982): The relationship among sex-role orientation, cognitive complexity and tolerance for ambiguity. In: Sex-roles, Nr. 8, S. 1209-1220

Sackmann, S.A. (1983): Organisationskultur, die unsichtbare Einflussgrösse. In: Gruppendynamik, Nr. 4, 1983, S. 393-406

Sackmann, S.A. (1990): Möglichkeiten der Gestaltung von Unternehmenskultur. In: Lattmann, C. (Hrsg.): Die Unternehmenskultur. Heidelberg, S. S. 153-188

Sader, M. (1976): Psychologie der Gruppe. München: Juventa

Schachter, S. (1959): The psychology of affiliation. Experiemental study of the source of gregourisness. Stanford, California: Stanford University Press

Schanz, G. (1994): Flexibilisierung und Individualisierung als strategische Elemente in der Personalpolitik. In: Kienbaum, J. (Hrsg.): Visionäres Personalmanagement. Stuttgart: Poeschel, S. 285-310

Schein, E.H. (1985): Organizational Culture and Leadership. A Dynamic View. San Francisco, London: Jossey-Bass

Schein, E.H. (1986): International human resource management: new directions, perpetual issues and missing themes. Sonderdruck aus Human resource management, New York, Jg. 25, Nr. 1, S. 169-176

Schein, E. H. (1995): Unternehmenskultur: ein Handbuch für Führungskräfte, Frankfurt a. M., New York: Campus (aus dem Original: Organizational Culture and Leadership. A Dynamic View. San Francisco, London, übersetzt von Mader, F. (1985)).

Schein, E. H. (1997): Organizational culture and leadership. San Francisco: Jossey-Bass.

Schermelleh-Engel, K.; Moosbrugger, H.; Müller, H. (2003): Evaluating the Fit of Structural Equation Models: Tests of Significance and Descriptive Goodness-of-Fit Measures. In: Methods of Psychologie Research Online, Jg. 8, Nr. 2, S. 23-74. http://mpr-online.de. 20.04.2005

Scheuch, E.K. (1973). Das Experiment in der Soziologie. In: König, R. (Hrsg.): Handbuch der empirischen Sozialforschung, Band 2, Grundlegende Methoden und Techniken der empirischen Sozialforschung, Erster Teil. (3.Auflage). Stuttgart: Enke.

Schmalenbach, E. (1928): Die Betreibswirtschaftslehre an der Schwelle der neuen Wirtschaftsverfassung. In: Zeitschrift für handelswissenschaftliche Forschung Nr. 22

Schneider, D.J.G.; Wührer, G.A. (1991): Unternehmenskultur und CI Strategie. In: Journal für Betriebswirtschaft, Nr. 4, S. 138-154

Scholz, Ch. (1989): Personalmanagement. München: Vahlen

Scholz, Ch. (1994): Personalcontrolling und Unternehmenskultur als widersprüchliche Führungsinstrumente? In: Kienbaum, J. (Hrsg.): Visionäres Personalmanagement. Stuttgart: Poeschel, S. 423-455

Scholz, Ch.; Hofbauer, W. (1990): Organisationskultur, Die vier Erfolgsprinzipien. Wiesbaden: Gabler

Schreyögg, G. (1989): Zu den problematischen Konsequenzen starker Unternehmenskulturen. Zeitschrift für betriebswirtschaftliche Forschung, Heft 41/1989, S.94-113.

Schreyögg, G. (1991): Kann und darf man Unternehmenskulturen ändern? In: Dülfer, E. (Hrsg.): Organisationskultur, Phänomen – Philosophie – Technologie. Stuttgart: Poeschel, S. 201-214

Schreyögg, G. (1992): Organisationskultur. In: Freese, E. (Hrsg.): Handwörterbuch der Organisation. Stuttgart: Poeschel, Sp. 1525-1537

Schuler, H. (1975): Sympathie und Gruppenentscheidung. In: Zeitschrift für Sozialpsychologie 1

Schulz von Thun, F. (1981): Miteinander reden: Störungen und Klärungen, Psychologie der menschlichen Kommunikation. Reinbek: Rowohlt

Schulz von Thun, F.; Hütter, M. (2003): Miteinander reden: Stile, Werte und Persönlichkeitsentwicklung: differentielle Psychologie der Kommunikation. Reinbek: Rowohlt

Schwarz, G. (1989): Unternehmenskultur als Element des strategischen Managements. In: Schriftenreihe betriebswirtschaftliche Forschungsergebnisse, Band 92. Hamburg: Kovac

Sennlaub, U.; Stein, F.; Passavant v., Ch. (1996): Entwicklung und Umsetzung des Unternehmensleitbildes einer Betriebskrankenkasse. In: Organisationsentwicklung Nr. 4, 1996, S. 20-31

Sepehri, P. (2002): Diversity und Diversity Management in internationalen Organisationen. München, Mering: Hampp

Shaffer, D. R.; Hendrick, C.; Regula, C.R.; Freconna, J. (1973): Interactive effects of ambiguity tolerance and task effort on dissonance reduction. In: Journal of personality, Vol. 41, Nr. 2, S. 224-233

Shannon, C.E.; Weaver, W. (1949): The mathematical theory of communication. Urbana: University of Illinois Press

Siebert, C.J. (1992): Inhalt und Bedeutung strategischer Leitbilder – eine empirische Untersuchung. In: JfB, Nr. 3 und 4, 1992, S. 179-189

Simon, V. (2000): Management, Unternehmenskultur und Problemverhalten. Wiesbaden: Deutscher Universitätsverlag

Smircich, C. (1983): Concepst of cultural and organizational analysis. In: Administrative Science Quarterly, 28 (4), S. 339-358

Staehle, W.H. (1994): Management. München: Vahlen

Steinle, C. (1978): Führungsstilforschung in der Sackgasse: Konzepte und ein alternativer Lösungsweg für hohe Mitarbeiterleistung und Zufriedenheit. In: Schriftenreihe wirtschaftswissenschaftliche Dokumentation, TU Berlin, Nr. 41: Institut für Wirtschaftswissenschaften

Steinle, C.; Schmidt, K.; Spreider, M. (2001): Unternehmensvitalisierung und interne Kommunikation. In: zfo 70. Jg., 6 und 2001, S. 354-363

Steppan, R. (1999): „Diversity makes good business sense“. Personalführung, Heft 32/1999, S. 28-34.

Stroebe, R.; Stroebe, G. (1992): Führungsstile. Heidelberg: Sauer Verlag

Stumpf, S., Thomas, A. (1999): Management von Heterogenität und Homogenität in Gruppen. Personalführung, Heft 32 und 1999, S.36-44

Süß, S.; Kleiner, M. (2005): Diversity Management: Erfolgskonzept oder Modetrend?. Paper, Herbstworkshop der Kommission Personalwesen, 16.-17. September 2005, Berlin

Sydow, J.; Conrad, P. (1982): Organisationsklima und Arbeitszufriedenheit – Zum Verhältnis zweier Ansätze zur Erklärung von Verhalten in Organisationen. In: Die Unternehmung, Jg. 36, Nr. 3, 1982, S. 203?

Thomas, A. (1995). Mitarbeiterführung in interkulturellen Arbeitsgruppen. In: Rosenstiel, L., von, Regnet, E. und Domsch, M. (Hrsg.). Führung von Mitarbeitern. Stuttgart: Poeschel

Thomas, D. A.; Ely, R. J. (1996). Making differences matter: a new paradigm for managing diversity. Harvard Business Review, September-October 1996, S. 79-89.

Thomas, R. R. (1991). Beyond Race and Gender. Unleashing the Power of Your Total Work Force by Managing Diversity. New York: Amacom.

Thomas, R. R. (1996). Redefining Diversity. New York: Amacom.

Thomas, R. R. (2001). Management of Diversity. Neue Personalstrategien für Unternehmen. Wie passen Giraffe und Elefant in ein Haus? Wiesbaden: Gabler.

Thunig, K. (1999): Erfolgsfaktoren für die Zielerreichung in Teams. Frankfurt a. M.: Lang

Triandis, H. C.; Kurowski, L. L.; Gelfand, M. J. (1994): Workplace Diversity. In: Triandis, H.C, Dumette, M.; Hough, L. (Hrsg.): Handbook of Industrial and Organizational Psychology, Vol. 4, S. 769-827, Palo Alto, Consulting Psychologists Press

Trost, C. (1990): Women managers quit not for family but to advance their corporate climb. In: Wall Street Journal

Tse, D.K., Lee, K.; Vertinsky, I.; Wehrung, D.A. (1988): Does Culture Matter? A Cross-Cultural Study of Executives`Choice, Desisiveness and Risk Adjustement in International Marketing. In: Journal of Marketing, Nr. 52, 1988, S. 81-95

Tunstall, B.W. (1983): Cultural Transition a AT und T. In: Sloan Management Review, Jg. 25, Nr. 1, 1983, S. 15-29

Türk, K. (2000): Organisation als Institution der kapitalistischen Gesellschaftsformation. In: Ortmann, G.; Sydow, J.; Türk, K. (Hrsg.): Theorie der Organisation. Die Rückkehr der Gesellschaft. Opladen: Westdeutscher Verlag, S. 124-180

Ulrich, H. (1968): Die Unternehmung als produktives soziales System. Bern, Stuttgart: Haupt

Ulrich, H. (1978): Unternehmenspolitik. Bern, Stuttgart: Schriftenreihe Unternehmung und Unternehmenspolitik, Nr. 6

Ulrich, H. (1984): Skizzen eines allgemeinen Bezugsrahmens für die Managementlehre. In: Ulrich, H.; Malik, F.; Probst, G.; Semmel, M.; Dyllick, Th.; Dachler, P.; Walter-Busch, E. (Hrsg.): Grundlegung einer Allgemeinen Theorie der Gestaltung, Lenkung und Entwicklung zweckorientierter sozialer Systeme. Diskussionsbeitrag des IfB, St. Gallen, S. 1-30

Van Maanen, J., Kunda, G. (1989): "Real Feelings", Emotional Expressions and Organizational Culture, in: Cummings, L.L.; Staw, B.M. (Hrsg.), Research in Organsizational Behavior, 11, S. 43-103, Greenwich, Conn.

Vanberg, V., Markt und Organisation. Tübingen: Mohr

Vedder, G. (2004): Diversity Management und Interkulturalität. München, Mering: Hampp.

Vedder, G. (2002): Diversity Management. In: Poth, L; Poth, G. (Hrsg.): Marketing – Lose Blattsammlung 52. Neuwied, S. 1-62

Vedder, G. (2003): Vielfältige Personalstrukturen und Diversity Management. In: Wächter, H.; Vedder, G.; Führing M. (Hrsg.): Personelle Vielfalt in Organisationen. München, Mering: Hampp, S. 14-27

Vedder, G. (2005): Denkanstöße zum Diversity Management. In: Arbeit - Zeitschrift für Arbeitsforschung, Arbeitsgestaltung und Arbeitspolitik, Nr. 1, 2005, S. 34-43

Vedder, G. (2005b): Diversity Management – Quo vadis?. In: Personal, 05 und 2005, S. 20-22

Vroom, V.H.; Jago, A.G. (1988): The New Leadership. Managing Participation in Organizations. Englewood Ciffs: Prentice Hall

Vroom, V.H.; Yetton, P.W. (1973): Leadership and Decision Making. Pittsburgh: University Press

Wagner, D. und Sepheri, P. (1999). Managing Diversity – alter Wein in neuen Schläuchen? In: Personalführung, Band 32, Heft 5, S.18-21.

Wahren, H.-K. (1987): Zwischenmenschliche Kommunikation und Interaktion in Unternehmen. Berlin, New York: de Gruyter

Walgenbach, P. (1999): Das Konzept der Vertrauensorganisation: eine theoriegeleitete Betrachtung. Mannheim: Universität

Walgenbach, P. (2002): Neoinstitutionalistische Organisationstheorie – State of the Art und Entwicklungslinien, in: Schreyögg, G. und Conrad, P. (Hrsg.): Managementforschung 12. Wiesbaden: Gabler, S. 155-202

Walgenbach, P. (2006): Neoinstitutionalistische Ansätze in der Organisationstheorie, in Kieser, A. und Ebers, M. (Hrsg.): Organisationstheorien. Stuttgart: Kohlhammer, S. 353-401

Wallner, I. (1999): Leitbildorientierte Mitarbeiterbefragung. In: Personal Nr. 11, 1999, S. 566-570

Watrinet, C.; Elmerich, K., Karl, D.; Hornberger, S. (2005): Diversity und Gender in Unternehmensleitbildern. In: Knauth, P; Wollert, A. (Hrsg.): Human Resource Management. Neue Formen der betrieblichen Arbeitsorganisation und Mitarbeiterführung. Lose Blatt Werk, 58. Ergänzungslieferung

Watson, W.E.; Johnson, L.; Kumar, K.; Critelli, J. (1998): Process Gain anf Process Loss: Comparing Interpersonal Process and Performance of Culturally Diverse and Non-Diverse Teams Across Time. In: International Journal of Intercultural Relations, Nr. 4, 1998, S. 409-430

Watzlawick, P. (1974): Wie wirklich ist die Wirklichkeit? München, Zürich: Piper

Watzlawick, P. (1985): Die erfundene Wirklichkeit. München: Piper

Watzlawick, P.; Beavin, J.H.; Jackson, D.D. (1972): Menschliche Kommunikation. Bern: Huber

Werner, C. (1998): Unternehmenskultur und betriebliche Strukturen. Lohmar, Köln: Eul

West, S.G.; Finch, J.F.; Curran, P.J. (1995): Structural equation models with nonnormal variables: Problems and remedies. In: Hoyle, R.H. (Hrsg.): Structural equation modeling: Concepts, issues ans applications. Thousand Oaks: Sage publications, S. 56-75

Weule, M. (1997): Mit Intuition zu Leitbildern. In: Gablers Magazin, Nr. 10, 1997, S. 15-17

Wildenmann, B. (1995): Professionell Führen. Neuwied-Kriftel, Berlin, Basel: Luchterhand

Williams, K.Y.; O'Reilly, Ch.A. (1998): Demography and diversity in organizations: A review of 40 year research. In: Research in organizational behavior, Nr. 20, S. 77-140

Wilpert, B. (1987): Führungstheorien – Entscheidungstheoretische Ansätze. In: Kieser, A.; Reber, G.; Wunderer, R. (Hrsg.): Handwörterbuch der Führung. Stuttgart: Poeschel, Sp. 756-766

Wistinghausen, J. (1977): Unternehmensgrundsätze – Entstehung, Form und Inhalt. In: Zeitschrift für Organisation, 46, 1977, 2, S. 61-64

Wittmann, W. (1959): Unternehmung und unvollkommene Information. Köln, Opladen: Westdeutscher Verlag

Witzer, B. (1992): Kommunikation in Konzernen: konstruktives Menschenbild als Basis neuer Kommunikationsstrukturen. Opladen: Westdeutscher Verlag

Witzel, A. (1982). Verfahren der qualitativen Sozialforschung. Überblick und Alternativen. Frankfurt, New York: Campus

Witzel, A. (2000). Das problemzentrierte Interview. Forum Qualitative Sozialforschung. URL: http://www.qualitive-research.net/fqs-texte/1-00/1-00witzel-d.htm, [Stand:10.12.2003].

Wolf, J. (2005): Organisation, Management, Unternehmensführung, 2. Auflage, Betriebswirtschaftlicher. Wiesbaden: Gabler

Wollnick, M. (1991): Das Verhältnis von Organisationsstruktur und Organisationskultur. In: Dülfer, E. (Hrsg.): Organisationskultur. Phänomen-Philosophie-Technolgie. Stuttgart: Poeschel

Wunderer, R.; Grunwald, W. (1980): Führungslehre. Berlin: de Gruyter

Wunderer, R. (1997): Vom EFQM-Modell zum allgemeinen Managementmodell. Qualität und Zuverlässigkeit (QZ), Heft 12 und 1997, S. 1371-1374.

Wunderer, R. (2001): Führung und Zusammenarbeit. Neuwied – Kriftel: Luchterhand

Zimmer, A. (2001): Unternehmenskultur und Cultural Due Diligence bei Mergers und Acqusitions. Aachen: Shaker